高职高专"十三五"规划教材

机床数控技术及应用

韩文成　主　编
郭瑞华　副主编
王建明　主　审

化学工业出版社

·北京·

本书共9章，主要内容包括数控机床的产生与发展、数控机床的工作原理、组成、分类等知识；数控机床的主传动系统；数控机床的进给传动系统；自动换刀装置；数控机床辅助装置；计算机数控系统；常用数控机床；数控机床调试、使用与维护；数控铣削编程基础。书中内容由浅入深、循序渐进、图文并茂。理论部分力争简明扼要，突出实用性和先进性。为方便教学，配套有课件等数字资源。

本书可作为高职高专机电一体化技术专业、数控及模具设计与制造专业等专业的教材，也可以作为生产企业、公司、工厂等有关技术人员的参考书。

图书在版编目（CIP）数据

机床数控技术及应用/韩文成主编．—北京：化学工业出版社，2015.2（2023.2重印）
高职高专"十三五"规划教材
ISBN 978-7-122-22853-6

Ⅰ.①机… Ⅱ.①韩… Ⅲ.①数控机床-高等职业教育-教材 Ⅳ.①TG659

中国版本图书馆 CIP 数据核字（2015）第 015082 号

责任编辑：韩庆利	装帧设计：刘丽华
责任校对：宋　玮	

出版发行：化学工业出版社（北京市东城区青年湖南街13号　邮政编码100011）
印　　装：北京天宇星印刷厂
787mm×1092mm　1/16　印张14　字数366千字　2023年2月北京第1版第5次印刷

购书咨询：010-64518888　　　　　　　售后服务：010-64518899
网　　址：http://www.cip.com.cn
凡购买本书，如有缺损质量问题，本社销售中心负责调换。

定　价：39.00元　　　　　　　　　　　　　　　　　　版权所有　违者必究

前言

机电一体化技术是综合应用计算机技术、自动控制技术、自动检测技术及精密机械等高新技术的产物。机电一体化技术应用与发展引起了世界各国科技与工业界的普遍重视。目前，随着国内数控机床用量的增加，对数控应用型高级技术人才的需求越来越大。为了适应我国经济高速发展的需要，为了适应机电一体化技术发展及社会对应用型技术人才的需求与培养，我们编写了本教材。

数控机床是典型的机电一体化设备，学习好数控机床知识对机电一体化知识理解、学习与应用将起到较好的促进作用。基于目前机电一体化技术教学的特点，我们根据多年的教学和实际操作经验，并借鉴一直在数控加工岗位工作的工程技术人员的实践经验，撰写了既能适应高职高专机电一体化技术专业教学需要，又能适应数控及模具设计与制造专业学习者学习和技能培训用教材。本书也可以作为生产企业、公司、工厂等有关技术人员的参考书。

本教材内容由浅入深、循序渐进、图文并茂、着重于应用，并将"数控铣削加工编程"知识合理地融合其中。理论部分力争简明扼要、突出实用性和先进性。第1章主要介绍了数控机床的产生与发展、数控机床的工作原理、组成、分类等知识；第2章介绍了数控机床的主传动系统；第3章介绍了数控机床的进给传动系统；第4章介绍了自动换刀装置；第5章介绍了数控机床的辅助装置；第6章介绍了计算机数控系统；第7章介绍了常用数控机床；第8章介绍了数控机床的应用；第9章介绍了数控铣削编程基础。

本书共有9章，由韩文成任主编，郭瑞华任副主编，王建明院长（教授、天津市市级名师）主审，其中第1章、第2章、第3章、第9章由韩文成编写；第5章由于婷婷编写；第6章由范平平编写；第4章、第7章、第8章分别由郭瑞华、王凤霞、杨忠悦编写；全书由韩文成统稿。

另外，本书编写时还参阅了许多高等院校教材和相关企业的资料，并得到了从事数控加工实操技术人员大力帮助，在此致以衷心的感谢。

本书配套电子课件、试题库和习题参考答案，可赠送给用本书作为授课教材的院校和老师，如有需要，可登陆 www.cipedu.com.cn 下载。

由于编者水平有限，书中难免有不足之处，望读者和同仁提出宝贵意见。

编　者

目录

第1章 认识数控机床 — 1
- 1.1 数控机床的产生与发展 — 1
- 1.2 机床中有关数控的基本概念 — 5
- 1.3 数控机床的组成与工作原理 — 6
- 1.4 数控机床的分类 — 9
- 1.5 数控机床的特点 — 14
- 1.6 数控机床的主要性能指标与功能 — 17
- 1.7 数控机床的应用范围 — 21
- 1.8 数控机床使用中应注意的事项 — 21
- 思考与练习题 — 22

第2章 数控机床的主传动系统 — 23
- 2.1 对数控机床主传动系统的要求及其特点 — 23
- 2.2 数控机床主轴的传动方式 — 24
- 2.3 主轴部件 — 25
- 2.4 主轴准停与主轴的同步运行功能 — 32
- 2.5 主轴润滑与密封 — 37
- 2.6 电主轴 — 40
- 思考与练习题 — 44

第3章 数控机床的进给传动系统 — 45
- 3.1 对数控机床进给传动系统的要求 — 45
- 3.2 滚珠丝杠螺母副 — 46
- 3.3 齿轮传动副 — 56
- 3.4 直线电动机传动 — 59
- 3.5 数控机床导轨 — 62
- 思考与练习题 — 73

第4章 自动换刀装置 — 74
- 4.1 自动换刀装置 — 74
- 4.2 刀库 — 78
- 4.3 刀具交换装置 — 80
- 思考与练习题 — 84

第5章 数控机床的辅助装置　　85

- 5.1 数控机床回转工作台 …… 85
- 5.2 数控机床用附件 …… 91
- 5.3 数控机床的支承部件 …… 104
- 5.4 润滑系统 …… 105
- 5.5 自动排屑装置 …… 108
- 思考与练习题 …… 109

第6章 计算机数控系统　　111

- 6.1 CNC系统的基本构成 …… 111
- 6.2 CNC装置的硬件结构 …… 115
- 6.3 CNC装置的软件结构 …… 121
- 思考与练习题 …… 125

第7章 常用数控机床　　126

- 7.1 数控车床 …… 126
- 7.2 数控铣床 …… 137
- 7.3 加工中心 …… 143
- 7.4 特种加工机床 …… 149
- 思考与练习题 …… 167

第8章 数控机床的应用　　168

- 8.1 数控机床的安装与调试 …… 168
- 8.2 数控机床的检测与验收 …… 170
- 8.3 数控机床的选用 …… 172
- 8.4 数控机床的使用与维护保养 …… 174

第9章 数控铣削编程基础　　178

- 9.1 概述 …… 178
- 9.2 编程的基础知识 …… 180
- 9.3 常用准备功能指令的编程方法 …… 189
- 9.4 数控编程的工艺处理 …… 198
- 9.5 加工刀具的选择 …… 203
- 9.6 数控铣床加工程序编制 …… 204
- 9.7 数控铣床编程实例 …… 210
- 思考与练习题 …… 216

参考文献 …… 218

第1章 认识数控机床

随着社会生产力的不断发展和人们对物质与文化需求的提高,人们对机电产品的质量、使用性能、生产率和成本提出了越来越高的要求。数控机床是一种适合于产品更新换代、品种多样、质量和生产率高、成本低的自动化生产设备。机械加工工艺过程的自动化是实现上述要求的最主要的措施之一。它不仅提高产品的质量、提高生产效率、降低生产成本,还能够大大改善工人的劳动条件。

1.1 数控机床的产生与发展

1.1.1 数控机床的产生与发展过程

1946年世界上诞生了第一台电子计算机,它为人类进入信息社会奠定了基础。1948年,美国飞机制造商帕森斯公司(Parsons)为了解决加工飞机螺旋桨叶片轮廓样板曲线的难题,提出了采用计算机来控制加工过程的设想,立即得到了美国空军的支持及麻省理工学院(MIT)的响应,经过几年的努力,于1952年3月成功地研制出了世界第一台以数字计算机为基础的数字控制(numerical control,简称NC)可3坐标联动的直线插补铣床,从而使机械制造业进入了一个新阶段。当时用的电子元件是电子管。从此,传统机床产生了质的变化。半个多世纪以来,数控机床经历了两个阶段和六代的发展。

(1)数控(NC)阶段(1952年~1970年)

早期计算机的运算速度低,这对当时的科学计算和数据处理影响还不大,但不能适应机床实时控制的要求。人们不得不采用数字逻辑电路制成一台机床专用计算机作为数控系统,这被称为硬件连接数控(HARD-WIRED NC),简称为数控(NC)。随着元器件技术的发展,这个阶段经历了三代,即1952年的第一代——电子管数控机床;1959年的第二代——晶体管数控机床;1965年的第三代——集成电路数控机床。

(2)计算机数控(CNC)阶段(1970年~现在)

第四代:基于小型计算机数控系统的数控机床——1970年,通用小型计算机已出现并成批生产,其运算速度比20世纪五六十年代有了大幅度提高,这比逻辑电路专用计算机成本低、可靠性高。于是将它移植过来作为数控系统的核心部件,从此进入了计算机数控(CNC)阶段。第五代:基于微型机数控系统的数控机床——1974年。1971年,美国Intel公司在世界上第一次将计算机的两个最核心的部件——运算器和控制器,采用大规模集成电路技术集成在一块芯片上,称之为微处理器(MICRO-PROCESSOR),又称中央处理单元(简称CPU)。至1974年,微处理器被应用于数控系统。这是因为小型计算机功能太强,控制一台机床能力有多余，但不及采用微处理器经济合理，而且当时的小型计算机可靠性也不理想。虽然早期的微处理器速度和功能都还不够高，但可以通过多处理器结构来解决。因为微处理器是通用计算机的核心部件，故仍称为计算机数控。第六代：基于 PC 的通用型 CNC 数控系统的数控机床至今。到了 1990 年，PC 机（个人计算机，国内习惯上称为微机）的性能已发展到很高的阶段，可满足作为数控系统核心部件的要求，而且 PC 机生产批量很大，价格便宜，可靠性高。数控系统从此进入了基于 PC 计算机数控系统的阶段。

总之，计算机数控阶段也经历了三代，即 1970 年的第四代——小型计算机数控机床；1974 年的第五代——微型计算机数控系统；1990 年的第六代——基于 PC（国外称为 PC-BASED）的数控机床。

1.1.2 数控机床的发展趋势

随着计算机技术的发展，为机床数控技术的发展和进步创造了条件，数控技术的性能日臻完善，应用领域日益扩大。同时，为了满足市场和机械加工向高速、高精度和高可靠性技术发展的需要，为了达到现代制造技术对数控技术提出的更高要求，当前，世界数控技术及其装备正朝着下述几个方向发展。

1.1.2.1 高速、高效

高速、高效和高精度是机械加工的目标。要提高加工效率，首先必须提高切削和进给速度，同时还要缩短加工时间；要确保加工质量，必须提高机床部件运动轨迹的精度，而可靠性则是上述目标的基本保证。为此，必须要有高性能的数控装置作保证。

（1）高速度

随着汽车、国防、航空、航天等工业领域的高速发展，对数控机床加工的高速化要求越来越高。超高速加工技术对制造业实现高效、优质、低成本生产创造了条件。

① 主轴转速：机床主轴转速在 30000r/min 以上。机床采用电主轴（内装式主轴电机），主轴最高转速达 200000r/min。

② 进给率：工作台移动速度（进给速度）在分辨率为 $1\mu m$ 时，达到 100m/min 以上，$0.1\mu m$ 时，最大进给率达到 24m/min，且可获得复杂型面的精确加工。

③ 运算速度：微处理器的迅速发展为数控系统向高速、高精度方向发展提供了保障，目前 CPU 已开发和发展到 32 位以及 64 位的数控系统，频率提高到几百兆赫、上千兆赫。由于运算速度的极大提高，使得当分辨率为 $0.1\mu m$、$0.01\mu m$ 时仍能获得高达 24~240m/min 的进给速度。

④ 换刀速度：目前国外先进加工中心的刀具交换时间普遍已在 1s 左右，高的已达到 0.5s。德国 Chiron 公司将刀库设计成篮子样式，以主轴为轴心，刀具在圆周布置，其刀到刀的换刀时间仅 0.9s。

（2）高效率

依靠快速、准确的数字量传递技术对高性能的机床执行部件进行高精密度、高响应速度的实时处理得以实现，现在数控机床自动换刀时间最短可达 1s 以内，采用新的刀库和换刀机械手，使选刀动作更快速、可靠；采用各种形式的交换工作台，使装卸工件的时间缩短；采用快换夹具、刀具装置以及实现对工件原点快速确定等，缩短时间定额，实现高效化。

1.1.2.2 高精度

从精密加工发展到超精密加工（特高精度加工），是世界各工业强国致力发展的方向。其精度从微米级到亚微米级，乃至纳米级（$0.001\mu m$），其应用范围日趋广泛。超精密加工主要包括超精密切削（车、铣）、超精密磨削、超精密研磨抛光以及超精密特种加工（微细电火花加工、微细电解加工和各种复合加工等）。普通数控机床的加工精度已达到 $\pm 5\mu m$；精密级加工中心的加工精度则从 $\pm(3\sim 5)\mu m$，提高到 $\pm(1\sim 1.5)\mu m$ 甚至更高。主轴回转精度可达到 $0.01\sim 0.05\mu m$。加工表面粗糙度 $Ra=0.003\mu m$。随着现代科学技术的发展，对超精密加工不断提出了新的要求。新材料及新零件的出现，更高精度要求的提出等都需要超精密加工工艺，发展新型超精密加工机床，完善现代超精密加工技术，以适应现代科技的发展。

1.1.2.3 高可靠性

高可靠性是指数控系统的可靠性要高于被控设备的可靠性一个数量级以上，但也不是可靠性越高越好，仍然是适度可靠，因为是商品，受性能价格比的约束。如果要求两班连续生产即在 16h 内连续正常工作，无故障率 $p(t)=99\%$ 以上，则数控机床的平均无故障运行时间 MTBF 就必须大于 3000h。

当前国外数控系统平均无故障时间 MTBF 在 $(7\sim 10)\times 10^4 h$ 以上，国产数控系统平均无故障时间仅为 10000h 左右，国外整机平均无故障工作时间达 800h 以上，而国内只有 300h。

1.1.2.4 控制的智能化

智能化的内容包括在数控系统中的各个方面，分别如下：

① 为追求加工效率和加工质量方面的智能化，如自适应控制、工艺参数自动生成。

② 为提高驱动性能及使用连接方便方面的智能化，如前馈控制、电机参数的自适应运算、自动识别负载自动选定模型、自整定等。

③ 在简化编程、简化操作方面的智能化，如智能化的自动编程、智能化的人机界面等。

④ 智能诊断、智能监控方面的内容，方便系统的诊断及维修等。

1.1.2.5 柔性化和集成化

柔性是指机床适应加工对象变化的能力。数控机床向柔性化系统发展的趋势是：从点（数控单机、加工中心和数控复合加工机床）、线（FMC、FMS、FIL、FML）向面（工段车间独立制造岛，FA）、体（CIMS，分布式网络集成制造系统）的方向发展，另一方面向注重应用性和经济性方向发展。柔性自动化技术是制造业适应动态市场需求及产品迅速更新的主要手段，是各国制造业发展的主流趋势，是先进制造领域的基础技术。其重点是以提高系统的可靠性、实用化为前提，以易于联网和集成为目标；注重加强单元技术的开拓、完善；CNC 单机向高精度、高速度和高柔性方向发展；数控机床及其构成柔性制造系统能方便地与 CAD、CAM、CAPP、MTS 连接，向信息集成方向发展；网络系统向开放、集成和智能化方向发展。

1.1.2.6 体系开放化

由于数控系统生产厂家技术的保密，传统的数控系统是一种专用封闭式系统，各个厂家的产品之间以及与通用计算机之间不兼容，维修、升级困难，难以满足市场对数控技术的需求。因此，为适应数控进线、联网、普及型个性化、多品种、小批量、柔性化及数控迅速发展的要求，最重要的发展趋势是体系结构的开放性。

(1) 向未来技术开放

由于软硬件接口都遵循公认的标准协议，只需少量的重新设计和调整，新一代的通用软硬件资源就可能被现有系统所采纳、吸收和兼容，这就意味着系统的开发费用将大大降低而系统性能与可靠性将不断改善并处于长生命周期。

(2) 向用户特殊要求开放

更新产品、扩充功能、提供硬软件产品的各种组合以满足特殊应用要求。

(3) 数控标准的建立

国际上正在研究和制定一种新的CNC系统标准ISO14649（STEP-NC），以提供一种不依赖于具体系统的中性机制，能够描述产品整个生命周期内的统一数据模型，从而实现整个制造过程乃至各个工业领域产品信息的标准化。标准化的编程语言，既方便用户使用，又降低了和操作效率直接有关的劳动消耗。

1.1.2.7 多功能化

现代数控系统由于采用了多CPU结构和分级中断控制方式，因此在一台数控机床上可以同时进行零件加工和程序编制，即操作者在机床进入自动循环加工的同时可以利用键盘和CRT进行零件加工程序的编制，并可利用CRT进行动态图形模拟功能，显示所编程序的加工轨迹，或是编辑和修改加工程序。也称该工作方式为"前台加工，后台编辑"。由此缩短了数控机床更换不同种类加工零件的待机时间，以充分提高机床的利用率。为了适应FMC、FMS以及进一步联网组成CIMS的要求，一般的数控系统都具有R-232C和R-422高速远距离串行接口，通过网卡连成局域网，可以实现几台数控机床之间的数据通信，也可以直接对几台数控机床进行控制。

1.1.2.8 功能复合化

复合机床的含义是指在一台机床上实现或尽可能完成从毛坯至成品的多种要素加工。根据其结构特点可分为工艺复合型和工序复合型两类。数控机床复合化发展的趋势是尽可能将零件加工过程中所有工序集中在一台机床上，实现全部加工之后，该零件入库或直接送到装配工段，而不需要再转到其他机床上进行加工。这不仅省去了运输和等待时间，使零件的加工周期最短，而且在加工过程，不需要多次定位与装夹，有利于提高零件的精度。

① 工艺复合型机床。如镗铣钻复合——加工中心、车铣复合——车削中心、铣镗钻车复合——复合加工中心等。

② 工序复合型机床。如多面多轴联动加工的复合机床和双主轴车削中心等。采用复合机床进行加工，减少了工件装卸、更换和调整刀具的辅助时间以及中间过程中产生的误差，提高了零件加工精度，缩短了产品制造周期，提高了生产效率和制造商的市场反应能力，相对于传统的工序分散的生产方法具有明显的优势。

加工过程的复合化也导致了机床向模块化、多轴化发展。德国Index公司最新推出的车削加工中心是模块化结构，该加工中心能够完成车削、铣削、钻削、滚齿、磨削、激光热处理等多种工序，可完成复杂零件的全部加工。

随着现代机械加工要求的不断提高，大量的多轴联动数控机床越来越受到各大企业的欢迎。

总之，新一代数控系统技术水平大大提高，促进了数控机床性能向高精度、高速度、高柔性化方向发展，使柔性自动化加工技术水平不断提高。

1.1.3 我国数控机床的发展状况

我国数控机床及数控技术起步于1958年，一直到20世纪60年代中期还处在研制、开发时期。

1965年，国内开始研制晶体管数控系统。20世纪60年代末至70年代初研制成功X53K-IC立式数控铣床、CJK-18数控系统和数控非圆齿轮插齿机。

从20世纪70年代开始，数控技术在车、铣、钻、镗、磨、齿轮加工、电加工等领域全面展开，数控加工中心在上海、北京研制成功。但各种机、电、液、气配套基础元部件、数控系统等在可靠性和稳定性方面未达到实用性要求，因此没有得到广泛推广。在这一时期，数控线切割机床由于结构简单、使用方便、价格低廉，在模具数控加工中得到了应用与推广。20 世纪 80 年代我国从日本 FANUC 公司引进了部分数控系统和直流伺服电动机、直流主轴电动机技术，以及从美国、欧洲等发达国家引进一些新的技术，并进行了国产商品化生产。这些数控系统可靠性高、性能稳定、功能齐全，推动了我国数控机床稳定发展，使我国的数控机床在性能和质量上产生了一个质的飞跃。

1995 年以后，我国国产数控装备的产业化取得了实质性进步。数控机床在品种上不断增多、规格齐全。许多技术复杂的大型数控机床和重型数控机床相继研制出来，比如北京机床研究所研制出来的 JCS-FMS-1.2 型的柔性制造系统。这个时期，我国在引进和消化国外数控技术的基础上，进行了大量的研究开发工作。一些较高档的数控系统（五轴联动）、分辨率为 $0.002\mu m$ 的高精度数控系统、数控仿型系统相继出现，推进了数控装备的专业化生产和使用。

我国数控技术发展存在的问题和不足：

① 高档数控机床的国内供应能力不足。目前机床消费和生产的结构性矛盾仍然比较突出。国内对中高档机床的需求量逐渐超过低档机床。但国产数控机床以低档为主，高档数控机床绝大部分依赖进口。

② 自主创新能力不足。我国机床制造业的基础、共性技术研究主要在行业性的研究院所进行。自主创新能力薄弱，缺乏优秀技术人才，技术创新投入不足，虽然引进消化吸收能力较好，但缺乏对基础共性技术的研究，忽视了自主开发能力的培育，企业的市场响应力较差。

③ 产品质量、可靠性及服务等能力不强。国产机床在质量、交货期和服务等方面与国外著名品牌相比存在较大的差距。在质量方面，国产数控系统的可靠性指标 MTBF 与国际先进数控系统相差较大。服务体系不健全，在市场开拓、成套技术服务、快速反应能力等方面不能满足市场快节奏和个性化的要求。

④ 功能部件发展滞后。机床是由各种功能部件（主轴单元及主轴头、滚珠丝杠螺母副、回转工作台和数控伺服系统等）在床身、立柱等基础机架上集装而成的，功能部件是数控机床的重要组成部分。数控机床整体技术与数控机床功能部件的发展是相互依赖、共同发展的，所以功能部件的创新也深深地影响着数控机床的发展。我国数控机床功能部件已有一定规模，电主轴、主轴单元、数控系统等也有专门的制造厂家，其中个别产品的制造水平接近国际先进水平。但整体上，我国机床功能部件发展缓慢、品种少、产业化程度低，精度指标和性能指标的综合情况还不过硬。目前，滚珠丝杠螺母副、数控刀架、电主轴等功能部件仅能满足中低档数控机床的配套需要。衡量数控机床水平的高档数控系统、高速精密电主轴、高速滚动功能部件等还依赖进口。

1.2 机床中有关数控的基本概念

（1）数字控制（Numerical Control）

简称数控（NC），是一种自动控制技术，是用数字化信号对机床的运动及加工过程进行控制的一种方法。GB 8129—1997 将 NC 定义为：用数值数据的控制装置，在运行过程中不断地引入数值数据，从而对某一生产过程实现自动控制。

（2）数控系统（Numerical Control System）

对于数控机床，数控系统是指计算机数字控制装置、可编程序控制器、进给驱动与主轴驱动装置等相关设备的总称。一般将计算机数字控制装置称为数控装置。它是一种程序控制系统，即采用数字控制的系统。能逻辑地处理输入到系统中具有特定代码的程序，并将其译码，从而使机床运动并加工零件。

（3）计算机数控系统（Computer Numerical Control System，CNC）

计算机数控系统是在硬件数控的基础上发展起来的，它用一台计算机代替先前的数控装置所完成的功能。依照 EIA（美国电子工业协会）所属的数控标准化委员会的定义，CNC 是用一个存储程序的计算机，按照存储在计算机内的读写存储器中的控制程序去执行数控装置的一部分或全部功能。它由装有数控系统程序的专用计算机、输入输出设备、可编程序控制器（PLC）、存储器、主轴驱动及进给驱动装置等组成，用计算机控制实现数控功能的系统。CNC 的第一个字母 C 是内装计算机的意思。

（4）数控机床（Numerical Control Machine tools）

数控机床又称 CNC 机床，它是用数字指令进行控制的机床，机床的所有运动，包括主运动、进给运动与各种辅助运动都是用输入数控装置的数字信号来控制的，是采用数字技术形式控制的机床。国际信息处理联盟 IFIP 第五技术委员会对数控机床定义如下："数控机床是一个装有程序控制系统的机床，该系统能够逻辑地处理具有使用号码或其他符号编码指令规定的程序"。

（5）数控技术（Numerical Control Technology）

它是用数字量及字符发出指令并实现自动控制的技术。目前，计算机辅助设计与制造（CAD/CAM）、柔性制造单元（FMC）、柔性制造系统（FMS）、计算机集成制造系统（CIMS）、敏捷制造（AM）和智能制造（IM）等先进制造技术都建立在数控技术基础上。

（6）数控加工技术

数控加工技术是指高效、优质地实现产品零件特别是复杂零件加工的技术，它是自动化、柔性化、敏捷化和数字化制造加工的基础与关键技术。

（7）计算机辅助设计和制造

简称 CAD/CAM，是以计算机作为主要技术手段，处理各种数字信息与图形信息，辅助完成从产品设计到加工制造整个过程的各项活动。模具 CAD/CAM 技术的主要特点是设计与制造过程的紧密联系，即设计制造一体化，其实质是设计和制造的综合计算机化，主要设计制造加工的是各类模具零件。目前这类软件较多，典型的 CAD/CAM 软件主要有 Master CAM、CAXA、I-DEAS、UG、CATIA 等，我国应用较多的有 Master CAM、CAXA、I-DEAS、UG、Pro/E 等软件。

1.3 数控机床的组成与工作原理

1.3.1 数控机床的组成

数控机床是利用数控技术，准确地按照事先编制好的程序，自动加工出所需工件的机电一体化设备。在现代机械制造中，特别是在航空、造船、国防、汽车模具及计算机工业中得到广泛应用。数控机床通常是由程序载体、CNC 装置、伺服系统、检测与反馈装置、辅助装置、机床本体组成，如图 1-1 所示。

（1）程序载体

数控机床是按照输入的零件加工程序运行的。零件加工程序中包括机床上刀具和零件的相对运动轨迹、工艺参数（如进给量，主轴转数等）和辅助运动等。将零件加工程序以一定

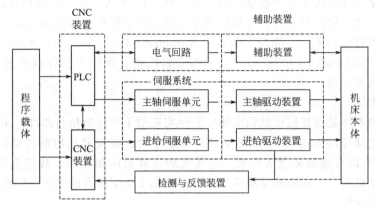

图 1-1 数控机床的组成框图

的格式和代码存储在一种载体上,这种载体称为程序载体。程序载体可以是磁盘、磁带、硬盘、U 盘和闪存卡等。由于复杂模具和大型零件的加工程序占用内存空间大,目前加工程序的执行方式按数控机床控制系统的内存空间大小分为两种方式:一种是采用 CNC 方式,即先将加工程序输入机床,然后调出来执行;另一种是采用 DNC 方式,即将机床与计算机连接,机床的内存作为存储缓冲区,加工程序由计算机一边传送,机床一边执行。

(2) CNC 装置(即计算机数控装置)

CNC 装置是 CNC 系统的核心,是数控机床的指挥机构,是数控机床的大脑。主要包括微处理器(CPU)、存储器、局部总线、外围逻辑电路和输入/输出控制等。

CNC 装置的功能是接受从输入装置送来的脉冲信号,并将信号通过数控装置的系统软件或逻辑电路的编译、运算和逻辑处理后,输出各种信号和控制指令。在这些控制指令中,除了送给伺服系统的位置和速度指令外,还送给辅助控制装置的机床辅助动作指令。最终控制机床的各部分,使其按照规定的、有序的动作运行。

(3) 伺服系统

伺服系统是 CNC 装置和机床本体的联系环节,是数控机床的执行机构。它的作用是把来自 CNC 装置的微弱指令信号解调、转换、放大后驱动伺服电动机运行,通过执行部件驱动机床移动部件的运动,使工作台精确定位和按规定的轨迹运动,使主轴按指定的运转速度及转向转动,最后加工出符合图样要求的零件,伺服精度和动态响应是影响数控机床加工精度、表面质量和生产率的重要因素。

伺服系统包括驱动装置和执行装置两大部分,数控机床的驱动装置包括主轴伺服单元(转速、转向控制)、进给驱动单元(位置和速度控制)、回转工作台和刀库伺服控制装置以及它们相应的伺服电动机等。常用的伺服电动机有步进电动机、直流伺服电动机和交流伺服电动机。伺服电动机是系统的执行元件,驱动控制系统则是伺服电动机的动力源。数控系统发出的指令信号与位置反馈信号比较后作为位移指令,再经过驱动系统的功率放大后,驱动电动机运转,通过机械传动装置带动工作台或刀架运动。

(4) 检测与反馈装置

检测与反馈装置有利于提高数控机床加工精度。它的作用是:将机床导轨和主轴移动的位移量、移动速度等参数检测出来,通过模数转换变成数字信号,并反馈到数控装置中,数控装置根据反馈回来的信息进行判断并发出相应的指令,纠正所产生的误差。常用的检测装置有编码器、感应同步器、光栅、磁栅、霍尔检测元件等。

(5) 辅助装置

辅助装置是把计算机送来的辅助控制指令（M，S，T等）经机床接口转换成强电信号，用来控制主轴电动机启停和变速、冷却液的开关及分度工作台的转位和自动换刀等动作。它主要包括储备刀具的刀库、自动换刀装置（Automatic Tool Changer，ATC）、自动托盘交换装置（Automatic Pallet Changer）、工件的夹紧机构、回转工作台以及液压、气动、冷却、润滑、排屑装置等。

(6) 机床本体

数控机床的本体是指其机械结构实体。它是实现加工零件的执行部件，主要由主运动部件（主轴、主运动传动机构）、进给运动部件（工作台、拖板及相应的传动机构）、支承件（床身、立柱等）以及辅助装置等组成。与传统的普通机床相比较，数控机床的整体布局、外观造型、传动机构、工具系统及操作机构等方面都发生了很大的变化。归纳起来主要包括以下几个方面的变化。

① 采用高性能的主轴及伺服传动系统，具有传递功率大、刚度高、抗振性好及热变形形小等优点。

② 高效传动部件及进给传动系统，具有传动链短、结构简单、传动效率高、传动精度高等优点。用滚珠丝杠螺母副、直线滚动导轨副、贴塑导轨副等。

③ 数控机床机械结构具有很高的静、动态刚度，较好的抗振性、阻尼精度及耐磨性等。

④ 在加工中心上一般具有完善的自动换刀装置 ATC、自动托盘交换装置、工件夹紧放松机构和刀具管理系统。

⑤ 采用全封闭高速防护罩。由于数控机床是自动完成加工，为了操作安全等，一般采用移动门结构的全封闭高速防护罩，对机床上的零件进行全封闭加工。

1.3.2 数控机床的工作原理

分析图 1-1 所示的数控机床组成可以知道，其前期工作和加工过程如图 1-2 所示。

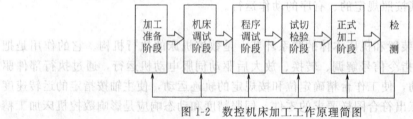

图 1-2 数控机床加工工作原理简图

根据零件加工图样进行工艺分析，拟定加工工艺方案。用规定的程序代码和格式编写零件加工程序，或用 CAD/CAM 软件直接生成零件的加工程序。把零件加工程序输入或传输到数控系统。

数控系统对加工程序进行译码与运算。发出相应的命令，通过伺服系统驱动机床的各个运动部件，并控制刀具与工件的相对运动，最后加工出形状、尺寸与精度符合要求的零件。图 1-3 为数控加工主要过程简图。

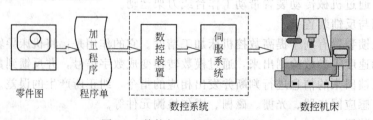

图 1-3 数控加工主要过程简图

1.4 数控机床的分类

数控机床的品种规格繁多，分类方法不一。从不同的角度对其进行考查，就有不同的分类方法。

1.4.1 按加工工艺用途分类

数控机床按加工工艺用途可以分为以下 4 类。

（1）金属切削加工类数控机床

主要有数控车床（NC Lathe）、数控铣床（NC Milling Machine）、数控钻床（NC Drilling Machine）、数控镗床（NC Boring Machine）、数控平面磨床（NC Surface Crinding Machine）和加工中心（Machine Center）等，如图 1-4 所示。

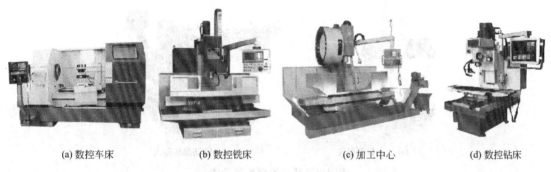

图 1-4　金属切削加工类数控机床

（2）成形加工类数控机床

主要有数控折弯机、数控弯管机、数控冲床、数控转头压力机等，如图 1-5 所示。

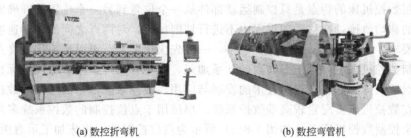

图 1-5　成形加工类数控机床

（3）特种加工类数控机床

特种加工亦称"非传统加工"或"现代加工方法"，泛指用电能、热能、光能、电化学能、化学能、声能及特殊机械能等能量达到去除或增加材料的加工方法，从而实现材料被去除、变形、改变性能或被镀覆等。

主要有数控电火花线切割机床、数控电火花成形机床、数控激光切割机、数控激光热处理机床、数控激光板料成形机床、数控等离子切割机等，如图 1-6 所示。

（4）其他类型数控设备

主要有数控三坐标测量仪、数控装配机、防爆机器人等，如图 1-7 所示。

(a) 电火花成形机床　　　　　　(b) 电火花线切割机床

图 1-6　特种加工类数控机床

(a) 三坐标测量仪　　　　　　(b) 防爆机器人

图 1-7　其他类型数控设备

1.4.2　按机床运动轨迹分类

(1) 点位控制数控机床

点位控制数控机床的特点是只控制运动部件从一个位置到另一个位置的准确定位，不控制中间过程的移动轨迹，在移动的过程中不进行切削加工，对两点之间的移动速度及运动轨迹没有严格要求。但通常为了提高加工效率，一般先快速移动，再以慢速接近终点。

点位控制数控机床主要用于平面内的孔系加工，主要有数控钻床、数控坐标镗床、数控冲床、数控点焊机等。随着计算机技术的发展与应用、数控系统价格的降低和数控装置的技术进步，现在数控机床多配置较高端数控系统，单纯用于点位控制的数控系统多是配置在较早生产的点位控制数控机床上。如图 1-8(a) 所示为点位控制数控机床加工示意图。

 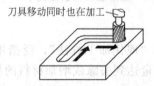 

(a) 钻削加工示意图　　　(b) 铣削直线加工示意图　　　(c) 铣削轮廓控制加工示意图

图 1-8　按控制方式分类示意图

(2) 直线控制数控机床

直线控制数控机床除了具有控制点与点之间的准确定位功能，还要保证两点之间按直线运动进行切削加工，刀具相对于工件移动的轨迹是平行机床各坐标轴的直线或两轴同时移动构成45°的斜线。如图1-8(b)所示为铣削直线加工示意图。

直线控制的数控机床主要有简易的数控车床、数控铣床、加工中心和数控磨床等。这种机床的数控系统也称为直线控制数控机床。同样，单纯用于直线控制的数控机床也不多见。

（3）轮廓控制数控机床

轮廓控制数控机床能够对两个或两个以上的坐标轴进行连续相关的控制，不仅能控制机床移动部件的起点和终点坐标，而且还要控制整个加工过程中每一点的速度和位移，也即控制刀具移动的轨迹，以加工出任意斜线、圆弧、抛物线及其他函数关系的曲线或曲面。如图1-8(c)所示为铣削轮廓控制加工示意图。这类数控机床主要有数控车床、数控铣床、数控电火花线切割机床和加工中心等。其相应的数控装置称为轮廓控制数控系统。

现代计算机数控装置的控制功能均由软件实现，增加的轮廓控制功能不会带来机床的成本增加，因此，现在除少数专用控制系统外，现代计算机数控装置都具有轮廓控制功能。根据它所控制的联动坐标轴数不同，又可以分为下面几种联动形式。

① 二轴联动的轮廓加工。数控系统控制几个坐标轴按需要的函数关系同时协调运动，称为坐标联动。主要用于数控车床加工回转曲面或数控铣床加工曲线柱面，如图1-9所示。

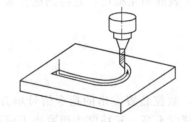

图1-9 二坐标联动的轮廓加工简图

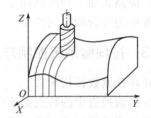

图1-10 二轴半联动的曲面加工简图

② 二轴半联动轮廓加工。在两轴联动的基础上增加了Z轴的移动，当机床坐标系的X、Y轴固定时，Z轴可以作周期性进给。两轴半联动加工可以实现分层加工。主要用于三轴以上机床的控制，其中两根轴可以联动，而另外一根轴可以作周期性的点位或直线控制，从而实现三个坐标轴X、Y、Z内的二维控制，如图1-10所示为采用这种方式用行切法加工三维空间曲面。

③ 三轴联动（三轴控制）曲面加工。一般分为两类：一类就是同时控制X、Y、Z三个直线坐标轴联动，比较多地用于数控铣床、加工中心等，如图1-11所示为采用球头铣刀铣切三维空间曲面；另一类是除了同时控制X、Y、Z中两个直线坐标外，还同时控制围绕其中某一直线坐标轴旋转的旋转坐标轴。如车削加工中心，它除了纵向（Z轴）、横向（X轴）两个直线坐标轴联动外，还需同时控制围绕Z轴旋转的主轴（C轴）联动。通常三轴机床可以实现二轴、二轴半、三轴加工。

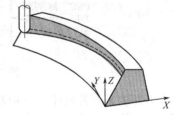

图1-11 三轴联动曲面加工简图

④ 四轴联动。是指同时控制X、Y、Z三个直线坐标轴与某一旋转坐标轴联动，如图1-12所示为同时控制X、Y、Z三个直线坐标轴与一个工作台回转轴联动的数控机床。

对很多曲面加工而言，为使加工表面质量好，而且效率高，采用三坐标联动加工是不合适的，需要采用更多的坐标联动来加工，这样使刀具与加工型面始终保持贴合，加工表面质量好。为了实现这种加工方式，不仅要X、Y、Z三坐标联动控制刀具刀位点在空间的位置，而且要同时控制刀具绕刀位点的摆角，使刀具始终贴合工件，且还要补偿因摆角所引起的刀位点的改变。

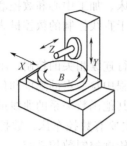
图1-12 四轴联动的数控机床

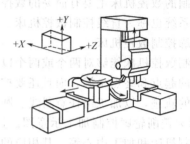
图1-13 五轴联动的数控机床

⑤ 五轴联动。是指除同时控制X、Y、Z三个直线坐标轴联动外，还同时控制围绕着这些直线坐标轴旋转的A、B、C坐标轴中的两个坐标轴，形成同时控制五个轴联动。这时刀具可以给定在空间的任意方向，如图1-13所示。比如控制刀具同时绕X轴和Y轴两个方向摆动，使得刀具在其切削点上始终保持与被加工的轮廓曲面成法线方向，以保证被加工曲面的光滑性，提高其加工精度和加工效率，减小被加工表面的粗糙度，它特别适合加工透明叶片、机翼等更为复杂的空间曲面。

1.4.3 按伺服系统控制方式分类

(1) 开环控制数控机床

开环控制数控机床的特点是不带测量反馈装置，数控装置发出的指令信号单方向传递，指令发出后不再反馈回来。因为无位置反馈，所以精度不高，其精度主要取决于伺服驱动系统的制造精度和性能。

开环控制数控机床的工作原理如图1-14所示。它是将控制机床机械执行机构（工作台）或刀架运动的位移距离、位移速度、位移方向和位移轨迹等参量通过输入装置输入CNC装置，CNC装置根据这些参量指令计算出进给脉冲序列（脉冲个数对应位移距离、脉冲频率对应位移速度、脉冲方向对应位移方向、脉冲输出的次序对应位移轨迹），然后对脉冲单元进行功率放大，形成驱动装置的控制信号。最后，由驱动装置驱动工作台或刀架按所要求的速度、轨迹、方向和移动距离，加工出形状、尺寸与精度符合要求的零件。

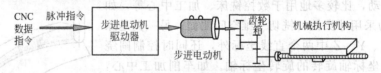
图1-14 开环控制数控机床的工作原理图

开环控制数控机床一般由功率步进电动机作为伺服执行元件，具有运行平稳、调试方便、维修简单、成本低廉等优点。在精度和速度要求不高、驱动力矩不大的场合得到广泛应用。但由于步进电动机的低频共振、失步等原因，使其应用逐渐减少。在我国，经济型数控机床一般都采用开环控制。

(2) 半闭环控制数控机床

半闭环控制数控机床的工作原理如图1-15所示，它是从伺服电机或丝杠的端部引出，通过检测电动机和丝杠旋转角度来间接检测工作台的实际位置或位移。在半闭环环路内不包括或只包括少量机械传动环节，可得到较稳定的控制性能。其系统稳定性介于开环和闭环控制系统之间。另外,滚珠丝杠的螺距误差和齿轮或同步带轮等引起的运动误差难以消除。但大部分可用误差补偿的方法提高运动精度,因此在现代 CNC 机床中得到了广泛的应用。

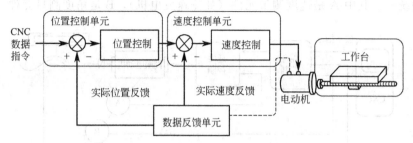

图 1-15　半闭环控制数控机床的工作原理图

(3) 全闭环控制数控机床

全闭环控制数控机床的工作原理如图 1-16 所示,它是采样点从机床的运动部件上直接引出,通过采样工作台运动部件的实际位置,即对实际位置进行检测,可以消除整个传动环节的误差和间隙,因而具有很高的位置控制精度。但是由于位置环内的许多机械环节的摩擦特性、刚性和间隙都是非线性的,故障容易造成系统的不稳定,造成调试困难。这类系统主要用于精度要求很高的镗铣床、超精车床和螺纹车床等。

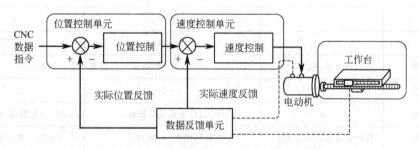

图 1-16　全闭环控制数控机床的工作原理简图

(4) 混合控制数控机床

将以上三类数控机床的特点结合起来,就形成了混合控制数控机床。混合控制数控机床特别适用于大型或重型数控机床,因为大型或重型数控机床需要较高的进给速度与相当高的精度,其传动装置惯量与力矩大,如果只采用全闭环控制,机床传动链和工作台全部置于控制闭环中,调试比较复杂。混合控制系统又分为两种形式。

① 开环补偿型控制方式。如图 1-17 为开环补偿型控制方式。它的基本控制选用步进电动机的开环伺服机构,另外附加一个校正电路。用装在工作台的直线位移测量元件的反馈信号校正机械系统的误差。

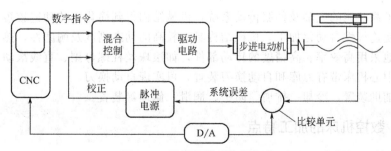

图 1-17　开环补偿型控制方式

② 半闭环补偿型控制方式。如图 1-18 为半闭环补偿型控制方式。它是用半闭环控制方式取得高精度控制，再用装在工作台上的直线位移测量元件实现全闭环修正，以获得高速度与高精度的统一。其中 A 是速度测量元件（如测速发电机），B 是角度测量元件。

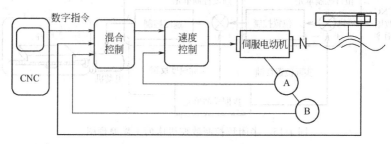

图 1-18 半闭环补偿型控制方式

1.4.4 按数控系统功能水平分类

数控机床按数控系统功能水平可分为低、中、高三档，如表 1-1 所示。

表 1-1 数控系统不同档次的功能指标

功能	低档	中档	高档
系统分辨率/μm	10	1	0.1
G00 速度/(m/min)	3～8	10～24	24～100
伺服类型	开环　步进电动机	半闭环或闭环　直流或交流伺服系统	3～5
联动轴数	2～3	3～4	3～5
通信功能	无	RS-232C 或直接数控接口	遵循自动化协议，具有联网功能
显示功能	数码管显示或单显 CRT	CRT；图形；人机对话	CRT；三维图形；自诊断
内装 PLC	无	有	
主 CPU	8 位或 16 位 CPU	16 位或 32 位 CPU	32 位或 64 位 CPU
结构	单片机或单板机	单微处理器或多微处理器	分布式多微处理器

注：DNC 是指分布式数字控制（Distributed Numerical Control）。

1.5 数控机床的特点

1.5.1 数控机床的设计特点

① 采用了高性能的主轴及伺服传动系统，机械结构得到简化，传动链较短。
② 为了使连续性自动化加工，机械结构具有较高的动态刚度及耐磨性，热变形小。
③ 更多地采用高效率、高精度的传动部件，如滚珠丝杠螺母副、直线滚动导轨等。
④ 加工中心机床带有刀库和自动换刀装置，可实现自动换刀。
⑤ 采用辅助装置，冷却、排屑、防护、润滑、储运等装置。

1.5.2 数控机床的加工特点

数控机床的加工特点，主要有以下几个方面。

(1) 加工精度高、质量稳定

数控机床是按数字形式给出的指令进行加工的，脉冲当量普遍达到 0.001mm，且传动链之间的间隙得到了有效补偿。近几年来数控机床的加工精度普遍达到了±0.005mm。定位精度已达到±(0.002～0.005) mm。同时数控机床的传动装置与床身结构具有很高的刚度和热稳定性，容易保证零件尺寸的一致性。因此数控机床不仅具有较高的加工精度，而且质量稳定。

(2) 生产效率高、经济效益好

零件加工所需的时间主要包括机加工时间和辅助时间两部分。数控机床的切削速度和进给速度的变化范围比普通机床大，因此数控机床无论是在粗加工、半精加工或精加工的任何一道工序都可选用最佳的切削用量。由于数控机床的结构刚性好，故在进行粗加工时可以进行大切削用量的强力切削，提高了数控机床的切削效率，节省了加工时间。数控机床的移动部件的空行程时间短，工件装夹时间短。加工零件改变时，几乎不需要调整机床，一般只需要更改数控程序，可节省生产准备时间，有效地提高了加工效率（其加工效率一般为普通机床的 3～5 倍）。同时，由于数控机床对市场需求响应快，生产效率高，使总成本下降，可获得良好的经济效益。数控机床价格虽昂贵，加工时分摊到每个零件上的设备折旧费较高。但在单件、小批量生产的情况下，使用数控机床加工可节省辅助工时（如钳工画线），减少调整、加工和检验时间，节省直接生产费用。且数控机床加工零件一般不需制作专用工装夹具，也可节省工艺装备费用。数控机床加工精度稳定，降低了废品率，使生产成本进一步下降。此外数控机床加工范围广，可实现一机多用，节省占地面积。故数控机床具有良好的经济效益。

(3) 对加工对象的适应性强

数控机床加工不同零件时，只需改变加工程序，就可重新实现对新零件的加工。数控机床可进行多坐标的联动，能加工形状复杂的零件，特别适合加工单件、小批量、加工难度和精度要求较高的零件。

(4) 自动化程度高，劳动强度低

数控机床是新型的自动化机床，它具有广泛通用性和很高的自动化程度。操作者除了通过计算机或机床控制面板输入程序、装卸工件、进行关键工序的中间检测以及观察机床运行之外，工件加工过程不需要人工干预，大大改善了操作者的劳动强度。

(5) 有利于现代化管理

采用数控机床加工，较普通机床而言能准确计算加工工时和相关费用。由于数控机床加工零件尺寸的一致性程度高，可简化对成件的检测。数控机床使用数字信息与标准代码处理、传递信息，使用了计算机控制方法，为计算机辅助设计、制造及管理一体化奠定了基础。

(6) 具有很强的通信功能

数控机床通常具有 RS-232 接口，有的还备有 DNC 接口，可与 CAD/CAM 软件的设计与制造相结合。高档机床还可与 MAP（制造自动化协议）相连，接入工厂的通信网络，适应于 FMS、CIMS 的应用要求。

当然，数控机床在应用中也有其不足之处：

① 数控机床价格昂贵，初期投资大。

② 维护费用高。

③ 对操作者的技能水平及管理人员的素质要求较高，对维修人员的技术要求更高。因此，应合理地选择与使用数控机床，可提高经济效益。

1.5.3 数控机床的结构特点

为了保证数控机床高的运动精度、高的定位精度和高的自动化性能，即高加工效率，数控机床的结构应具有以下特点。

(1) 高刚度和高抗振性

由于数控机床要经常在高速和重负荷条件下连续工作，因此，机床的床身、立柱、主轴、工作台、刀架等主要部件，均需具有很高的刚度，以减少工作中的变形和振动。例如，床身各部分合理分布加强筋，以承受重载与重切削力；工作台与拖板应具有足够的刚性，以承受工件重量，并使工作平稳；主轴一般在高速下运转，为提高主轴部件的刚度，除主轴部件在结构上采取必要的措施以外，加工中心还要采用高刚度的轴承，并适当预紧，以提高径向扭矩和轴向推力；增加刀架底座尺寸，减少刀具的悬伸，使其在切削加工中应平稳而无振动等。

(2) 高灵敏度

数控机床在加工过程中，要求运动部件具有高的灵敏度。导轨部件通常采用滚动导轨、塑料导轨、静压导轨等，以减少摩擦力，在低速运动时无爬行现象。工作台、刀架等部件的移动，是由交流或直流伺服电动机驱动，经滚丝杠螺母副或静压丝杠传动，减少了进给系统所需要的驱动扭矩，提高了定位精度和运动平稳性。主轴既要在高速下运转，又要有高灵敏度，因而多数采用滚动轴承和静压轴承。

(3) 热变形小

为保证部件的运动精度，要求机床的主轴、工作台、刀架等运动部件的发热量要小，以防止产生热变形。为此，立柱一般采取双壁框式结构，在提高刚度的同时机床结构应采用热对称设计，并改善主轴轴承、滚珠丝杠螺母副及高速运动导轨副的摩擦特性，防止因热变形而影响加工精度。通常采用恒温冷却装置，减少主轴轴承在运转中产生的热量。为减少电动机运转发热的影响，在电动机上安装有散热装置和热管消热装置。

(4) 高精度保持性

在高速、强力切削下满载工作时，为保证机床长期具有稳定的加工精度，要求数控机床具有较高的精度保持性。除了应正确选择有关零件的材料，以防止使用中的变形和快速磨损外，还要求采取一些工艺性措施，如淬火、磨削导轨、粘贴抗磨塑料导轨等，以提高运动部件的耐磨性。

(5) 高可靠性

数控机床应能在高负荷下长时间无故障地连续工作，因而对机床部件和控制系统的可靠性提出了很高的要求。柔性制造系统中的数控机床可在 24 小时运转中实现无人管理，可靠性显得更为重要。为此除保证运动部件不出故障外，频繁动作的刀库、换刀机构、托盘、工件交换装置等部件，必须保证能长期而可靠地工作。加工中心另外引入了机床机构故障诊断系统和自适应控制系统、优化切削用量等，也都有助于机床可靠地工作。

(6) 工艺复合化和功能集成化

所谓"工艺复合化"，简单地说，就是"一次装夹、多工序加工"。"功能集成化"主要是指数控机床的自动换刀机构和自动托盘交换装置的功能集成化。随着数控机床向柔性化和无人化发展，功能集成化的水平更高地体现在工件自动定位、机内对刀、刀具破损监控、机床与工件精度检测和补偿等功能上。

由于生产技术发展的需要，数控机床的机械结构随着数控技术的发展而与时俱进，两者相互促进，相互推动。

1.6 数控机床的主要性能指标与功能

1.6.1 数控机床的规格指标

规格指标是指数控机床的基本功能，主要有以下几方面。

（1）行程范围

行程范围是指坐标轴可控的运动区间，它是直接体现机床加工能力的指标参数，一般指数控机床坐标轴 X、Y、Z 的行程大小构成的空间加工范围，即加工能力的大小。

（2）摆角范围

摆角范围是指摆角坐标轴可控的摆角区间，数控机床摆角的大小也直接影响加工零件空间部位的能力。

（3）主轴功率和进给轴扭矩

主轴功率和进给轴扭矩反映数控机床的加工能力，同时也可以间接反映该数控机床的刚度和强度。

（4）控制轴数和联动轴数

控制轴数是指机床数控装置能够控制的坐标数目。联动轴数是指机床数控装置控制的坐标轴同时达到空间某一点的坐标数目，它反映数控机床的曲面加工能力。

（5）刀具系统

刀具系统主要指刀库容量及换刀时间，它对数控机床的生产率有直接影响。刀库容量是指刀库能存放加工所需要的刀具数量。目前常见的中小型加工中心多为 16～60 把，大型加工中心达 100 把以上。换刀时间是指带有自动交换刀具系统的数控机床，将主轴上使用的刀具与装在刀库上的下一工序需用的刀具进行交换所需要的时间。目前国内一般在 10～20s 内完成换刀。

1.6.2 数控机床的精度指标

（1）分辨率和脉冲当量

分辨率是指两个相邻的分散细节之间可以分辨的最小间隔。脉冲当量是指数控系统每发出一个脉冲信号，机床机械运动机构就产生一个相应的位移量，通常称其为脉冲当量。脉冲当量是设计数控机床的原始数据之一，其数值的大小决定数控机床的加工精度和表面质量。

脉冲当量越小，数控机床的加工精度和加工表面质量越高。

目前普通数控机床的脉冲当量一般采用 0.001mm；简易数控机床的脉冲当量一般采用 0.01mm；精密或超精密数控机床的脉冲当量采用 0.0001mm。

（2）定位精度和重复定位精度

定位精度是指数控机床工作台等移动部件所达到的实际位置的精度。而实际运动位置与指令位置之间的差值称为定位误差。引起定位误差的因素包括伺服系统、检测系统、进给系统误差以及移动部件导轨的几何误差等。定位误差直接影响零件加工的尺寸精度。一般数控机床的定位精度为 ±0.01mm。

重复定位精度是指在同一台数控机床上，应用相同程序相同代码加工一批零件，所得到（零件加工尺寸精度）的连续结果的一致程度。重复定位精度受伺服系统特性、进给系统的间隙与刚性以及摩擦特性等因素的影响。一般情况下，重复定位精度是呈正态分布的偶然性误差，它影响批量加工零件的一致性，是一项非常重要的性能指标。一般数控机床的重复定位精度为±0.005mm。

（3）分度精度

分度精度是指分度工作台在分度时，理论要求回转的角度值和实际回转的角度值的差值。分度精度既影响零件加工部位在空间的角度位置，也影响孔系加工的同轴度等。

（4）加工精度

近年来，伴随着数控机床的发展和机床结构特性的提高，数控机床的性能与质量都有了大幅度的提高。中等规格的加工中心，其定位精度普通级达到±(0.005~0.008)mm/300mm，精密级的达到±(0.001~0.003)mm/全程；普通级加工中心的加工精度达到±1.5μm，超精密级数控车床的加工圆度已经达到0.1μm，表面粗糙度为Ra0.3μm。

1.6.3 数控机床的运动指标

（1）主轴转速

目前，随着刀具、轴承、冷却、润滑及数控系统等相关技术的发展，数控机床主轴转速已普遍提高。数控机床的主轴一般采用交流主轴电动机驱动，选用高速精密轴承支承，保证主轴具有较宽的调速范围和足够高的回转精度、刚度及抗振性。目前，数控车床主轴转速已普遍达到4000~6000r/min，数控镗铣床主轴转速已普遍达到5000~10000r/min，甚至更高。在高速加工的数控机床上，通常采用电动机转子和主轴一体的电主轴，电主轴的出现，适应了高速加工和高精度加工的要求，可以使主轴达到每分钟数万转。这样对各种小孔加工以及提高零件加工质量和表面质量都极为有利。

（2）进给速度和加速度

数控机床的进给速度是影响零件加工质量、生产效率以及刀具寿命的主要因素。它受数控装置的运算速度、机床动特性及工艺系统刚度等因素的限制。目前国内数控机床的进给速度可达10~15r/min，国外为15~30r/min。进给加速度是反映进给速度提速能力的性能指标，也是反映机床加工效率的重要指标。国外厂家生产的加工中心加速度可达2g。

1.6.4 可靠性指标

可靠性是数控机床控制系统、机械设备或零部件在规定的工作条件下和规定的时间内保持与完成规定功能的能力。产品的可靠性越高，产品可以无故障工作的时间就越长。

对于机械设备，可靠性的特征量主要有：可靠度、失效率、故障率、平均无故障间隔时间、平均寿命、有效度等。

（1）平均无故障间隔时间（Mean Time Between Failures，MTBF）
MTBF是指对可修复产品，相邻故障工作时间的平均值，是衡量可靠性的重要指标，对于一台数控机床是指在使用中平均两次故障间隔的时间，即数控机床在寿命范围内总工作时间和总故障次数之比：

$$MTBF = \frac{总工作时间}{总故障次数}$$

显然，这段时间越长越好，MTBF越长表示可靠性越高，正确工作能力越强。

据统计数控系统最低可接受的MTBF不应该低于3000h。统计资料表明，国外数控系统的MTBF为5000~22000h。

数控系统丧失规定的功能称为故障。平均无故障工作时间能准确反映数控设备正常工作的时间。它是指一次故障发生后，到下次故障发生前无故障间隙工作时间的平均值。

(2) 平均修复时间 (Mean Time To Repar, MTTR)

平均修复时间,又称平均事后维修时间,是从发现故障到机床恢复规定性能所需修复时间的平均值,简称 MTTR。MTTR 是指一台数控机床从开始出现故障直到能正常工作所用的平均修复时间,即总故障停机时间与总故障次数之比。

考虑到实际系统出现故障总是难免的,故对于可维修的系统,总希望一旦出现故障,修复的时间越短越好,即希望 MTTR 越短越好。

$$MTTR = \frac{总故障停机时间}{总故障次数}$$

(3) 平均有效度 A

平均有效度又称为固有可用度。是指在规定的使用条件下,机械设备及零部件保持其规定功能的概率,简称平均有效度(A)。

如果把 MTBF 视做设备正常工作的时间,把 MTTR 视做设备不能工作的时间,那么正常工作时间与总时间之比称为设备的平均有效度 A,即

$$A = \frac{平均无故障时间}{平均无故障时间 + 故障平均修复时间} = \frac{MTBF}{MTBF + MTTR}$$

平均有效度反映了设备提供正常使用的能力,是衡量设备可靠性的一个重要指标。

(4) 精度保持时间

精度保持时间(T_k)是数控机床在两班工作制和遵守使用规则的条件下,其精度保持在机床精度标准规定的范围内的时间。其观测值以抽取的样机中精度保持时间最短的一台机床的精度保持时间为准。

以上 4 个评定指标中,MTBF 侧重于数控机床的无故障性,是最常用的评定指标;MTTR 反映了数控机床的维修性,即进行维修的难易程度;平均有效度 A 综合了反映无故障性和维修性,即有效性;精度保持时间反映了数控机床的耐久性和可靠寿命。

1.6.5 数控机床的主要功能

数控机床的主要功能概括起来主要有以下几种。

(1) 控制轴数和联动轴数

控制轴数是指机床数控装置能够控制的坐标数目。控制轴数说明了 CNC 系统最多可以控制多少坐标轴,其中包括移动轴和回转轴。基本坐标轴是 X、Y、Z,多于 3 个的坐标轴往往是 X、Y、Z 的平行辅助轴或回转轴 A、B、C。

联动轴数是指机床数控装置控制的坐标轴同时达到空间某一点的坐标数目。有两轴联动、两轴半联动、三轴联动、四轴联动和五轴联动等。联动轴数表示 CNC 可同时控制按一定规律完成一定轨迹插补的协调运动的坐标轴数,它与控制轴数是不同的概念。联动轴数越多,说明 CNC 系统可以加工较复杂的空间线型或型面。控制轴数越多,特别是联动轴数越多,CNC 系统就越复杂,编程也越困难。

(2) 准备功能

准备功能也称为 G 功能,用来指令机床动作方式,包括基本移动、程序暂停、平面选择、坐标设定、刀具补偿、参考点返回、固定循环和公英制转换等。

(3) 插补功能

插补功能是指数控机床能实现的线型加工能力,插补功能越强,说明 CNC 系统能够加工的轮廓越多。目前 CNC 系统不仅可以插补直线、圆弧,还可以插补抛物线、椭圆、正弦曲线、螺旋曲线和样条函数等。

(4) 进给功能

进给功能包括快速进给（空运行）、切削进给、手动连续进给、点动进给、进给倍率修调（倍率开关）、自动加减速功能等。

(5) 主轴功能

主轴功能包括恒转数控制、恒线速度控制、主轴定向停止及转速修调（倍率开关）等。

恒线速度即主轴自动变速，使刀具相对切削点的线速度保持不变。主轴定向停止也称为主轴准停，即在换刀、精镗孔后退刀等动作开始之前，主轴在其轴向准确定位。

(6) 辅助功能

辅助功能也称为 M 功能，用来规定主轴的起、停、转向，冷却液的接通和断开，刀库的起、停等。

(7) 操作功能

CNC 系统通常能进行条件程序段的执行、程序段跳步、机械闭锁、辅助功能闭锁、单段、试运行、录返、示教等操作。

(8) 刀具功能

刀具功能是指刀具的自动选择和自动换刀。

(9) 刀具补偿

刀具补偿包括刀具位置补偿、刀具半径补偿和刀具长度补偿。位置补偿是对车刀刀尖位置变化的补偿，半径补偿是对车刀刀尖圆弧半径、铣刀半径的补偿，长度补偿是指铣床、加工中心沿加工深度方向对刀具长度变化的补偿。

(10) 程序管理功能

程序管理是指对加工程序的检索、编辑、修改、插入、删除、更名和程序的存储、通信等功能。

(11) 零件程序结构

零件程序结构包括程序名位数、程序号位数、是否可以调用子程序、子程序的嵌套层数、用户宏程序等。

(12) 误差补偿功能

加工过程中，机械传动链中存在的反间隙（齿隙）螺距误差（由滚珠丝杠的螺距不均等引起），导致实际加工出的零件尺寸与程序规定的尺寸不一致，造成加工误差。因此 CNC 系统采用反向间隙补偿和螺距误差补偿功能，把误差的补偿量输入系统的存储器，按补偿量重新计算刀具的坐标尺寸，从而加工出符合要求的零件。

(13) 自动加减速控制

为保证伺服电动机在启动、停止或速度突变时不产生冲击、失步、超程或振荡，必须对送到伺服电动机的进给频率或电压进行控制。

在电动机启动及进给速度大幅度上升时，控制加在伺服电动机上的进给频率或电压逐渐增大；而当电动机停止及进给大幅度下降时，控制加在伺服电动机上的进给频率或电压逐渐减小。

CNC 系统中自动加减速控制多用软件实现，它可在插补前进行，称插补前加减速，也可在插补后进行，称插补后加减速。

自动加减速控制有多种算法，如：直线加减速、指数加减速、抛物线加减速和鼓形加减速等。

(14) 开关量接口

CNC 系统的 M、S、T 功能不仅在 CNC 内部要处理，而且要以 BCD 码的形式输出，

M、S、T 码的输出位数是一个重要指标。另外，CNC 系统还有其他一些开关量接口，如外部的急停信号、循环启动信号和进给保持信号等。

(15) 机床顺序控制接口

目前 CNC 系统一般装有内装型 PLC，PLC 的性能包括输入/输出点数、编程语言、指令条数、程序容量等。无内装型 PLC 的 CNC 系统，复杂的顺序控制要借助外部的 PLC。

(16) 字符图形显示

CNC 系统可配置彩色 CRT，通过软件和接口实现字符和图形显示。可以显示程序、参数、各种补偿量、坐标位置、故障信号、人机对话编程菜单、零件图形、动态刀具轨迹等。

(17) 通信与通信协议

CNC 系统一般都有 RS-232 接口，有的还配有 DNC 接口，并设有缓冲区，进行高速传输。高级型 CNC 系统还可以与 MAP 相连，接入工厂的通信网络，以适应 FMS、CIMS 要求。

(18) 自诊断功能

CNC 系统中设置有各种诊断程序，在故障发生后可迅速查明故障类型和部位，及时排除以减少故障停机时间和防止故障扩大。

CNC 系统的故障诊断程序可以包含在系统程序中，在系统运行过程中进行诊断；也可以作为服务性程序，在系统运行前或故障停机后进行诊断；有的 CNC 系统还可进行远程通信诊断。

1.7 数控机床的应用范围

数控机床具有普通机床不具备的许多优点，数控机床的应用范围正在不断扩大，但目前它并不能完全代替普通机床，也还不能以最经济的方式解决机械加工中的所有问题。数控机床最适合加工具有以下特点的工件：

① 单件、多品种、小批量的生产零件。
② 形状复杂，加工精度较高，表面质量要求高的零件。
③ 需进行多种工序集中加工的零件。
④ 价格昂贵、不允许报废的零件。
⑤ 需要频繁改型的零件。
⑥ 需要最少生产周期的急需件。
⑦ 批量、高精度、高要求的工件。

由于数控机床的自动化程度高，生产效率高，可最大限度地减少操作工人。因此，较大批量生产的零件采用数控机床加工，在经济上也是可行的。广泛推广和使用数控机床的最大障碍是设备的初始投资大。由于数控系统本身的复杂性，又增加了维修的技术难度和维修费用。考虑到上述种种原因，在决定选择数控机床加工时，需要进行科学的技术经济分析，使数控机床发挥它最大的经济效益。

1.8 数控机床使用中应注意的事项

使用数控机床之前，应仔细阅读机床使用说明书以及其他有关资料，以便正确操作使用机床，并注意以下几点：

① 机床操作、维修人员必须是掌握相应机床专业知识的专业人员或经过技术培训的人

员,且必须按安全操作规程及安全操作规定操作机床;

② 非专业人员不得打开电柜门,打开电柜门前必须确认已经关掉了机床总电源开关;只有专业维修人员才允许打开电柜门,进行通电检修;

③ 除一些供用户使用并可以改动的参数外,其他系统参数、主轴参数、伺服参数等,用户不能私自修改,否则将给操作者带来设备、工件、人身等伤害;

④ 修改参数后,进行第一次加工时,机床在不装刀具和工件的情况下用机床锁住、单程序段等方式进行试运行,确认机床正常后再使用机床;

⑤ 机床的 PLC 程序是机床制造商按机床需要设计的,不需要修改,不正确的修改,操作机床可能造成机床的损坏,甚至伤害操作者;

⑥ 建议机床连续运行最多 24h,如果连续运行时间太长会影响电气系统和部分机械器件的寿命,从而会影响机床的精度;

⑦ 机床全部连接器、接头等,不允许带电拔、插操作,否则将引起严重的后果。

思考与练习题

1. 简述数控机床经历的两个阶段和六代的发展过程。
2. 简述数控机床的发展趋势。
3. 简述数控、数控系统、计算机数控系统、数控机床、数控技术和数控加工技术以及 CAD/CAM 的基本概念。
4. 数控机床通常由哪些部分组成?各部分的作用是什么?
5. 简述数控机床的工作原理。
6. 数控机床的分类通常是如何划分的?
7. 试述点位控制系统、直线控制系统和轮廓控制系统有何区别?
8. 何谓开环、半闭环和闭环控制系统?简述各自优缺点?各适用于什么场合?
9. 简述数控机床的设计特点、加工特点与结构特点。
10. 数控机床有哪些规格指标?
11. 简述数控机床的精度指标主要有哪些?
12. 简述数控机床的运动性能指标主要有哪些?
13. 简述数控机床的可靠性指标主要有哪些?
14. 简述数控机床的应用范围。

第2章 数控机床的主传动系统

数控机床的主轴传动系统是指产生主切削运动的传动，它是数控机床的重要组成部分之一。数控机床的主传动系统包括主轴电动机、传动系统和主轴组件等。与普通机床的主传动系统相比，数控机床在机械结构上比较简单，这是因为变速功能全部或大部分由主轴电动机的无级调速来承担，有些只有二级或者三级齿轮变速系统，用以扩大电动机无级调速的范围，省去了复杂的齿轮变速机构。

数控机床主传动系统是机床成型运动之一，用来实现机床的主运动，它将主电动机的原动力变成可供主轴上刀具切削加工的切削力矩和切削速度。它的精度是影响零件的加工精度主要因素之一。为适应各种不同的零件加工及各种不同的加工方法，数控机床的主传动系统应具有较大的调速范围，较高的传动精度与刚度，并尽可能降低噪声与热变形，从而获得最佳的加工精度、表面质量和生产率。

数控机床的主传动运动是指生产切屑的传动运动，它通过主传动电动机拖动的。例如，数控车床上主轴带动工件的旋转运动，数控铣床上主轴带动铣刀、镗刀和铰刀等的旋转运动。

2.1 对数控机床主传动系统的要求及其特点

2.1.1 数控机床对主传动系统的要求

① 数控机床主传动要有宽的调速范围，并实现无级调速，以保证加工时选用合理的切削用量，以获得最佳的生产率、加工精度和表面质量；

② 大功率、高精度与刚度、低噪声。要求主轴在全速度范围内均能提供切削所需功率，恒功率范围要宽；

③ 高抗振性、高热稳定性；

④ 动态响应性要好；

⑤ 具有恒线速切削功能；

⑥ 具有旋转轴联动功能；

⑦ 加工中心上，要求主轴具有高精度的准停控制功能；

⑧ 在车削中心上，要求主轴具有旋转进给轴（C轴）的控制功能。

此外，有的数控机床还要求具有角度分度控制功能。为了达到上述有关要求，对主轴调速系统还需加位置控制，比较多的采用光电编码器作为主轴的转角检测。

2.1.2 数控机床主传动系统的特点

① 较高的主轴转速和较宽的调速范围并实现无级调速。由于数控机床工艺范围宽、工

艺能力强,为满足各种工况的切削,获得最合理的切削用量,从而保证加工精度、加工表面质量以及高的生产效率,必须具有较高的转速和较大的调速范围。特别是对于具有自动换刀装置的加工中心,为适应各种刀具、各种材料的加工,对主轴的调速范围要求更高。它能使数控机床进行大功率切削和高速切削,实现高效率加工,比同类型普通机床主轴最高转速高出两倍左右。

② 较高的精度和较大的刚度。为了尽可能提高生产率和提供高效率的强力切削,在数控加工过程中,零件最好经过一次装夹就完成全部或绝大部分切削加工,包括粗加工和精加工。在加工过程中机床是在程序控制下自动运行的,更需要主轴部件刚度和精度有较大余量,从而保证数控机床使用过程中的可靠性。

③ 良好的抗振性和热稳定性。数控机床加工时,由于断续切削、加工余量不均匀、运动部件不平衡以及切削过程中的自振等原因引起冲击力和交变力,使主轴产生振动,影响加工精度和表面粗糙度,严重时甚至可能破坏刀具和主轴系统中的零件,使其无法工作。主轴系统的发热使其中所有零部件产生热变形,降低传动效率,破坏零部件之间的相对位置精度和运动精度,从而造成加工误差。因此,主轴部件要有较高的固有频率,较好的动平衡,且要保持合适的配合间隙,并要进行循环润滑。

④ 为实现刀具的快速或自动装卸,数控机床主轴具有特有的刀具安装结构。比如主轴上设计有刀具自动装卸、主轴定向停止和主轴孔内的切屑清除装置。

⑤ 主轴变速迅速可靠。由于采用直流电动机和尤其采用交流主轴电动机的调速系统日趋完善,不仅能够方便地实现宽范围的无级变速,还能减少中间传递环节,提高变速的可靠性。

2.2 数控机床主轴的传动方式

目前,数控机床主传动方式大致可以分为以下几种类型。

(1) 带有变速齿轮传动方式

如图 2-1 所示的齿轮传动方式,一般大、中型数控机床多采用这种方式。它通过几对齿轮降速,扩大了输出扭矩,确保低速时的主轴输出扭矩特性的要求。有一部分小型数控机床也采用这种传动方式,以获得强力切削时所需要的扭矩。

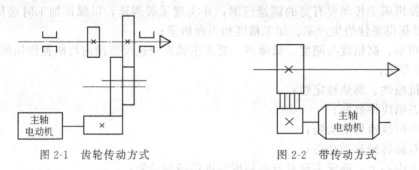

图 2-1 齿轮传动方式　　　　图 2-2 带传动方式

机械变速机构常采用滑移齿轮变速机构,它的移位大多采用液压拨叉和电磁离合器两种变速操纵方法。

(2) 通过带传动的主传动方式

如图 2-2 所示为带传动方式,这种方式主要应用在转速较高、变速范围不大的小型数控机床上,电动机本身的调整就能满足要求,不用齿轮变速,可避免齿轮传动时引起振动和噪声的缺点,但它只适用于低扭矩特性要求。常用的有同步齿形带、多楔带、V 带、平带。

(3) 调速电动机直接驱动主轴传动方式

如图 2-3 所示为调速电动机直接驱动主轴传动方式。这种主传动是电动机直接带动主轴运动，如图 2-4 所示。因此，大大地简化了主轴箱体与主轴的结构，有效地提高了主轴部件的刚度。其优点是主轴部件结构紧凑、重量轻、惯性小，可提高启动和停止的响应特性，有利于控制振动和噪声；缺点是电动机运转产生的热量使主轴产生热变形，并且主轴输出扭矩较小，电动机发热对主轴的精度影响较大。

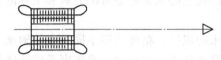

图 2-3 调速电动机直接驱动主轴传动方式

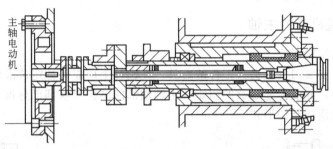

图 2-4 直接驱动式

(4) 内装电动机主轴传动结构

近年来，出现了一种新式的内装电动机主轴，（电主轴）即主轴与电动机转子合为一体。其优点是主轴部件结构紧凑、惯性小、重量轻，可提高启动、停止的响应特性，有利于控制振动和噪声；缺点是电动机运转产生的热量使主轴产生热变形，因此温度控制和冷却是使用内装电动机主轴的关键问题。图 2-5 为日本研制的立式加工中心主轴组件，其内装电动机主轴的最高转速可达 50000r/min。

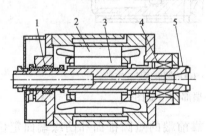

图 2-5 立式加工中心主轴组件

1—后轴承；2—定子；3—转子；4—前轴承；5—主轴

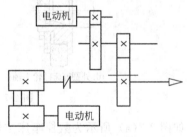

图 2-6 双电机混合传动方式

(5) 采用两个电动机分别驱动主轴的主轴传动方式

如图 2-6 所示。以两个电动机混合的传动方式，高速时带轮直接驱动主轴，低速时另一个电动机通过齿轮减速后驱动主轴转动。

2.3 主轴部件

主轴部件作为数控机床的一个关键部件，它包括主轴、主轴的支承、安装在主轴上的传动件和密封件等。主轴部件质量的好坏直接影响加工质量，对于数控机床，尤其是具有自动换刀装置数控机床，为了实现刀具在主轴上的自动装卸与夹紧，还必须有刀具的自动夹紧装置、主轴准停装置和主轴内孔的清理装置等。

数控机床主轴部件是影响机床加工精度的主要部件，它的回转精度影响工件的加工精度，它的功率大小与回转速度影响加工效率，它的自动变速、准停和换刀等功能影响机床的自动化程度。因此，主轴部件应满足以下几个方面的要求：高回转精度、刚度、抗振性、耐磨性和热稳定性等。而且在结构上必须很好地解决刀具和工具的装夹、轴承的配置、轴承间隙调整和润滑密封等问题。

主轴的结构根据数控机床的规格、精度采用不同的主轴轴承。一般中小规格数控机床的主轴部件多采用成组高精度滚动轴承，重型数控机床则采用液体静压轴承，高速主轴常采用氮化硅材料的陶瓷滚动轴承。

2.3.1 数控机床的主轴

（1）主轴端部结构形式

主轴端部用于安装刀具或夹持工件的夹具，在设计上应能保证定位准确、安装可靠、连接牢固、装卸方便，并能传递足够的扭矩。主轴端部的结构形状都已标准化了，如图 2-7 所示为几种机床上通用的结构形式。

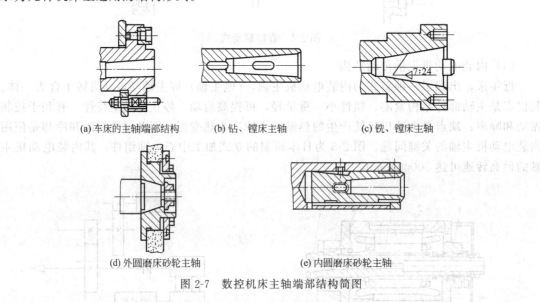

图 2-7 数控机床主轴端部结构简图

如图 2-7(a) 所示为数控车床主轴端部，卡盘靠前端的短圆锥面和凸缘端面定位，用拨销传递扭矩，卡盘装有固定螺栓，卡盘装于主轴端部时，螺栓从凸缘上的孔中穿过，转动快卸卡板将数个螺栓同时卡住，再拧紧螺母将卡盘固定在主轴端部。主轴为空心，前端有莫氏锥度孔，用以安装顶尖或心轴。

如图 2-7(b) 所示为钻床与普通镗床锤杆端部，刀杆或刀具由莫氏锥孔定位，用锥孔后端第一扁孔传递扭矩，第二个扁孔用以拆卸刀具。

如图 2-7(c) 所示为数控铣、镗床的主轴端部，主轴前端有 7∶24 的锥用于装夹铣刀柄或刀杆。主轴端面有一端面键，既可通过它传递刀具的扭矩，又可用于刀具的轴向定位，并用拉杆从主轴后端拉紧。

如图 2-7(d) 所示为外圆磨床砂轮主轴的端部，图 2-7(e) 所示为内圆磨床砂轮主轴端部。但在数控镗床上要使用如图 2-7(c) 所示的形式，图中 7∶24 的锥孔没有自锁作用，但便于自动换刀时拔出刀具。

（2）刀具自动夹紧机构

加工中心可以自动换刀，所以主轴系统应具备自动松开和夹紧刀具的功能。在自动换刀机床的刀具自动夹紧机构中，刀杆常采用 7∶24 的大锥度锥柄，既利于定心，也为松刀带来方便。用碟形弹簧通过拉杆及夹头拉住刀柄的尾部，使刀具锥柄和主轴锥孔紧密配合，夹紧力达 10000N 以上。松刀时，通过液压缸活塞推动拉杆来压缩碟形弹簧，使夹头张开，夹头与刀柄上的拉钉脱离，刀具即可拔出进行新旧刀具的交换；新刀装入后，液压缸活塞后移，新刀具又被碟形弹簧拉紧。

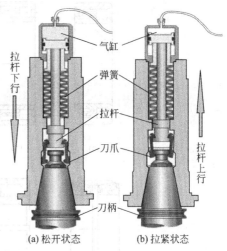

(a) 松开状态　(b) 拉紧状态

图 2-8　刀具自动卡紧机构

刀具的自动夹紧机构安装在主轴的内部，图 2-8 所示为立式加工中心主轴内部刀具夹紧机构。

刀杆尾部的拉紧机构，除上述的卡爪式外，常见的还有钢球拉紧机构，其内部结构如图 2-9 所示。

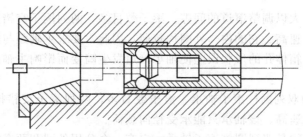

图 2-9　钢球拉紧机构

2.3.2　数控机床主轴部件的支承

机床主轴带着刀具或夹具在支承的承载下进行回转运动，应能传递切削转矩承受切削抗力。机床主轴对常用滚动轴承的基本要求：一是要保证必要的旋转精度；二是轴承温升要低，机床主轴轴承的温升是限制轴承转速的重要因素之一；三是轴承的寿命及承载能力要高，对于重型机床或强力切削机床，应首先保证轴承的承载能力，因为对一般机床来说，主轴的寿命是指保持主轴精度的使用期限，因此，要求轴承的精度能满足主轴组件的寿命要求；四是刚度和抗振性要求，为保证机床的加工质量，必须使主轴系统有足够的刚度，否则会出现较大的复映误差甚至颤动，抗振性是指抗受被迫振动和自激振动的能力，主轴组建的抗振性取决于主轴和轴承的刚度和阻尼，采用预紧滚动轴承可有效地提高主轴系统的刚度；机床主轴多采用滚动轴承作为支承，对于精度要求高的主轴则采用动压或静压滑动轴承作为支承。下面着重介绍主轴部件所用的滚动轴承。

2.3.2.1　主轴轴承的类型

（1）滚动轴承

如图 2-10 所示为数控机床主轴常用的几种滚动轴承。

如图 2-10(a) 所示为锥孔双列圆柱滚子轴承，内圈为 1∶12 的锥孔，当内圈沿锥形轴颈

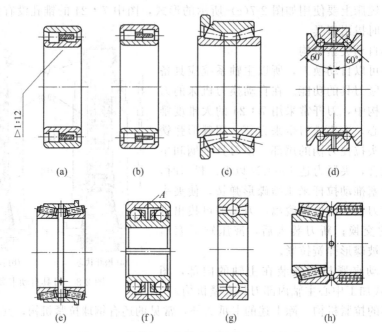

图 2-10 数控机床主轴常用的几种滚动轴承

轴向移动时，内圈张大以调整滚道的间隙。滚子数目多，两列滚子交错排列，因而承载能力大，刚性好，允许转速高。它的内、外圈均较薄，因此，要求主轴颈与箱体孔均有较高的制造精度，以免轴颈与箱体孔的形状误差使轴承滚道发生畸变而影响主轴的旋转精度。该轴承只能承受径向载荷。

如图 2-10(b) 为双列圆柱滚子轴承。滚子数目多，两列滚子交错排列，因而承载能力大，刚性好，允许转速高。该轴承只能承受径向载荷。

如图 2-10(c) 所示是双列圆锥滚子轴承，它有一个公用外圈和两个内圈，由外圈的凸肩在箱体上进行轴向定位，箱体孔可以镗成通孔。磨薄中间隔套可以调整间隙或预紧，两列滚子的数目相差一个，能使振动频率不一致，明显改善了轴承的动态性。这种轴承能同时承受径向和轴向载荷，通常用做主轴的前支承。

如图 2-10(d) 所示是双列推力角接触球轴承。接触角为 60°，球径小，数目多，能承受双向轴向载荷。磨薄中间隔套可以调整间隙或预紧，轴向刚度较高，允许转速高。该轴承一般与双列圆柱滚子轴承配套用做主轴的前支承，其外圈外径为负偏差，只承受轴向载荷。

如图 2-10(e) 所示为带凸肩的双列圆柱滚子轴承。可用做主轴前支承。滚子做成空心的，保持架为整体结构，充满滚子之间的间隙，润滑油由空心滚子端面流向挡边摩擦处，可有效地进行润滑和冷却。空心滚子承受冲击载荷时可产生微小变形，能增大接触面积并有吸振和缓冲作用。

如图 2-10(f) 所示为特殊双列滚子球轴承。外圈分为两部分，方便间隙调整，能够预紧。

如图 2-10(g) 所示为角接触球轴承。角接触球轴承主要承受轴向力也可承受径向力，其承受轴向载荷的能力由接触角（载荷作用线与轴承径向平面之间的夹角）的大小决定。接触角越大承受轴向载荷的能力越大。角接触球轴承装滚珠数量比深沟球轴承多，所以载荷容量在球轴承中最大。刚性也大，且可预调，工艺性好。公差等级在球轴承中最高的类型之一。使用于高速度、高精度的场合。

如图 2-10(h) 所示为带预紧弹簧的圆锥滚子轴承，弹簧数目为 16～20 根，均匀增减弹簧可以改变预加载荷的大小。

滚动轴承的精度：主轴部件所用滚动轴承的精度有高级 E、精密级 D、特精级 C 和超精级 B。前支承的精度一般比后支承的精度高一级，也可以用相同的精度等级。普通精度的机床通常前支承取 C、D 级，后支承用 D、E 级。特高精度的机床前后支承均用 B 级精度。

滚动轴承特点：摩擦系数小，能够预紧，润滑维护简单，并且在一定的转速范围和载荷变动范围内能稳定地工作等。但是它噪声大，滚动体数目有限，刚度变化大，抗振性差，并且限制转速。一般数控机床的主轴轴承可以使用滚动轴承，特别是立式主轴和装在套筒内能作轴向移动的主轴，为了适应主轴高速发展的要求，滚动轴承的滚珠也可采用陶瓷滚珠。

(2) 滑动轴承

数控机床常用的滑动轴承为静压滑动轴承。如图 2-11 所示，静压滑动轴承的油膜压强由液压缸从外界供给，与主轴转速的高低无关，承载能力不随转速而变化，而且无磨损，启动和运转时摩擦力矩相同。所以静压轴承的回转精度高，刚度大。但是静压轴承需要一套液压装置，成本较高，污染大。

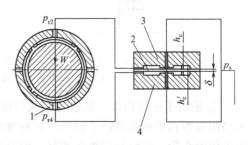

图 2-11 静压滑动轴承工作原理
1—静压轴瓦；2—薄膜；3—节流器；
4—薄膜双向节流器

静压轴承工作原理如图 2-11 所示。静压轴承在其内圆表面上开有 4 个对称且均匀分布的油腔，油腔与滑腔之间开有回油槽，回油槽与油腔之间有封油面。两个相对的油腔与一个薄膜节流器连通，油压为 p_s 的润滑油经过节流器薄膜两侧的节流间隙 h_c 和 h'_c，流入轴承相对的两个油腔中。当轴承空载时，两相对油腔压力相等，薄膜处于平直状态，轴浮在中间。当轴承承受载荷 W 时，上油腔间隙增大，油压减小，下油腔间隙减小，油压升高，形成压力差，因此节流器中薄膜向上凸起，使上侧节流间隙减小，节流阻力增大；下侧节流间隙增大，节流阻力减小，此时下油腔 p_{r4} 大于上油腔油压 p_{r2}，产生压力差 Δp，于是将轴抬起，直至上下腔油压相等，使轴颈处于油膜的包围中，形成液体润滑。

节流器是使静压轴承各油腔形成压强差的关键，因此节流器的性能直接影响到液压轴承的工作性能。节流器必须反应灵敏，不易阻塞，结构简单。节流器有固定节流器和可变节流器两大类。

2.3.2.2 主轴轴承的配置与调整

(1) 主轴轴承的配置

主轴轴承的配置是指轴承类型的组合和前后轴承的配置。不同的轴承配置决定了机床主轴不同的负荷能力、运转速度、刚度、温升和使用寿命。尤其刚度和温升对机床的影响十分显著。所以要根据机床工作特性的要求，合理的配置主轴轴承。在实际应用中，数控机床主轴轴承常见的配置有下列三种形式。

① 适于高刚度和强力切削要求的球轴承配置形式。如图 2-12 所示为前支承采用双列圆柱滚子轴承和 60°角接触球轴承的组合，后支承采用成对角接触球轴承。这种结构配置形式是现代数控机床主轴结构中刚性最好的一种。它使主轴的综合刚度得到大幅度提高，可以满足强力切削的要求，所以目前各类数控机床的主轴普遍采用这种配置形式。尤其是大中型卧式加工中心的主轴和强力切削机床的主轴。

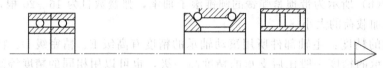

图 2-12 前支承采用双列圆柱滚子轴承和 60°角接触球轴承的组合形式

② 适于高速度加工要求的轴承配置形式。如图 2-13 所示为前支承采用高精度双列（或三列）角接触球轴承，后支承采用单列（或双列）角接触球轴承。这种结构配置形式具有较好的高速性能，主轴最高转速可达 4000r/min，但这种轴承的承载能力小，因而适用于高速、轻载和精密的数控机床主轴。

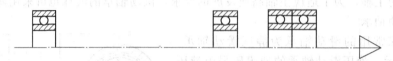

图 2-13 前支承采用高精度双列（或三列）角接触球轴承，
后支承采用单列（或双列）角接触球轴承配置形式

③ 适用于中等精度、低速与重载荷加工要求的轴承配置形式。如图 2-14 所示为前后支承采用双列和单列圆锥滚子轴承。这种轴承径向和轴向刚度高，能承受重载荷，尤其能承受较大的动载荷，安装与调整性能好。但是这种轴承配置方式限制了主轴的最高转速和精度，所以仅适用于中等精度、低速与重载的数控机床主轴。

图 2-14 前后支承采用双列和单列圆锥滚子轴承的配置形式

数控机床上常用的主轴轴承精度一般有三个等级（B、C、D级），精度等级由高到低。对于高精度级主轴，前支承常采用 B 级轴承，后支承可采用 C 级轴承。普通精度机床主轴前支承可采用 C 级轴承，后支承则采用 D 级轴承。

(2) 主轴轴承的安装与调整

安装的概念：安装就是按照一定的程序、规格把机械零件或器材固定在一定的位置上。数控机床主轴轴承安装质量直接影响数控机床整体质量、加工精度与使用寿命。

① 单列轴承的安装。当单列轴承受纯径向负荷时，轴承内部将会产生一个轴向分力，此时，需要有一个等量的反向作用力来与之平衡。通常采用两个相同结构的单列角接触球轴承相对安装。单列角接触球轴承只能承受一个方向的轴向负荷。主要用于每个支承只有一个轴承的配置方式。单列角接触球轴承标准设计的结构有可分离型和不可分离型两种形式。可分离型（套圈有锁口）轴承的接触角为 15°，不可分离型轴承的分别有 15°、25°或 40°三种接触角。可分离型角接触球轴承根据内部结构不同又分为内圈分离型和外圈分离型两种。接触角为 40°的角接触球轴承可以承受很大的轴向负荷，该轴承结构为不可分离型轴承，内外圈两侧的肩部设计为高低不一是为了装入更多的钢球，以提高轴承的负荷能力。

② 成对轴承的安装。在很多情况下，单列角接触球轴承以成对配置或多联（三联、四联或多联组合）配置的方式向用户提供。成对安装的角接触球轴承是经过特殊加工的。当轴承彼此紧靠安装时，任何一种组配方式都可以达到预定的内部游隙和预紧，以及均匀的负荷

分布，而无需进行调整。

成对安装的角接触球轴承主要应用在：当单个角接触球轴承的负荷承载能力不足，或当承受轴（径）向联合负荷，以及有两个方向上的轴向负荷时。

成对安装的角接触球轴承配置方式有三种，即背对背、面对面和串联配置。

背对背配置，两个轴承的负荷（压力）线分开在轴承的两侧与轴线相交。背对背配置可以承受两个方向的轴向负荷，但每个轴承仅能承受一个方向的轴向负荷。由于背对背配置的压力作用点间距大，因此，刚性较大，并可以承受倾覆力矩。

面对面配置，两个轴承的负荷（压力）线交叉后与轴线相交。面对面配置可以承受两个方向的轴向负荷，但每个轴承仅能承受一个方向的轴向负荷。刚性比背对背配置低，不适用于承受倾覆力矩。

串联配置，两个轴承的负荷（压力）线在轴承的同侧与轴线相交，径向和轴向负荷由两个轴承平均分担。串联配置仅能承受一个方向的轴向负荷。

③ 滚动轴承的游隙调整与预紧。滚动轴承的游隙是指在一个套圈固定的情况下，另一个套圈沿径向或轴向的最大活动量，故游隙又分为径向游隙和轴向游隙两种。

滚动轴承在较大游隙的情况下工作时，会使载荷集中作用在处于加载方向的一或二个滚动体上，使该滚动体和内、外圈滚道接触处产生很大的集中应力，从而使轴承磨损加快，寿命缩短，刚度降低。当把轴承调整到不仅完全消除间隙，而且产生一定的过盈量（或称负间隙）时，这就是滚动轴承的预紧。

预紧后滚动体和滚道接触处产生一定的弹性变形，使接触面积加大，承载区逐渐扩大，各滚动体受力较均匀，抵抗变形的能力增大，刚度增加，寿命延长。一般在设计主轴组件时，应在结构上确保能对轴承进行预紧和调整。预加载荷过大，致使过盈量超过合理的预紧量，不但刚度增加不明显，而且使轴承磨损和发热量大为增加，使用寿命显著缩短。为了提高精度或结构上的需要，常通过调整预紧量用的螺母、隔垫、套筒或其他轴承或齿轮等传动件来推动轴承内圈使其工作面与主轴旋转中心线相垂直，否则在预紧时会使轴承歪斜，从而影响主轴的旋转精度。

④ 主轴轴承应保持良好的润滑。良好的润滑不仅可以起到减小摩擦的作用，同时还对轴承和轴上零件具有冷却作用。

滚动轴承游隙进行调整以后，摩擦会有所加剧，产生的热量会使整个传动系统温度有所升高。如果不能及时散热，这些热量就会使传动零件尺寸发生变化，从而影响到滚动轴承间隙的变化，产生更多的热量，形成恶性循环。因此，对于经过游隙调整的滚动轴承，必须要保持良好的润滑，以减少摩擦，更重要的是用不断循环流动的润滑油带走大量的热，控制温度的升高，实现传动系统的热平衡。

还要特别注意：在进行空运转试验之前，一定要首先检查润滑系统各部位供油是否正常，特别是经过预紧的轴承部位，更需要特别留意其润滑油供给充足，工作状况良好。

总之，滚动轴承游隙的调整和预紧工艺，是提高轴承旋转精度和承载能力、降低传动系统振动和噪声的有效手段，操作中除了应达到滚动轴承装配的一般技术要求外，还要重点考虑轴承温升和润滑对调整工作的影响，并且在进行空运转试验之后还要进行细致的检查和二次调整，耐心细致的工作态度也是装配维修钳工不可缺少的良好品质。

2.3.3 主轴内切屑清除装置

自动清除主轴孔内的灰尘和切屑是换刀过程中的一个不容忽视的问题。如果主轴锥孔中落入了切屑、灰尘或其他污物，在拉紧刀杆时，锥孔表面和刀杆的锥柄就会被划伤，甚至会使刀杆发生偏斜，破坏了刀杆的正确定位，影响零件的加工精度，甚至会使零件超差报废。为了保持主轴锥孔的清洁，常采用的方法是使用压缩空气吹屑。在活塞推动拉杆松开刀柄的过程中，压缩空气由喷气头经过活塞中心孔和拉杆中的孔吹出，将锥孔清理干净，防止主轴锥孔中掉入切屑和灰尘，把主轴孔表面和刀杆的锥柄划伤，保证刀具的正确位置。为了提高吹屑效率，喷气小孔要有合理的喷射角度，并均匀布置。如图 2-15 为 ZHS-K63 加工中心主轴结构，图左端标号 6 为压缩空气管喷气嘴，用于装刀前或卸刀时使用压缩空气吹除切屑、灰尘等。

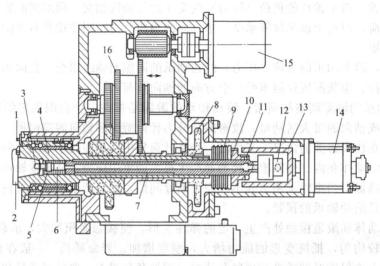

图 2-15　ZHS-K63 加工中心主轴结构简图

1—冷却液喷嘴；2—刀具；3—拉钉；4—主轴；5—弹性卡爪；6—喷气嘴；7—拉杆；8—定位凸轮；9—碟形弹簧；10—轴套；11—固定螺母；12—旋转接头；13—推杆；14—液压缸；15—交流伺服电动机；16—换挡齿轮

2.4　主轴准停与主轴的同步运行功能

2.4.1　主轴准停功能与控制

主轴准停功能又称主轴定位功能（Spindle Specified Position Stop），即当主轴停止时，控制主轴停于固定的位置。加工中心机床主轴部件上设置有主轴准停机构。加工中心为了完成 ACT（刀具自动交换）的动作过程，必须设置主轴准停机构。由于刀具装在主轴上，切削时切削转矩不可能仅靠锥孔的摩擦力来传递，因此在主轴前端设置一个凸键，当刀具装入主轴时，刀柄上的键槽必须与凸键对准，才能顺利换刀。为此，主轴必须准确停在某固定的角度上。由此可知主轴准停是实现 ACT 过程的重要环节。

如图 2-16 所示，在自动换刀的数控镗铣加工中心上，切削转矩通常是通过主轴上的端面键和刀柄上的键槽来传递的，这就要求主轴具有准确轴向定位功能。

另外，一些特殊工艺要求，在需要镗孔加工精密的坐标孔时，由于每次都能在主轴的固定圆周位置换刀，故能保证刀尖与主轴相对位置的一致性，从而提高孔径的正确性。如图 2-17 所示，在加工阶梯孔，通过前壁小孔镗内壁的同轴大孔，或进行反倒角等加工时，也要求主轴实现准停。所以加工中心主轴传动系统必须具有准停功能。

图 2-16 主轴头部键、槽对准定位装刀示意图

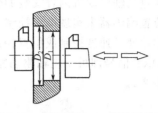

图 2-17 主轴准停——镗孔示意图

通常主轴准停机构分为机械控制式与电气控制方式两种。机械控制方式在现代加工中心机床上已不在应用。

2.4.1.1 机械式准停装置

采用机械凸轮机构或光电盘方式进行粗定位，然后由一个液动或气动的定位销插入主轴上的销孔或销槽实现精确定位，完成换刀后定位销退出主轴才开始旋转。采用这种传统方法定位，结构复杂，在早期数控机床上使用较多。

图 2-18 为典型的机械式凸轮准停装置。准停前主轴必须是处于停止状态，当接收到主轴准停指令后，主轴电动机以低速转动，主轴箱内齿轮换挡使主轴以低速旋转，时间继电器开始动作，并延时 4~6s，保证主轴转稳后接通无触点开关 1 的电源，当主轴转到图示位置即凸轮定位盘 3 上的感应块 2 与无触点开关 1 相接触后发出信号，使主轴电动机停

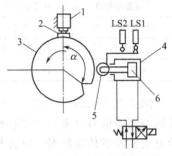

图 2-18 机械式凸轮准停装置简图
1—无触点开关；2—感应块；3—凸轮定位盘；4—定位液压缸；5—定向滚轮；6—定向活塞

转。另一延时继电器延时 0.2~0.4s 后，压力油进入定位液压缸下腔，使定向活塞向左移动，当定向活塞上的定向滚轮 5 顶入凸轮定位盘的凹槽内时，行程开关 LS2 发出信号，主轴准停完成。若延时继电器延时 1s 后行程开关 LS2 仍不发信号，说明准停没完成，需使定向活塞 6 后退，重新准停。当活塞杆向右移到位时，行程开关 LS1 发出定向滚轮 5 退出凸轮定位盘凹槽的信号，此时主轴可启动工作。目前大多数数控机床采用电气方式定位。

2.4.1.2 电气控制方式主轴准停装置

电气准停有三种方式，即磁传感器型、编码器型以及数控系统控制完成的主轴准停。

（1）磁传感器主轴准停装置

磁传感器主轴准停装置是利用磁性传感器检测定位。在主轴上安装一个发磁体，在距离发磁体旋转外轨迹 1~2mm 处固定一个磁传感器，经过放大器与主轴控制单元连接。当主轴控制单元接收到数控系统发来的准停信号 ORT 时，主轴速度变为准停时的设定速度，当主轴控制单元接收到磁传感器信号后，主轴驱动立即进入磁传感器作为反馈元件的位置闭环控制，目标位置即为准停位置。准停后，主轴驱动装置向数控系统发出准停完成信号 ORE。磁传感器主轴准停控制由主轴驱动装置自身完成。当执行 M19 时，数控系统只需发出主轴启动命令 ORT 即可。主轴驱动完成准停后会向数控装置输出完成信号 ORE，然后数控系统再进行下面的工作，其基本结构如图 2-19 所示。

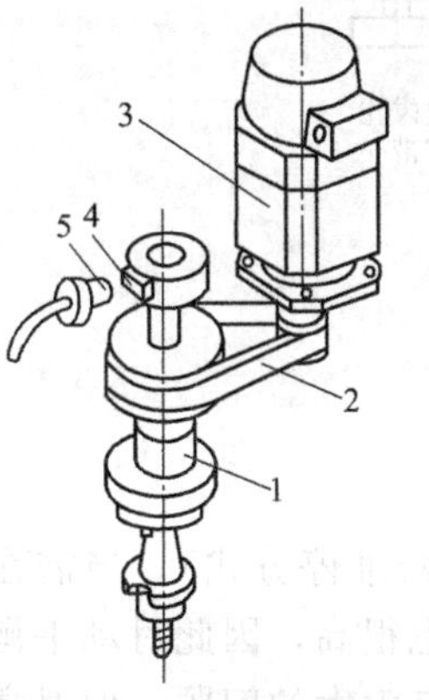

图 2-19 磁传感器主轴准停装置
1—主轴；2—同步感应器；3—主轴电动机；4—永磁体；5—磁传感器

（2）编码器型主轴准停

通过主轴电动机内置安装的位置编码器或在机床主轴箱上安装一个与主轴1∶1同步旋转的位置编码器来实现准停控制,准停角度可任意设定。主轴驱动装置内部可自动转换,使主轴驱动处于速度控制或位置控制状态。这种准停功能也是由主轴驱动完成的,CNC只需发出ORT信号即可。主轴驱动完成准停后输出准停完成信号ORE。编码器型准停的基本规格见表2-1。

表 2-1 编码器准停规格

位置检测方式	使用编码器 A、B、C 信号
准停位置	基本准停位置为编码器零位 C 脉冲达到处,准停位置偏移可在主轴驱动内部或由外部指定
重复准停精度	小于±0.2°
误差修正转矩	额定转矩 1°±0.1°误差
选件板	HPAC-C346
编码器型号	PC-1024ZLH

图 2-20 所示为编码器主轴准停装置简图。这种主轴准停方式可采用主轴电动机内部安装的编码器信号(来自于主轴驱动置),也可以在主轴上直接安装另外一个编器。采用前一种方式要注意传动链对主轴停精度的影响。主轴驱动装置内部可自动换状态,使主轴驱动处于速度控制或位置控制状态。准停角度可由外部开关量信号(12位)设定,这一点与磁传感器准停不同。传感器准停的角度无法随意设定,要调整准停位置,只有调整磁发体与磁传感器的相对位置,其控制步骤与传感器类似。

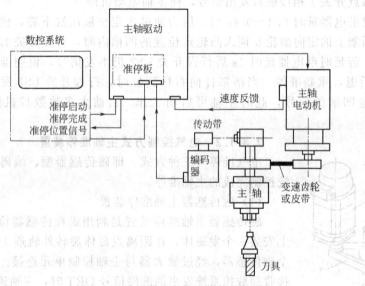

图 2-20 编码器型主轴准停装置简图

另外,要说明的是,无论采用何种准停方式(特别是对磁传感器准停方式),当需在主轴上安装元件时应注意动平衡问题。因为数控机床精度很高,转速也很高,因此对动平衡要求很严格。一般对中速以下的主轴来说,有一点儿不平衡还不至于有太大的问题。但对高速主轴而言,这一不平衡量会引起主轴振动。为适应主轴高速化的需要,国外已开发出整环式磁传感器主轴准停装置,因其磁发体采用整环形式的,故动平衡较好。

(3) 数控系统主轴准停

这种准停控制方式的准停功能是由数控系统完成的。控制器包含 CNC 和"内装型"

PLC。准停的角度可由数控系统内部设定成任意值，准停由数控代码 M19 执行。数控系统主轴准停的原理如图 2-21 所示。采用这种控制方式需注意以下问题。

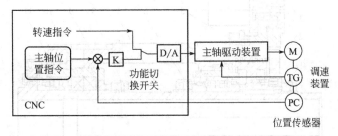

图 2-21　数控系统主轴准停控制原理简图

① 数控系统必须具有主轴闭环控制功能。为避免冲击，主轴驱动通常都具有软启动功能，但这会对主轴位置闭环控制产生不良影响。此时若位置增益过低则准停精度和刚度（克服外界扰动的能力）不能满足要求，而位置增益过高则会产生严重的定位振荡现象。因此必须使主轴进入伺服状态，此时其特性与进给系统伺服系统相近，才可进行位置控制。

② 当采用电动机轴端编码器将信号反馈给数控装置，这时主轴传动链精度会对准停精度产生影响。

数控系统控制主轴准停的原理与进给位置控制的原理非常相似，如图 2-21 所示。采用数控系统控制主轴准停时，角度指定由数控系统内部设定，因此准停角度可更方便地设定。

数控系统准停步骤：数控系统执行 M19 或 M19　S＿时，M19 指令将首先送至可编程控制器 (PLC)，可编程控制器经译码送出控制信号，使主轴驱动进入伺服状态，同时数控系统控制主轴电动机降速并寻找零位脉冲 C，然后进入位置闭环控制状态。如指行 M19 而无 S＿指令，则主轴定位于相对于零位脉冲 C 的某一默认位置（可由数控系统设定）。如执行 M19　S＿，则主轴按指令转速定位于指令位置。

例如：M03　S1000　　（主轴正转转速 1000r/min）
　　　M19　　　　　　（主轴准停于默认位置）
　　　M19　S100　　　（主轴准停转至 100°处）
　　　S1000　　　　　（主轴再次以 1000r/min 正转）
　　　M19　S200　　　（主轴准停至 200°处）

2.4.2　主轴的同步运行功能

(1) 脉冲编码器与同步运转的功能

数控机床的进给系统与普通机床的进给系统有本质的区别，数控机床没有传统的进给箱、溜板箱和挂轮架，而是直接用伺服电动机通过滚珠丝杠副来驱动工作台或刀架实现进给运动，因而进给系统的结构大为简化。数控机床上能加工各种螺纹，这是因为安装了与主轴同步运转的脉冲编码器，以便发出检测脉冲信号，使主轴电动机的旋转与切削进给同步，从而实现螺纹的切削。

(2) 主轴脉冲编码器的安装方式与作用

① 主轴脉冲编码器的安装方式。一种是主轴脉冲编码器可通过一对齿轮或同步齿形带与主轴联系起来，由于主轴要求与编码器同步旋转，所以此连接必须做到无间隙。如图 2-22 所示 MJ-50 型数控车床主轴箱结构简图中，与主轴同轴的同步带轮 16，通过同步带 2 和同步带轮 3 把主轴的旋转与脉冲编码器 4 联系起来。另一种是通过中间轴上的齿轮 1∶1 地同步传动。

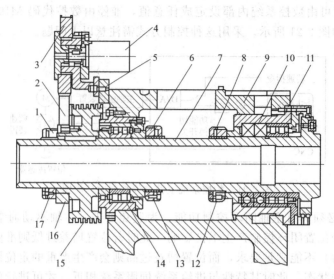

图 2-22　MJ-50 型数控车床主轴箱结构简图

1,6,8—螺母；2—同步带；3,16—同步带轮；4—脉冲编码器；5,12,13,17—螺钉；7—主轴；
9—箱体；10—角接触球轴承；11,14—圆柱滚子轴承；15—带轮

② 主轴脉冲编码器的作用。在主轴与进给轴关联控制中都要使用脉冲编码器，它是精密数字控制与伺服控制设备中常用的角位移数字化检测器件，具有精度高、结构简单、工作可靠等优点。

增量式编码器一般可输出两个相位相差 90°的 A、B 信号和一个零位 C 信号，如图 2-23

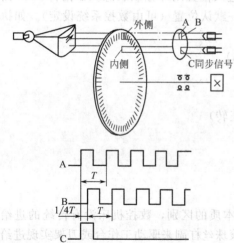

图 2-23　增量式光电编码器输出
A、B 信号与零位 C 信号

所示。其中 A、B 信号既可以用来计算角位移的大小，同时利用它们相位超前或滞后的相对关系还可以辨别旋转方向，例如 A 信号超前 B 信号表示正转的话，那么，B 信号超前 A 信号就表示反转。脉冲编码器中的透光盘内圈的一条刻线与光挡上条纹 C 重合时输出的脉冲数为同步（起步，又称零位）脉冲，C 信号是每转一周发出一个脉冲，可以当作一周的零位信号，为 A 信号或 B 信号提供了计数的基准。例如，加工螺纹时可利用这个零位脉冲作为同步信号。

（3）主轴转动与进给运动联系的同步运行

数控机床主轴的转动与进给运动之间，没有机械方面的传动链联系，在数控车床上加工圆柱螺纹时，要求主轴的转速与刀具的轴向进给保持一定的协调关系，无论该螺纹是等距螺纹还是变距螺纹都是如此。为此，通常在主轴上安装脉冲编码器来检测主轴的转角、相位、零位等信号。

在主轴旋转过程中，与其相连的脉冲编码器不断发出脉冲（由 AB 相检测到的脉冲）送给数控装置，控制插补速度。根据插补计算结果，控制进给坐标轴伺服系统，使进给量与主轴转速保持所需的比例关系，实现主轴转动与进给运动相联系的同步运行，从而车出所需的螺纹。

通过改变主轴的旋转方向可以加工出左旋螺纹或右旋螺纹，而主轴方向是通过脉冲编码器发出正交的 A 相和 B 相脉冲信号相位的先后顺序判别出来的。

2.5 主轴润滑与密封

2.5.1 主轴润滑

主轴润滑是为了保证主轴有良好的润滑，减少摩擦发热，同时又能把主轴部件热量带走。为了适应主轴转速向更高速化发展的需要，新的润滑冷却方式相继开发出来。这些新的润滑冷却方式不但要减少轴承温升，还要减少轴承内外圈的温差，以保证主轴的热变形小。

常见主轴润滑方式有油脂润滑、油液循环润滑、油雾润滑和油气润滑等。

（1）油脂润滑方式

它是目前在数控机床的主轴轴承上最常用的润滑方式，适用于主轴转速较低的数控机床。这种润滑方式在主轴前支承轴承上更为常用。如果主轴箱中没有冷却润滑油系统，那么后支承轴承和其他轴承一般也可采用油脂润滑方式。主轴轴承油脂封入量通常为轴承空间容量的 10%，切忌不可注油过多，否则油脂过多阻尼力将过大，会加剧主轴发热。

若用油脂润滑方式，则要采用有效的密封措施，以防止切削液或润滑油进入轴承中。

近年来一部分数控机床的主轴轴承采用高级油脂封放式润滑，每加一次油脂可以使用 7～10 年，简化了结构，降低了成本且维护保养简单，但需防止润滑油和油脂混合，通常采用迷宫式密封方式。如图 2-24 所示。

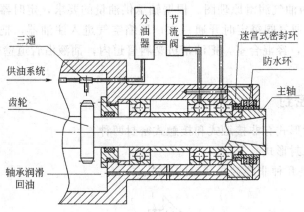

图 2-24　主轴油脂润滑方式

（2）油液循环润滑方式

机床主轴通常采用循环式润滑系统。用液压泵供油强力润滑，在油箱中使用油温控制器控制油液温度。

喷注油液润滑方式如图 2-25 所示。对一般主轴轴承来说，后支承上采用这种润滑方式比较常见。它用较大流量的恒温油（每个轴承 3～4L/min）喷注到轴承，以达到冷却润滑的目的。回油则不是自然回流，而是用两台排油液压泵强制排油。同时，采用专用高精度大容量油箱，油温变动控制在±0.51℃。

（3）油雾润滑方式

油雾润滑是利用经过净化处理的高压气体将润滑油雾化后，并经管道喷送到需润滑部位的润滑方式。该方式由于雾状油液吸热性好，又无油液搅拌作用，所以能以较少油量获得充分的润滑,常用于高速主轴轴承的润滑。缺点是油雾容易被吹出,污染环境。油雾润滑系常由压缩空气的分水过滤器、电磁阀、调压器进入雾化器后,送往喷嘴喷出润滑。这种方式的润滑和降温效果都很好。

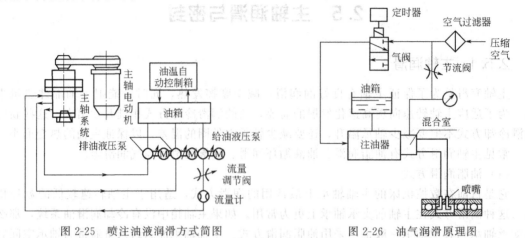

图 2-25 喷注油液润滑方式简图　　　　图 2-26 油气润滑原理图

(4) 油气润滑方式

油气润滑方式是针对高速主轴而开发的新型润滑方式。它是用极微量油（8~16min 约 0.03cm³ 的油）润滑轴承,以抑制轴承发热。这种润滑方式近似于油雾润滑方式,所不同的是,油气润滑是定时定量地把油雾送进轴隙中,这样既实现了油雾润滑,又不至于油雾太多而污染周围空气;而油雾润滑则是连续供给油雾。

如图 2-26 所示为油气润滑原理图。根据轴承供油量的要求,定时器的循环时间可从 1~99min 定时,二位二通气阀每定时开通一次,压缩空气进入注油器,把少量油带入混合室,经节流阀的压缩空气,经混合室,把油带进塑料管道内,油液沿管道壁被风吹进轴承内,此时,油呈小油滴状。

2.5.2　主轴密封

机床主轴的密封形式有非接触式和接触式密封两种。

(1) 非接触式密封形式

如图 2-27 所示是几种非接触式密封的形式。

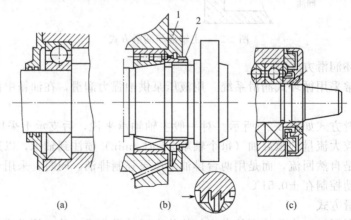

图 2-27 非接触式密封形式简图
1—端盖;2—螺母

① 图 2-27(a) 是利用轴承盖与轴的间隙密封，轴承盖的孔内开槽是为了提高密封效果，这种密封用在工作环境比较清洁的油脂润滑情况。

② 图 2-27(b) 是在螺母的外圆上开锯齿形环槽，当油向外流时，靠主轴转动的离心力把油沿斜面甩到端盖 1 的空腔内，油液流回箱内。

③ 图 2-27(c) 是迷宫式密封结构，在切屑多、灰尘大的工作环境下可获得可靠的密封效果，这种结构适用油脂或油液润滑的密封。非接触式的油液密封时，为了防漏，保证回油能尽快排掉，必须要保证回油孔的畅通。

④ V 形密封圈密封。这是近几年出现的一种机床主轴新型密封形式。V 形密封圈是一种轴向作用的弹性橡胶圈，用作转轴无压密封。它由本体、密封唇、颈部三部分组成。

工作原理：V 形密封圈借助弹性橡胶圈可靠地抱紧在相配零件上；锥形密封唇在轴向与垂直于轴线零件的表面相接触，可补偿转轴的微量角度偏移；颈部在本体和密封唇之间起到形似弹簧连接的作用，它可使密封唇对接触表面产生轻微的压力，从而形成可靠的密封（见图 2-28）。

V 形密封圈密封特性：和一般的油封不同，V 形密封圈形成轴向密封作用。密封唇有较好的弹性，可补偿相配件较大的公差和转轴所产生的角度偏差。

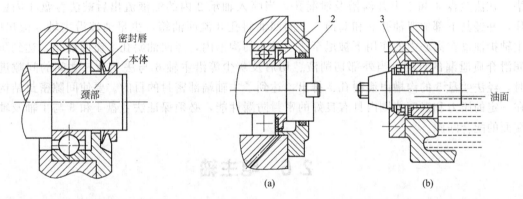

图 2-28　V 形密封圈密封形式简图　　　图 2-29　接触式密封形式
1—甩油杯；2—油毡圈；3—耐油橡胶密封圈

(2) 接触式密封形式

接触式密封形式主要有油毡圈和耐油橡胶密封圈密封，如图 2-29(a)、(b) 所示。这是近几年出现的一种机床主轴新型密封形式。GMN 无接触密封圈密封，是由德国 GMN 公司生产的一种新型主轴密封圈。

它最大的优点就是在高速情况下密封情况良好，而安装却十分方便。这种密封圈可用于多种工作条件甚至在高温和高速下工作，通常只需考虑密封圈铝制外环所容许的最高温度（170℃），而对于轴和内环温度则可以更高。

工作原理：它是由高精度的钢制内环和铝制外环通过特殊的生产工艺，使之成为具有迷宫形式，在高速旋转时产生离心力将水分、切屑、尘埃等物质甩到排泄油沟中来实现密封的（见图 2-30）。

特性：它是一种径向密封，内外环无接触，而且内外环是不可分的，突破传统接触密封的原理，尤其适合大直径、高转速的主轴密封。

在密封件中，被密封的介质往往是以穿漏、渗透或扩散的形式越界泄漏到密封连接处的彼侧。造成泄漏的基本原因是流体从密封面上的间隙中溢出，或是由于密封部件内外两侧密封介质的压力差或浓度差，致使流体向压力或浓度低的一侧流动。如图 2-31 所示为一卧式加工中心主轴前支承的密封结构。

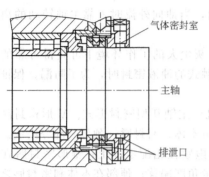

图 2-30　GMN 密封圈应用在加工中心
主轴前端密封上

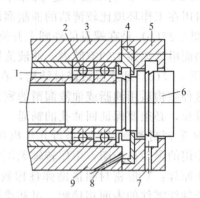

图 2-31　卧式加工中心主轴前支承的密封结构
1—套筒；2—轴承；3—套筒；4,5—法兰盘；6—主轴；
7—泄漏孔；8—回油斜孔；9—泄油孔

该卧式加工中心主轴前支承处采用双层小间隙密封装置。主轴前端车出两组锯齿形护油槽，在法兰盘 4 和 5 上开沟槽及泄漏孔，当喷入轴承 2 内的油液流出后被法兰盘 4 内壁挡住，并经其下部的泄油孔 9 和套筒 3 上的回油斜孔 8 流回油箱，少量油液沿主轴 6 流出时，主轴护油槽在离心力的作用下被甩至法兰盘 4 的沟槽内，经回油斜孔 8 流回油箱，达到防止润滑介质泄漏的目的。当外部切削液、切屑及灰尘等沿主轴 6 与法兰盘 5 之间的间隙进入时，经法兰盘 5 的沟槽由泄漏孔 7 排出，达到了主轴端部密封的目的。要使间隙密封结构能在一定的压力和温度范围内具有良好的密封防漏性能，必须保证法兰盘 4 和 5 与主轴及轴承端面的配合间隙。

2.6　电主轴

随着电气传动技术（变频调速技术、电动机矢量控制技术等）的迅速发展和日趋完善，高速数控机床主传动的机械结构已得到极大的简化，基本上取消了带轮传动和齿轮传动。机床主轴由内装式电动机直接驱动，从而把机床主传动链的长度缩短为零，实现了机床的"零传动"。这种主轴电动机与机床主轴"合二为一"的传动结构形式，使主轴部件从机床的传动系统和整体结构中相对独立出来，因此可做成"主轴单元"，俗称"电主轴"。由于电主轴主要采用的是交流高频电动机，故也称为"高频主轴"；由于没有中间传动环节，有时有称它为"直接转动主轴"。它在英文中有多种称谓，如 Electrospindle, Motor Spindle 和 Motorized Spindle 等。"电主轴"的概念不应简单理解为只是一根主轴，而应该是一套组件，包括定子、转子、轴承、高速变频装置、润滑装置、冷却装置等。它是一项涉及电主轴本身及其附件的系统工程。电主轴是一种智能型功能部件，不但转速高，功率大，还有一系列控制主轴温升与振动等机床运行参数的功能，以确保其高速运转的可靠与安全。因此电主轴是高速轴承技术、润滑技术、冷却技术、动平衡技术、精密制造与装配技术以及电动机高速驱动等技术的综合运用。如图 2-32 所示为电主轴工作系统。

自 20 世纪 80 年代以来，数控机床、加工中心主轴向高速化发展。电主轴具有结构紧凑、机械效率高、可获得极高的回转速度、振动小等优势，因而在现代数控机床中获得了愈来愈广泛的应用。在国外，电主轴已成为一种机电一体化的高科技产品，由很高的专业工厂生产，如瑞士 FISCHER 的公司、德国的 CMN 公司、美国的 PRECISE 公司、意大利的

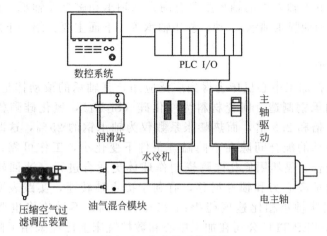

图 2-32 电主轴工作系统

CAMFIOR 公司、日本的 NSK 公司和 KOYO 公司、瑞典 SKF 公司等。

2.6.1 电主轴的结构

如图 2-33 所示，电主轴由无外壳电动机、主轴、轴承、主轴单元壳体、驱动模块和冷却装置等组成。主轴由前后两套滚珠轴承来支承，电动机的转子用压力配合的方法安装在机床主轴上，处于前后轴承之间，由压配合产生的摩擦力来实现大转矩的传递。电动机的定子通过冷却套安装于主轴单元的壳体中。这样，电动机的转子就是机床的主轴，电主轴的箱体就是电动机座，成为机电一体化的一种新型主轴系统。

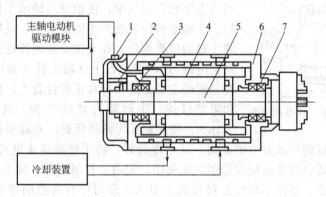

图 2-33 电主轴的结构示意图
1—电源接口；2—电动机反馈；3—后轴承；4—无外壳主轴电动机；5—主轴；
6—主轴箱体；7—前轴承

电主轴的变速由主轴驱动模块控制，而主轴单元装置的控制由主轴伺服系统完成。主轴转速或角位移由后端的传感器（测速、测角位移）实时监控。

2.6.2 电主轴的轴承

轴承是决定主轴寿命和承载能力的关键部件，涉及高速精密轴承技术。数控机床高速主轴的性能，在相当程度上取决于主轴轴承及其润滑。滚动轴承由于刚度好、精度可以制造得较高、承载能力强和结构相对简单，不仅是一般切削机床主轴的首选，也受到高速切削机床的青睐。从高速性能的角度看，滚动轴承中角接触球轴承最好，圆柱滚子轴承次之，圆锥滚子轴承最差。目前电主轴采用的轴承主要有陶瓷球轴承和磁悬浮轴承,还有静压轴承(包括:空气静压轴承和油静压轴承)、动、静压轴承等。下面主要介绍一下陶瓷球轴承和磁悬浮轴承。

(1) 陶瓷球轴承

陶瓷球轴承已在加工中心机床上得到广泛应用,其轴承的滚动体是用陶瓷材料制成,而内、外圈仍用轴承钢制造。陶瓷材料为氮化硅(Si_3N_4),氮化硅陶瓷的弹性模量和硬度是轴承钢的 1.5 倍和 2.3 倍,而热膨胀系数仅为轴承钢的 25%,这既可提高轴承的刚度和寿命,又使轴承的配合间隙在不同温升条件下变化小,工作可靠,加之陶瓷耐高温且不与金属发生胶合,显然用氮化硅陶瓷制作球体更适合进行高速回转。采用陶瓷滚动体,可大大减少轴承离心力和惯性滑移,有利于提主轴转速,实践表明,陶瓷球角接触球轴承与相应的钢球轴承相比速度能提高 25%~35%,不过价格也要高一些。如德国 CMN 公司和瑞士 STEP-TEC 公司在加工中心和数控铣床上已经采用了陶瓷球轴承作电主轴的轴承。

国外将内外圈为钢、滚动体为陶瓷的轴承统称为混合轴承。目前混合轴承又有新发展,一是陶瓷材料已用于制作圆柱滚子轴承的滚子,市场上出现了陶瓷圆柱混合轴承;二是用不锈钢(比如 FAG 公司用氮化不锈钢)代替轴承钢制作轴承的内外圈特别是内圈,由于不锈钢的热膨胀系数比轴承钢小 20%,自然在高速回转时,因内圈热膨胀所造成的接触应力增大趋势会受到抑制。

(2) 磁悬浮轴承

磁悬浮轴承是利用电磁力将主轴悬浮在空气中的一种高性能轴承,它依靠多对在圆周上互为 180°的磁极产生径向吸力(或排斥力),(如图 2-34)而将主轴悬在空气中,使轴颈与轴承不接触。当承受载荷后,主轴空间位置会产生微小变化,灵敏的传感器不断检测主轴的位置变化,并反馈给控制器进行自动调节(实时调整电磁力),使与转子(轴承转子和电动机转子)结合在一起的主轴始终保持在正确位置上。磁悬浮轴承其刚度和阻尼可控,主轴能自动动平衡,其回转精度可高达 0.1μm。磁浮轴承无机械接触,寿命很长、精度高,它的高速性能仅受转子硅钢片离心力的制约,高速性能好,转子最高线速度可达 200m/s。显而易见,磁浮轴承很适合高速高精度切削机床使用,但由于控制复杂,成本很高,目前实际在机床上使用的还不多。德国 GMN 公司和瑞士 IBAG 公司已有成熟的磁浮轴承电主轴出售(IBAG 生产最高转速为 70000r/min 和 40000r/min 的两种型号)。

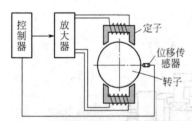

图 2-34 磁悬浮轴承工作原理简图

磁浮轴承的工作原理如图 2-34 所示。电磁铁组通过电流 I_0,对转子产生吸力 F,与转子质量平衡,转子处于悬浮的平衡位置。转子受到扰动后,偏离其平衡位置。传感器检测出转子的位移,并将位移信号送至控制器。控制器将位移信号转换成控制信号,经功率放大器变换为控制电流,改变吸力方向,使转子重新回到平衡位置。位移传感器通常为非接触式,其数量一般为 5~7 个,对其灵敏度和可靠性要求均较高。

2.6.3 电主轴的冷却与润滑技术

由于电主轴将电动机集成于主轴单元中,且其转速很高,运转时会产生大量热量,引起电主轴温升,使电主轴的热特性差,从而影响电主轴的正常工作。因此,必须采取一定措施控制电主轴的温度,使其恒定在一定值内。

(1) 电动机内装式主轴的冷却

一般采取强制循环主轴的定子及主轴轴承进行冷却,即将经过水冷却装置的水强制性地在主轴定子外和主轴轴承外循环,带走主轴高速旋转产生的热量。这也是近来高速加工中心主轴发展的一种趋势。如图 2-35 所示为冷却水流路径线图。

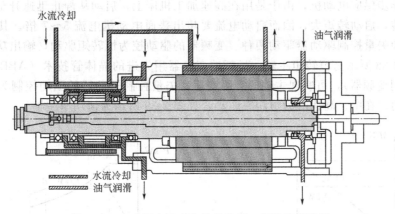

图 2-35　电动机内装式主轴的冷却、润滑路径线图

(2) 电主轴的润滑方式

电主轴的润滑方式主要有油脂润滑、油雾润滑和油气润滑等。油脂润滑结构简单,但达不到很高的转速;油雾润滑效果较好,目前应用也最为广泛,它可以适应较高的转速,但它对环境有一定的影响;油气润滑效果最好,如图 2-36 为油气润滑系统组成简图。油气润滑可适应更高的转速,对环境无污染,但油气润滑装置价格较高。油雾、油气润滑采用的油品一般为 32 号汽轮机油。

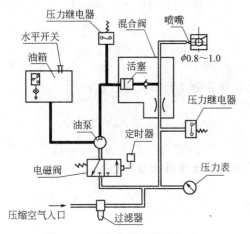

图 2-36　油气润滑系统的组成

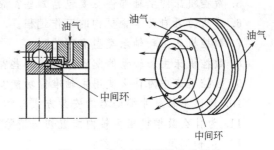

图 2-37　突入滚道润滑特种轴承

此外,还有突入滚道式润滑方式等。

突入滚道式润滑方式:通常当内径为 100mm 的轴承以 200r/min 的速度运转时,主轴的线速度可以达到 100m/s 以上,轴承四周的空气也伴随流动,速度可达 50m/s。要使润滑油突破这层高速旋转气流比较困难,但采用突入滚道式润滑则可以很可靠地将油送入轴承滚道处。如图 2-37 所示为适应该要求而设计的特殊轴承。润滑油的进油口在内滚道附近,利用高速轴承的泵效应,把润滑油吸入滚道。若进油口较高,则泵效应差,当进油接近外滚道时则成为排放口了,油液将不能进入轴承内部。

2.6.4 电主轴的驱动

电主轴是电动机内装式主轴单元的简称。其主要特点是将电动机置于主轴内部，通过驱动电源直接驱动主轴进行工作，实现了电动机、主轴的一体化功能。当前，电主轴的电动机均采用交流异步感应电动机，由于是用在高速加工机床上，启动从静止迅速升至每分钟数转乃至数十万转，启动转矩大，因而启动电流要超出普通电动机电流 5~7 倍。其驱动方式有变频器驱动和矢量控制驱动器驱动两种。变频器的驱动控为恒转矩驱动，输出功率与转矩成正比，如图 2-38 所示为恒转矩主轴。最新的变频器用先进的晶体管技术（ABB 公司生产的 SAMICS 系列变频器），可实现主轴的无级变速。矢量控制驱动器的驱动控制为：在低速端为恒转矩驱动，在中、高速端为恒功率驱动，如图 2-39 所示为恒功率主轴。

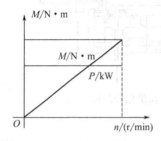
图 2-38 主轴恒转矩特性曲线

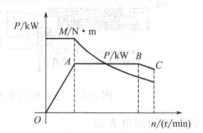
图 2-39 主轴恒功率特性曲线

思考与练习题

1. 数控机床对主轴系统的要求是什么？
2. 数控机床主传动系统的特点是什么？
3. 数控机床的主轴的传动方式有哪些？
4. 简述数控机床主传动系统的类型有哪些？
5. 数控机床的主轴部件主要包括哪些？常用主轴部件的结构形式是什么？
6. 分析刀具自动卡紧机构的工作过程。
7. 数控机床主轴轴承类型有哪些？
8. 数控机床主轴轴承的配置形式有哪些？
9. 数控机床中为什么使用主轴准停功能？常用的主轴准停机构有哪些？
10. 简述主轴脉冲编码器的安装方式与作用。
11. 为什么数控机床主轴内配置切屑清除装置？
12. 主轴润滑方式有哪些？
13. 简述数控机床的电主轴。

第3章 数控机床的进给传动系统

数控机床的进给传动系统是数控系统与机床本体之间的电传动联系环节，它承担了数控机床各直线坐标轴、回转坐标轴的定位和切削进给，它的传动精度、灵敏度和稳定性直接影响数控机床的加工精度。如把数控装置比作数控机床的"大脑"，是发布"命令"的指挥机构，则伺服系统就是数控机床的"四肢"，是执行"命令"的机构。数控机床的进给传动系统主要由伺服电动机、驱动控制系统以及位置检测反馈装置组成。

机床的伺服机构的作用是把数控装置的运动指令转变成机床移动部件的运动，使工作台按照预先规定的轨迹运动，以便加工出符合图纸要求的工件。伺服进给系统不仅控制进给运动的速度，同时还控制刀具相对于工件的移动位置和轨迹。因此，数控机床进给系统，尤其是轮廓控制，必须对进给运动的位置和运动的速度两个方面同时实现自动控制。

一个典型的数控机床闭环控制的进给系统，通常由位置比较、放大元件、驱动单元、机械传动装置和检测反馈元件等部分组成，而其中的机械传动装置是控制环中的一个重要环节。这里所说的机械传动装置，是指将驱动源（即电动机）的旋转运动变为工作台或刀架直线运动的整个机械链，包括齿轮传动副、滚珠丝杠螺母副、减速装置和蜗杆蜗轮等中间传动机构（图3-1）。由于滚珠丝杠、伺服电动机及其控制单元性能的提高，很多数控机床的进给系统中已去掉减速机构而直接用伺服电动机与滚珠丝杠连接，因而整个系统结构简单，减少了产生误差的环节，同时由于转动惯量减小，使伺服特性亦有所改善。在整个进给系统中，除了上述部件外，还有

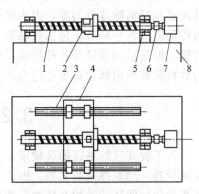

图 3-1 进给传动系统示意图
1—滚珠丝杠；2—滚珠螺母；3—滚动直线导轨；4—工作台；5—支承轴承；6—连轴器；7—伺服电动机；8—床身

一个重要的环节就是导轨。虽然从表面上看导轨似乎与进给系统不十分密切，实际上运动摩擦力及负载这两个参数在进给系统中占有重要地位。因此导轨的性能对进给系统的影响是不容忽视的。

3.1 对数控机床进给传动系统的要求

数控机床进给传动系统承担了数控机床各直线坐标轴、回转坐标轴的定位和切削进给，系统的传动精度、灵敏度和稳定性直接影响被加工件的最后轮廓精度和加工精度。为了保证数控机床进给传动系统的定位精度和动态性能，对数控机床进给传动系统的要求主要有如下

几个方面。

(1) 运动惯量低

进给传动系统由于经常需启动、停止、变速或反向运动，若机械传动装置惯量大，就增大负载并使系统动态性能变差。因此在满足强度与刚度的前提下，应尽可能减小运动部件的自重及各传动元件的直径和自重。

(2) 摩擦阻力小

进给传动系统要求运动平稳、定位准确、快速响应特性好，必须减小运动件的摩擦阻力和动摩擦系数与静摩擦系数之差。所以导轨必须采用具有较小摩擦系数和高耐磨性的滚动轨道、静压导轨和滑动导轨等。此外进给传动系统还普遍采用了滚珠丝杠螺母副。

(3) 高刚度

数控机床进给传动系统的高刚度主要取决于滚珠丝杠副（直线运动）或蜗轮蜗杆（回转运动）及其支承部件的刚度。刚度不足和摩擦阻力会导致工作台产生爬行现象及造成反向死区，影响传动准确性。缩短传动链，合理选择丝杠尺寸及对滚珠丝杠副和支承部件预紧是提高传动刚度的有效途径。

(4) 高谐振

为了提高进给的抗振性，应使机械构件具有较高的固有频率和合适的阻尼，一般要求给传动系统的固有频率应高于伺服驱动系统的固有频率2～3倍。

(5) 无传动间隙

为了提高位移精度，减小传动误差，对采用的各种机械部件首先要保证它们的加工度，其次要尽量消除各种间隙，因为机械间隙是造成进给传动系统反向死区的另一主要因。因此对传动链的各个环节，包括联轴器、齿轮传动副及其支承部件均应采用消除间隙的各种结构措施。但是采用预紧等各种措施后仍可能留有微量间隙，所以在进给传动系统反运动时仍需由数控装置发出脉冲指令进行自动补偿。

3.2 滚珠丝杠螺母副

为了提高进给系统的灵敏度、定位精度和防止爬行，必须降低数控机床进给系统的摩擦并减少静、动摩擦系数之差。因此，行程不太长的直线运动机构常用滚珠丝杠螺母副。它是直线运动与回转运动相互转换的新型传动装置。它可以消除反向间隙并施加预载，有助于提高定位精度和刚度。

3.2.1 滚珠丝杠螺母副的工作原理与特点

(1) 滚珠丝杠螺母副的工作原理

滚珠丝杠螺母副的结构原理如图3-2所示。在丝杠和螺母上都有半圆弧形的螺旋槽，当它们套装在一起时便形成了滚珠的螺母滚道，螺母上有滚珠回路管道，将几圈螺母滚道的两端连接起来，构成封闭的循环滚道，在滚道内装满滚珠。当丝杠旋转时，滚珠在滚道内既自转又沿滚道循环转动，从而迫使螺母轴向移动。

(2) 滚珠丝杠螺母副的特点

由于滚珠丝杠在传动时，丝杠与螺母之间基本上是滚动摩擦，所以具有以下特点。

① 传动效率高，磨损损失小。滚珠丝杠螺母副的传动效率$\eta=0.92\sim0.96$，比常规螺母副提高3～4倍。因此，功率消耗只相当于常规丝杠螺母副的1/4～1/3。

② 给予适当预紧，可消除丝杠和螺母的螺纹间隙，反向时就可以消除空行程死区，位

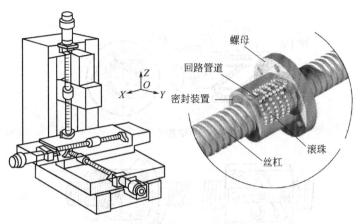

图 3-2 滚珠丝杠螺母副的结构原理

精度高,刚度好。

③ 运动平稳,无爬行现象,传动精度高。(机械学中的爬行现象,是指在滑动摩擦副中从动件在匀速驱动和一定摩擦条件下产生的周期性时停时走或时慢时快的运动现象。爬行是机械振动中自激振动的一种形式。)

④ 有可逆性,可以从旋转运动转换为直线运动,也可以从直线运动转换为旋转运动,即丝杠和螺母都可以作为主动件。

⑤ 磨损小,使用寿命长。

⑥ 制造工艺复杂,成本高。滚珠丝杠和螺母等元件的加工精度要求高,表面粗糙要求高故制造成本高。

⑦ 不能自锁。特别是对于垂直丝杠,由于自重作用,下降时当传动切断后,不能立即停止运动,故常需添加制动装置。

3.2.2 滚珠丝杠螺母副的循环方式

常用的循环方式有两种:外循环和内循环。滚珠在循环过程中有时与丝杠脱离接触的称为外循环;始终与丝杠保持接触的称为内循环。滚珠每一个循环闭路称为列,每个滚珠循环闭路内所含导程数称为圈数。内循环滚珠丝杠副的每个螺母有 2 列、3 列、4 列、5 列等几种。每列只有一圈;外循环每列有 1.5 圈、2.5 圈和 3.5 圈等几种。

(1) 外循环

外循环是滚珠在循环过程结束后通过螺母外表面的螺旋槽或插管返回丝杠螺母间重新进入循环。如图 3-3 所示,外循环滚珠丝杠螺母副按滚珠循环时的返回方式主要有端盖式、插管式和螺旋槽式。

如图 3-3(a) 所示为端盖式,在螺母上加工出一纵向孔,作为滚珠的回程通道,螺母两端的盖板上开有滚珠的回程口,滚珠由此进入回程管,形成循环。

如图 3-3(b) 所示为插管式,它用弯管作为返回管道,这种结构工艺性好,但由于管道突出于螺母体外,径向尺寸较大。

如图 3-3(c) 所示为螺旋槽式,它是在螺母外圆上铣出螺纹槽,槽的两端钻出通孔并与螺纹滚道相切,形成返回通道,这种结构比插管式结构径向尺寸小,但制造较复杂。

外循环滚珠丝杠的外循环结构和制造工艺简单,使用较广泛。其缺点是滚道接缝处很难做得平滑,影响滚珠滚道的平稳性,甚至发生卡珠现象,噪声也较大。

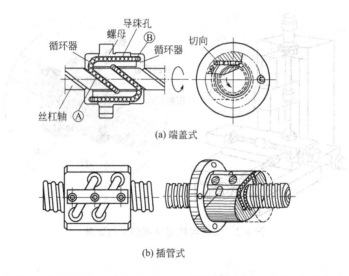

(a) 端盖式

(b) 插管式

(c) 螺旋槽式

图 3-3 常用的外循环方式

(2) 内循环

如图 3-4 所示为内循环滚珠丝杠。内循环均采用反向器实现滚珠循环，反向器有两种类型。如图 3-4(a) 所示为圆柱凸键反向器，它的圆柱部分嵌入螺母内，端部开有反向槽 2。反向槽靠圆柱外圆面及其上端的圆键 1 定位，以保证对准螺纹滚道方向。

如图 3-4(b) 所示为扁圆镶块反向器，反向器为一般圆头平键形镶块，镶块嵌入螺母的

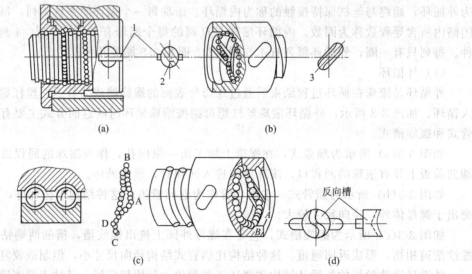

图 3-4 内循环滚珠丝杠

1—圆键；2,3—反向槽

切槽中,其端部开有反向槽3,用镶块的外轮廓定位。两种反向器比较,后者尺寸较小,从而减小了螺母的径向尺寸及缩短了轴向尺寸。但这种反向器的外轮廓和螺母上的切槽尺寸精度要求较高。

内循环滚珠丝杠的优点是径向尺寸紧凑,刚性好,因其返回道较短,故摩擦损失小。适用于高灵敏、高精度传动,不宜用于重载传动。其缺点是反向器加工困难。

3.2.3 螺旋滚道型面

螺旋滚道型面(即滚道法向截形)的形状有多种,常见的截形有单圆弧型面和双圆弧型面两种。

如图3-5所示为螺旋滚道型面的简图,图中钢球与滚道表面在接触点处的公法线与螺纹轴线的垂线间的夹角称为接触角,理想接触角 $\alpha=45°$。

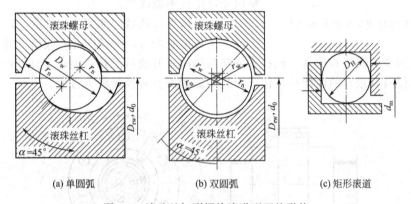

图3-5 滚珠丝杠副螺旋滚道型面的形状

(1) 单圆弧型面

如图3-5(a)所示,通常滚道半径 r_n 稍大于滚珠半径 r_w,通常 $2r_n=(1.04\sim1.1)D_w$。对于单圆弧型面的螺纹滚道,接触角 α 是随轴向负荷 F 的大小而变化的,当 $F=0$ 时,$\alpha=0$;承载后,随着 F 的增大,α 增大。α 的大小由接触变形的大小决定。当接触角 α 增大后,传动效率 E_d、轴向刚度 R_c 以及承载能力随之增大。

(2) 双圆弧型面

如图3-5(b)所示,滚珠与滚道只在内相切的两点接触,接触角 α 不变。两圆弧交接处有一小空隙,可容纳一些脏物,这对滚珠的流动有利。

单圆弧型面,接触角 α 是随负载的大小而变化的,因而轴承刚度和承载能力也随之而变化,应用较少。双圆弧型面,接触角选定后是不变的,应用较广。

(3) 矩形滚道型面

如图3-5(c)所示,这种型面制造容易,只能承受轴向载荷,承载能力低,可在要求不高的传动中应用。

3.2.4 滚珠丝杠螺母副间隙的消除

滚珠丝杠螺母副的间隙是轴向间隙。轴向间隙的数值是指丝杠和螺母无相对转动时,丝杠和螺母之间的最大轴向窜动量,除了结构本身所有的游隙之外,还包括施加轴向载荷后丝杠产生弹性变形所造成的轴向窜动量。轴向间隙调整的目的:保证反向传动精度。

为了保证滚珠丝杠传动精度和轴向刚度,必须消除滚珠丝杠螺母副轴向间隙。除了少数用微量过盈滚珠的单螺母消除间隙外，常采用双螺母结构，利用两个螺母的相对轴向位移，使两个滚珠丝杠螺母中的滚珠分别贴紧在螺旋滚道的两个相反的侧面上。用这种方法预紧消除轴向间隙时，应注意预紧力不宜过大，否则会使空载力矩增加，从而降低传动效率，缩短使用寿命。预紧的目的：提高刚度。

常用的丝杠螺母副消除间隙的方法有单螺母消隙和双螺母消隙两类。

（1）单螺母消隙

① 单螺母变位导程预加负荷。如图3-6所示，它是在滚珠螺母体内的两列循环珠链之间，使内螺母滚道在轴向产生一个 ΔL_0 的导程突变量，从而使两列滚珠在轴向错位实现预紧。这种调隙方法结构简单，但负荷量须预先设定且不能改变。

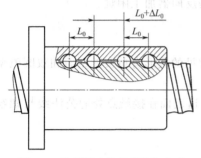

图3-6 单螺母变位导程预加负荷

② 单螺母螺钉预紧。如图3-7所示，螺母的专业生产工作完成精磨之后，沿径向开一浅槽，通过内六角调整螺钉实现间隙的调整和预紧。该技术成功地解决了开槽后滚珠在螺母中良好的通过性，单螺母结构不仅具有很好的性能价格比，而且间隙的调整和预紧极为方便。

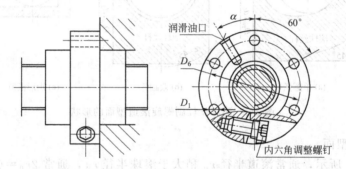

图3-7 能消除间隙的单螺母结构

（2）双螺母消隙

① 垫片调隙式。如图3-8所示为垫片调隙式，调整垫片厚度使左右两螺母产生轴向位移，即可消除间隙和产生预紧力。这种方法结构简单，刚性好，但调整不便，滚道有磨损时不能随时消除间隙和进行预紧。

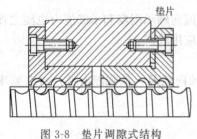

图3-8 垫片调隙式结构

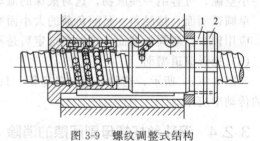

图3-9 螺纹调整式结构
1—调整螺母；2—锁紧螺母

② 螺纹调整式。如图3-9所示为螺纹调整式，是用键限制螺母在螺母座内的转动。调整时，拧动圆螺母将螺母沿轴向移动一定距离，在消除间隙之后用圆螺母将其锁紧。这种方法结构简单紧凑，调整方便，但调整精度较差，且易于松动。

③ 双螺母齿差调隙式。如图 3-10 所示为双螺母齿差调隙式，螺母 1 和 2 的凸缘上各制有一个圆柱外齿轮，两个齿轮的齿数相差一个齿，两个内齿轮 3 和 4 与外齿轮齿数分别相同，并用预紧螺钉和销钉固定在螺母座的两端。调整时先将内齿圈取下，根据间隙的大小调整两个螺母 1、2 分别向相同的方向转过一个或多个齿，使两个螺母在轴向移近了相应的距离达到调整间隙和预紧的目的。

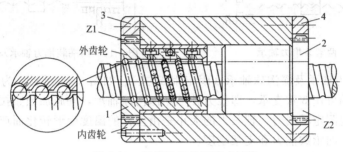

图 3-10 双螺母齿差调隙式结构

(3) 滚珠丝杠螺母副的预紧力

滚珠丝杠螺母副预紧的基本原理是使两个螺母产生轴向位移，以消除它们之间的间隙和施加预紧力。为保证传动精度及刚度，滚珠丝杠螺母副消除传动间隙外，还要求预紧。预紧力 F_v 的计算公式为：

$$F_v = (1/3)F_{max}$$

式中　F_{max}——轴向最大工作载荷。

上述消除滚珠丝杠螺母副轴向间隙的方法，都对螺母进行预紧。调整时只要注意预紧力大小 $F_v = (1/3)F_{max}$ 即可。

3.2.5　滚珠丝杠螺母副的支承与制动

(1) 滚珠丝杠螺母副的支承方式

数控机床的进给系统要获得较高的传动刚度，除了加强滚珠丝杠螺母副本身的刚度外，滚珠丝杠的正确安装及支承结构的刚度也是十分重要的因素。滚珠丝杠常用推力轴承支座，以提高轴向刚度（当滚珠丝杠的轴向负载很小时，也可用角接触球轴承支座），滚珠丝杠在数控机床上的安装支承方式有以下几种。

① 一端装推力轴承（固定-自由式）。如图 3-11 所示，这种安装方式的承载能力小，轴向刚度低，只适用于短丝杠，一般用于数控机床的调节或升降台式数控铣床的立向（垂直）坐标中。

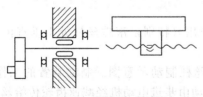　　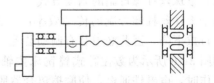

图 3-11　一端装推力轴承　　图 3-12　一端装推力轴承，另一端装深沟球轴承

② 一端装推力轴承，另一端装深沟球轴承（固定-支承式）。如图 3-12 所示，这种方式可用于丝杠较长的情况。应将推力轴承远离液压马达等热源及丝杠上的常用段，以减少丝杠热变形的影响。

③ 两端装推力轴承（单推-单推式或双推-单推式）。如图 3-13 所示，把推力轴承装在滚珠丝杠的两端，并施加预紧拉力，这样有助于提高刚度，但这种安装方式对丝杠的热变形较为敏感，轴承的寿命较两端装推力轴承及向心球轴承方式低。

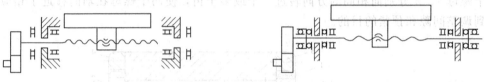

图 3-13　两端装推力轴承　　　　图 3-14　两端装推力轴承及深沟球轴承

④ 两端装推力轴承及深沟球轴承（固定-固定式）。如图 3-14 所示，为使丝杠具有最大的刚度，它的两端可用双重支承，即推力轴承加深沟球轴承，并施加预紧拉力。这种结构方式不能精确地预先测定预紧力，预紧力的大小是由丝杠的温度变形转化而产生的。但设计时要求提高推力轴承的承载能力和支架刚度。

近年来出现一种滚珠丝杠轴承，其结构如图 3-15 所示。这是一种能够承受很大轴向力的特殊角接触轴承，与一般角接触球轴承相比，接触角增大到 60°，增加了滚珠的数目并相应减少滚珠的直径。这种新结构的轴承比一般轴承的轴向刚度提高两倍以上，使用极为方便。产品成对出售，而且在出厂时已经现配好内外环的厚度，装配调试时只要用螺母和端盖将内环和外环压紧，就获得出厂时已经调整好的预紧力，使用极为方便。

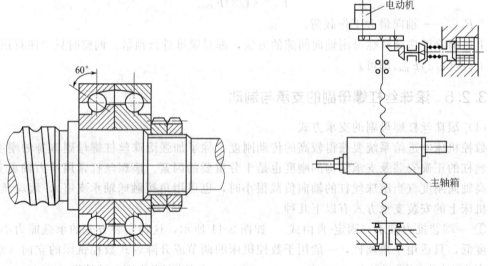

图 3-15　接触角 60°的角接触球轴承　　　　图 3-16　主轴箱进给丝杠制动装置

（2）滚珠丝杠螺母副的制动方式

由于滚珠丝杠螺母副的传动效率高，无自锁作用（特别是滚珠丝杠处于垂直传动式），为防止自重下降，因此必须装有制动装置。

如图 3-16 所示为数控卧式镗铣床主轴箱进给丝杠制动示意图。制动装置的工作过程：机床工作时，电磁铁通电，使摩擦离合器脱开。运动由步进电动机经减速齿轮传给丝杠，使主轴箱上下移动。当加工完毕，或中间停车时，步进电动机和电磁铁同时断电，借压力弹簧作用合上摩擦离合器，使丝杠不能传动，主轴箱便不会下落。另外，其他的制动方式还有：

① 用具有刹车作用的制动电动机。

② 在传动链中配置逆转效率低的高速比系列，如齿轮、蜗杆减速器等，此法是靠磨损

损失达到制动目的,故不经济。

③ 采用超越离合器。

3.2.6 滚珠丝杠螺母副的防护

(1) 支承轴承的定期检查

应定期检查丝杠支承与床身的连接是否有松动以及支承轴承是否损坏等。如有以上问题,要及时紧固松动部位并更换支承轴承。

(2) 滚珠丝杠螺母副的润滑和密封

滚珠丝杠螺母副可用润滑剂来提高耐磨性及传动效率。润滑剂可分为润滑油及润滑脂两大类。润滑油为一般机油或 $90^{\#} \sim 180^{\#}$ 透平油或 $140^{\#}$ 主轴油。润滑脂可采用锂基油脂。润滑脂一般加在螺纹滚道和安装螺母的壳体空间内,而润滑油则经过壳体上的油孔注入螺母的空间内。

(3) 滚珠丝杠副常用防尘密封圈和防护罩

① 密封圈。密封圈装在滚珠螺母的两端。接触式的弹性密封圈是用耐油橡皮或尼龙等材料制成,其内孔制成与丝杠螺纹滚道相配合的形状。接触式密封圈的防尘效果好,但因有接触压力,使摩擦力矩略有增加。非接触式的密封圈是用聚氯乙烯等塑料制成,其内孔形状与丝杠螺纹滚道相反,并略有间隙,非接触式密封圈又称为迷宫式密封圈。

② 防护罩。滚珠丝杠螺母副和其他滚动摩擦的传动元件一样,应避免硬质合金灰尘或切屑污物进入,因此必须有防护装置。如果滚珠丝杠螺母副在机床上外露,应采用螺旋钢带、伸缩套筒、锥形套筒以及折叠式塑料或人造革等形式的防护罩,以防尘埃和磨粒黏附到丝杠表面,如图 3-17 所示。这种防护罩与导轨的防护罩有相似之处,一端连接在滚珠螺母的端面,另一端固定在滚珠杠的支承座上。

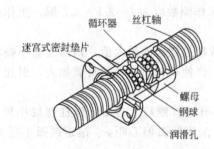

图 3-17 丝杠螺母上的防护与润滑结构

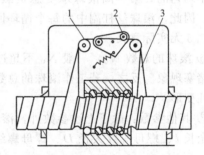

图 3-18 钢带缠卷式丝杠防装置
1—支承滚轮;2—钢带张紧轮;3—钢带

如图 3-18 所示为钢带缠卷式丝杠防装置,它的工作过程如下:

防护装置和螺母一起固定在拖板上,装置由支承滚轮 1、钢带张紧轮 2 和钢带 3 件组成。钢带的两端分别固定在丝杠外圆表面。防护装置中的钢带绕过支承,并靠弹簧和张紧轮将钢带张紧。当丝杠旋转时,工作台(或拖板)相对丝杠轴向移动,丝杠一端的钢带拨丝杠的螺母放开,而另一端则以同样的螺距将钢带卷在丝杠上。由于钢带的宽度正好等于丝杠的螺距,因此螺纹槽被严密地封。还因为钢带的正反面始终不接触,钢带外表面黏附的脏物就不会被带到内表面,使内表面保持清洁。这是其他防护装置很难做到的。

3.2.7 滚珠丝杠螺母副的参数、代号、精度等级和标注

(1) 滚珠丝杠螺母副的参数

如图 3-19 所示，滚珠丝杠副的参数有如下 7 种。

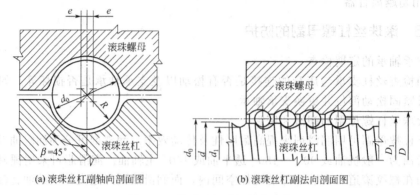

(a) 滚珠丝杠副轴向剖面图　　　(b) 滚珠丝杠副法向剖面图

图 3-19　滚珠丝杠副的基本参数

① 公称直径 d_0：滚珠与螺纹滚道在理论接触角状态时包络滚珠球心的圆柱直径，它是滚珠丝杠副的特征尺寸。公称直径 d_0 越大，承载能力和刚度越大，推荐滚珠丝杠副的公称直径 d_0 应大于丝杠工作长度的 1/30。数控机床常用的进给丝杠，公称直径 d_0 为 $\phi(30\sim80)$ mm。

② 导程 L：丝杠相对于螺母任意旋转 2π 弧度时，螺母上基准点的轴向位移。

③ 基本导程 L_0：丝杠相对于螺母旋转 $360°$ 时，螺母上的基准点轴向位移。

④ 接触角 β：在螺纹滚道法向剖面内，滚珠球心与滚道接触点的连线和螺纹轴线的垂直线间的夹角，理想接触角 β 等于 $45°$。

⑤ 滚珠的工作圈数 N：试验结果表明，在每一个循环回路中，各圈滚珠所受的轴向负载是不均匀的，第一圈滚珠承受总负载的 50% 左右，第二圈约承受 30%，第三圈约承受 20%。因此，滚珠丝杠副中的每个循环回路的滚珠工作圈数取为 $i=2.5\sim3.5$ 圈，工作圈数大于 3.5 无实际意义。

⑥ 滚珠的总数 N_0：一般 N_0 不超过 150 个，若超过规定的最大值，则因流通不畅容易产生堵塞现象。反之，若工作滚珠的总数 N_0 太少，将使得每个滚珠的负载加大，引起过大的弹性变形。

⑦ 其他参数：除了上述参数外，滚珠丝杠副还有丝杠螺纹大径 d、丝杠螺纹小径 d_1、螺纹全长 l、螺母螺纹大径 D、螺母螺纹小径 D_1、滚道圆弧偏心距 e、滚道圆弧半径 R 等参数。

(2) 国产的滚珠丝杠螺母副结构类型、代号

国产的滚珠丝杠螺母副结构类型、代号如表 3-1 所示。

表 3-1　国产的滚珠丝杠螺母副结构类型、代号

结构型号		表示意义
01	W	外循环单螺母式滚珠丝杠螺母副
02	WI	外循环不带衬套的单螺母滚珠丝杠螺母副
03	C	外循环插管式单螺母滚珠丝杠螺母副
04	N	内循环单螺母式滚珠丝杠螺母副
05	WCH	外循环齿差调隙式双螺母滚珠丝杠螺母副
06	WICH	外循环不带衬套的齿差调隙式双螺母滚珠丝杠螺母副

续表

结构型号		表示意义
07	WD	外循环垫片调隙式双螺母滚珠丝杠螺母副
08	WID	外循环不带衬套的垫片调隙式双螺母滚珠丝杠螺母副
09	WIL	外循环不带衬套螺纹调隙式双螺母滚珠丝杠螺母副
10	CCH	插管形齿差调隙式双螺母滚珠丝杠螺母副
11	CD	插管形垫片调隙式双螺母滚珠丝杠螺母副
12	CL	插管形螺纹调隙式双螺母滚珠丝杠螺母副
13	NCH	内循环齿差调隙式双螺母滚珠丝杠螺母副
14	ND	内循环垫片调隙式双螺母滚珠丝杠螺母副
15	NL	内循环螺纹调隙式双螺母滚珠丝杠螺母副

(3) 滚珠丝杠螺母副的精度等级

滚珠丝杠螺母副按照国标 GB/T 17587.3—1998 规定分为 7 级，1、2、3、4、5、7、10，1 级最高。各类机床采用滚珠丝杠螺母副的推荐精度等级如表3-2所示。

表3-2 各类机床采用滚珠丝杠螺母副的推荐精度等级

机床种类	坐标轴	精度等级				
		1	2	3	4	5
数控车床	X		○	◎	◎	○
	Z			◎	◎	◎
数控磨床	X、Y	○	◎	◎		
	Z		◎	◎		
数控电火花机床 数控线切割机床	X、Y		○	◎	◎	○
	Z			◎	◎	
数控钻床	X、Y			◎	◎	
	Z				◎	◎
数控铣床	X、Y		○	◎	◎	
	Z			◎	◎	○
数控镗床	X、Y	◎	◎	○		
	Z	○	◎	○		
加工中心	X、Y	○	◎	◎	○	
	Z			○	◎	○

注："○"表示一般选择，"◎"表示优先选择。

(4) 滚珠丝杠螺母副的标注方法

滚珠丝杠螺母副的标注方法采用汉语拼音字母、数字及汉字结合标注法，如图 3-20 所示。

例如：WD3005-3.5×I/B 左-800×1000。

它表示外循环垫片调隙式的双螺母滚珠丝杠螺母副，名义直径为 30mm，螺距为 5mm，

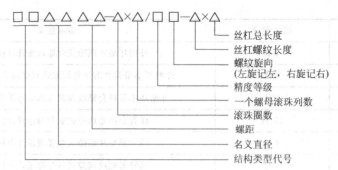

图 3-20 滚珠丝杠螺母副的标注

螺母工作滚珠 3.5 圈，单列，8 级精度，左旋，丝杠的螺纹部分长度为：800mm，丝杠，总长度为 1000mm。

3.2.8 滚珠丝杠副的选择方法

（1）滚珠丝杠副结构的选择

根据防尘防护条件以及对调隙及预紧的要求，可选择适当的结构形式。例如，当允许有间隙存在时（如垂直运动），可选用具有单圆弧形螺纹滚道的单螺母滚珠丝杠副；当必须有预紧和在使用过程中因磨损而需要定期调整时，应采用双螺母螺纹预紧或齿差预紧式结构；当具备良好的防尘条件，且只需在装配时调整间隙及预紧力时，可采用结构简单的双螺母垫片调整预紧式结构。

（2）滚珠丝杠副结构尺寸的选择

选用滚珠丝杆副时，通常主要选择丝杠的公称直径和基本导程。公称直径应根据轴向最大载荷按滚珠丝杠副尺寸系列选择。螺纹长度在允许的情况下要尽量短。基本导程（或螺距）应按承载能力、传动精度及传动速度选取，基本导程大承载能力也大，基本导程小传动精度较高。要求传动速度快时，可选用大导程滚珠丝杠副。

（3）滚珠丝杠副的选择步骤

在选用滚珠丝杠副时，必须知道实际的工作条件，应知道最大的工作载荷（或平均工作载荷）、最大载荷作用下的使用寿命、丝杠的工作长度（或螺母的有效行程）、丝杠的转速（或平均转速）、滚道的硬度及丝杠的工况，然后按下列步骤进行选择。

① 最大的承载能力。

② 最大动载荷。对于静态或低速运转的滚珠丝杠，还要考虑最大静载荷是否充分地超过了滚珠丝杠的工作载荷。

③ 刚度的验算。

④ 压杆稳定性核算。

3.3 齿轮传动副

在机床伺服系统中，除了滚珠丝杠螺母副将执行元件（电动机或液压马达）输出的高转速、低转矩转换成被控对象所需的低转速、大转矩外，其中齿轮传动副应用也较广泛。另外，由于数控机床进给系统经常处于自动变向状态，齿轮副的侧隙会造成进给运动反向时丢失指令脉冲，并产生反向死区，从而影响加工精度，因此必须采取措施消除齿轮传动中的间隙。

3.3.1 直齿圆柱齿轮副间隙调整方法

（1）偏心轴调整法

如图 3-21 所示为偏心轴套式调整间隙结构，齿轮 1 装在偏心轴套 2 上，可以通过偏心轴套 2 调整齿轮 1 和齿轮 3 之间的中心距来消除齿轮传动副的齿侧间隙。

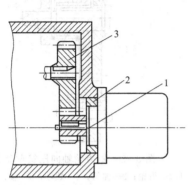

图 3-21 偏心轴套式调整间隙结构
1,3—齿轮；2—偏心轴套

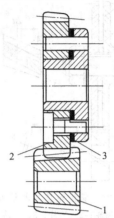

图 3-22 锥度齿轮调整法
1,2—齿轮；3—垫片

（2）锥度齿轮调整法

如图 3-22 所示为用一个带有锥度的齿轮来消除间隙的结构，一对啮合着的圆柱齿轮，若它们的节圆之间沿着齿厚方向制成一个较小的锥度，只要改变垫片 3 的厚度就能改变齿轮 2 和齿轮 1 的轴向相对位置，从而消除了齿侧间隙。

以上两种方法均属于刚性调整法，它是调整后齿侧间隙不能自动补偿的调整方法。因此齿轮的周节公差及齿厚要严格控制，否则传动的灵活性会受到影响。这种调整方法结构比较简单，且有较好的传动刚度。

（3）双片薄齿轮错齿调整法

如图 3-23 所示为双片薄齿轮错齿调整法。一对啮合的齿轮中，其中一个是宽齿轮，另一个由两薄片齿轮组成。薄片齿轮 1 和 2 上各开有轴向圆弧槽，并在两齿轮的槽内各压配有安装弹簧 4 的短圆柱 3。在弹簧 4 的作用下使齿轮 1 和 2 错位，分别与宽齿轮的齿槽左右侧贴紧，消除了齿轮副的侧隙，但弹簧 4 的张力必须足以克服驱动转矩。由于齿轮 1 和

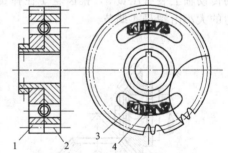

图 3-23 双片薄齿轮错齿调整
1,2—薄片齿轮；3—短圆柱；4—弹簧

2 的轴向圆弧槽及弹簧的尺寸都不能太大，故这种结构不宜传递转矩，仅用于读数装置。

这种调整方法称为柔性调整法，它是指调整之后齿侧间隙仍可自动补偿的调整方法，这种方法一般都采用调整压力弹簧的压力来消除齿侧间隙，并在齿轮的齿厚和周节有变化的情况下，也能保持无间隙啮合，但这种结构较复杂，轴向尺寸大，传动刚度低，同时传动平稳性也差。

3.3.2 斜齿圆柱齿轮副消除

（1）轴向垫片调整法

如图 3-24 所示为斜齿轮垫片调整法，其原理与错齿调整法相同。齿轮 3 和 4 的齿形拼装在一起加工，装配时在两薄片齿轮间装入厚度为 t 的垫片 2，然后修磨垫片，使齿轮 4 的螺旋线错开，分别与宽齿轮 1 的左右齿面贴紧，从而消除了齿轮副的侧隙。

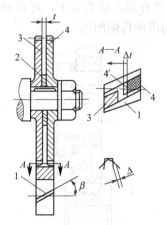

图 3-24 斜齿轮垫片调整方式
1—宽齿轮；2—垫片；3,4—薄齿轮

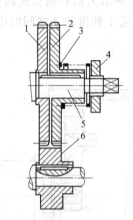

图 3-25 斜齿轮轴向压簧调整方式
1,2—齿轮；3—弹簧；4—螺母；5—轴；6—宽齿轮

（2）轴向压簧调整法

如图 3-25 所示为斜齿轮轴向压簧调整法，原理与斜齿轮垫片调整法相同。其特点是齿轮的侧隙可以自动补偿，但轴向尺寸较大，结构不紧凑。

3.3.3 锥齿轮副消除

（1）轴向压簧调整法

如图 3-26 所示为锥齿轮轴向压簧调整法，锥齿轮 1 和 2 相互啮合，其中在装锥齿轮 1 的传动轴上装有压簧 3，锥齿轮 1 在弹簧力的作用下可稍作轴向移动，从而消除侧隙。弹簧力的大小由螺母 4 调节。

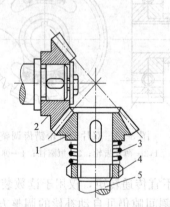

图 3-26 锥齿轮轴向压簧调整方式
1,2—锥齿轮；3—压簧；4—螺母；5—传动轴

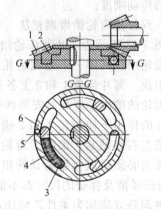

图 3-27 锥齿轮周向弹簧调整方式
1,2—锥齿轮；3—镶块；4—弹簧；5—螺钉；6—凸爪

（2）锥齿轮周向弹簧调整法

如图 3-27 所示，将与锥齿轮啮合的齿轮作成大小两片（1、2），在大片锥齿轮 1 上制有三个周向圆弧槽，而小片锥齿轮 2 的端面上制有三个凸爪 6。凸爪 6 伸入大片的圆弧槽中，弹簧 4 一端顶在凸爪 6 上，而另一端顶在镶块 3 上。为了安装方便，用螺钉 5 将大小两片齿

圈相对固定,安装完毕之后将螺钉卸去,则大小两片锥齿轮1、2在弹簧力作用下错齿,从而达到消除间隙的目的。

3.4 直线电动机传动

直线电动机的历史可以追溯到1840年惠斯登制作的并不成功的略现雏形的直线电动机,其后的160多年中直线电动机经历了探索实验、开发应用和使用商品化三个时期。

近几年,国际上对数控机床采用直线电动机显得特别热门,其原因是:为了提高生产效率和改善零件的加工质量而发展的高速和超高速加工现已成为机床发展的一个重大趋势,一个反应灵敏、高速、轻便的驱动系统,速度要提高到40～50m/min以上。传统的"旋转电动机+滚珠丝杠"的传动形式所能达到的最高进给速度为30m/min,加速度仅为3m/s^2。直线电动机驱动工作台,其速度是传统传动方式的30倍,加速度是传统传动方式的10倍,最大可达10g;刚度提高了7倍;直线电机直接驱动的工作台无反向工作死区;由于电机惯量小,所以由其构成的直线伺服系统可以达到较高的频率响应。

(1) 直线电动机系统

在常规的机床进给系统中,仍一直采用"旋转电动机+滚珠丝杠"的传动体系,以实现由圆周运动转换到直线运动的目的。随着近几年来超高速加工技术的发展,滚珠丝杠机构已不能满足高速度和高加速度的要求,直线电动机开始展示出其强大的生命力。

直线电动机是指可以直接产生直线运动的电动机,可作为进给驱动系统,如图3-28所示。在世界上出现旋转电动机不久之后就出现了其雏形,但由于受制造技术水平和应用能力的限制,一直未能在制造业领域作为驱动电动机而使用。特别是大功率电子器件、新型交流变频调速技术、微型计算机数控技术和现代控制理论的发展,为直线电动机在高速数控机床中的应用提供了条件。

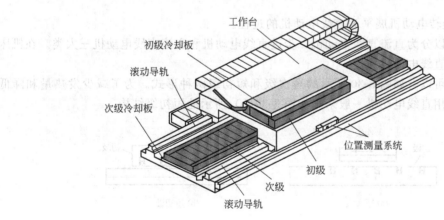

图 3-28 直线电动机进给驱动系统的组成

世界上第一台使用直线电动机驱动工作台的高速加工中心是德国 Ex-Cell-o 公司于1993年生产的,采用了德国 Indrament 公司开发成功的感应式直线电动机。这第一个由直线电动机驱动工作台的 HSC-240 型高速加工中心,机床主轴最高速达到24000r/min,最大进给速度为60n/min,加速度达到1g,当进给速度为20m/min时,其轮廓精度可达0.004mm。美国的 Ingersoll 公司紧接着推出了 HVM-800 型高速加工中心,主轴最高转速为20000r/min,最大进给速度为75.20m/min。同时,美国 Ingersoll 公司与 Ford 汽车公司合作,在 HVM800

型卧式加工中心采用了美国 Anorad 公司生产的永磁式直线电动机。日本的 FANUC 公司于 1994 年购买了 Anorad 公司的专利权,开始在亚洲市场销售直线电动机。在 1996 年 9 月芝加哥国际制造技术博览会(IMTS-96)上,直线电动机如雨后春笋展现在人们面前,这预示着直线电动机开辟的机床新时代已经到来。

我国浙江大学研制了一种由直线电动机驱动的冲压机,浙江大学生产工程研究所设计了用圆筒型直线电动机驱动的并联机构坐标测量机。2001 年南京四开公司推出了自行开发的采用直线电动机直接驱动的数控直线电动机车床,2003 年第 8 届中国国际机床展览会上,展出北京机电院高技术股份公司推出的 VS1250 直线电动机驱动的加工中心,该机床主轴最高转速达 15000r/min。

(2) 直线电动机工作原理

直线电动机的工作原理与旋转电动机相比,并没有本质的区别,可以将其视为旋转电动机沿圆周方向拉开展平的产物,如图 3-29 所示。对应于旋转电动机的定子部分,称为直线电动机的初级;对应于旋转电动机的转子部分,称为直线电动机的次级。当多相交变电流通入多相对称绕组时,就会在直线电动机初级和次级之间的气隙中产生一个行波磁场,从而使初级和次级之间相对移动。当然,二者之间也存在一个垂直力,可以是吸引力,也可以是推斥力。

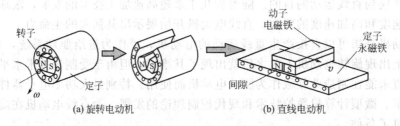

图 3-29 旋转电动机展平为直线电动机的过程

图 3-29 为旋转电动机展平为直线电动机的过程。

直线电机可以分为直流直线电动机、步进直线电动机和交流直线电动机三大类。在机床上主要使用交流直线电动机。

在结构上,可以有如图 3-30 所示的短次级和短初级两种形式。为了减少发热量和降低成本,高速机床用直线电动机一般采用如图 3-30(b) 所示的短初级结构。

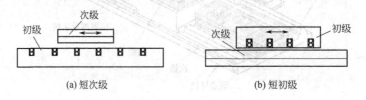

图 3-30 直线电动机的形式

在励磁方式上,交流直线电动机可以分为永磁(同步)式和感应(异步)式两种。永磁式直线电动机的次级是一块一块铺设的永久磁钢,其初级是含铁芯的三相绕组。感应式直线电动机的初级和永磁式直线电动机的初级相同,而次级是用自行短路的无反馈电栅条来代替永磁式直线电动机的永久磁钢。永磁式直线电动机在单位面积推力、效率、可控性等方面均优于感应式直线电动机,但其成本高,工艺复杂,而且给机床的安装、使用和维护带来不便。感应式直线电动机在不通电时是没有磁性的,因此有利于机床的安装、使用和维护。近年来，其性能不断改进，已接近永磁式直线电动机的水平，在机械行业的应用已受到欢迎。

（3）使用直线电动机的高速机加工系统特点

① 电动机、电磁力直接作用于运动体（工作台）上，而不用机械连接，因此没有机械滞后或齿节周期误差，精度完全取决于反馈系统的检测精度。

② 直线电动机上装配全数字伺服系统，可以达到极好的伺服性能。由于电动机和工作台之间无机械连接件，工作台对位置指令几乎是立即反应（电气时间常数约为1ms），从而使得跟随误差减至最小而达到较高的精度。并且，在任何速度下都能实现非常平稳的进给运动。

③ 直线电动机系统在动力传动中由于没有低效率的中介传动部件而能达到高效率，可获得很好的动态刚度（动态刚度，即在脉冲负荷作用下，伺服系统保持其位置的能力）。

④ 直线电动机驱动系统由于无机械零件相互接触，因此无机械磨损，也就不需要定期维护，也不像滚珠丝杠那样有行程限制，使用多段拼接技术可以满足超长行程机床的要求。

⑤ 由于直线电动机的部件（初级）已和机床的工作台合二为一，因此，和滚珠丝杠进给单元不同，直线电动机进给单元只能采用全闭环控制系统，其控制框图如图3-31所示。

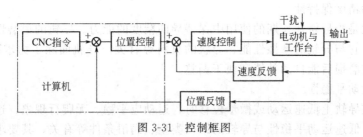

图 3-31 控制框图

滚珠丝杠与直线电动机的性能对比如表3-3所示。

表3-3 滚珠丝杠与直线电动机的性能对比

特 性	滚珠丝杠	直线电动机
最高速度	0.5m/s（取决于螺距）	2.0～4.0m/s
最高加速度	0.5～1g（1g=0.98m/s^2）	2～10g
静态刚度	90～180N/μm	80～280N/μm
动态刚度	90～180N/μm	160～210N/μm
稳定时间	100ms	10～20ms
最大作用力	26800N	9000N
可靠性	6000～10000h	50000h

然而，直线电动机在机床上的应用也存在如下一些问题。

① 由于没有机械连接或啮合，因此垂直轴需要外加一个平衡块或制动器。

② 当负荷变化大时，需要重新整定系统。目前，大多数现代控制装置具有自动整定功能，因此能快速调整机床。

③ 磁铁（或线圈）对电动机部件的吸力很大，因此应注意选择导轨和设计滑架结构，并注意解决磁铁吸引金属颗粒的问题。

直线电动机驱动系统具有很多的优点，对于促进机床的高速化有十分重要的意义和应用价值。由于目前尚处于初级应用阶段，生产批量不大，因而成本很高。但可以预见，作为一种崭新的传动方式，直线电动机必然在机床工业中得到越来越广泛的应用，并显现巨大的生命力。

3.5 数控机床导轨

数控机床的运动部件（如刀架、工作台等）都是沿着床身、立柱、横梁等基础件的导轨面运动的，因此导轨的功用就是支承和导向，也就是支承运动部件并保证运动部件在外力（运动部件本身的重量、工件的重量、切削力、牵引力等）的作用下，能准确地沿着一定的方向运动。所以导轨副作为数控机床的重要部件之一，它在很大程度上决定数控机床的刚度、精度和精度保持性。

3.5.1 对数控机床导轨的要求

（1）导向精度高

导向精度是指机床的运动部件沿导轨移动时的直线性和它与有关基面之间相互位置的准确性。无论在空载或切削加工时，导轨都应有足够的刚度和导向精度。影响导向精度的主要因素有导轨的结构形式、导轨的制造精度和装配质量及导轨与基础件的刚度等。

（2）良好的精度保持性

精度保持性是指导轨在长期的使用中保持导向精度的能力。导轨的耐磨性是保持精度的决定性的因素，它与导轨的摩擦性能、导轨的材料等有关。导轨面除了力求减少磨损量外，还应使导轨面在磨损后能自动补偿和便于调整。

（3）低速运动平稳性

运动部件在导轨上低速运动或微量位移时，运动应平稳、无爬行现象，这一要求对数控机床尤为重要。低速运动平稳性与导轨的结构类型、润滑条件等有关，其要求导轨的摩擦系数要小，以减小摩擦阻力，而且动摩擦、静摩擦系数应尽量接近并有良好的阻尼特性。

（4）耐磨性好

导轨的耐磨性是指导轨长期使用后，能保持一定的使用精度。导轨的耐磨性决定了导轨的精度保持性。耐磨性受到导轨副的材料、硬度、润滑和载荷的影响。导轨的磨损形式可综合为以下三种：

① 硬粒磨损。导轨面间存在着的坚硬微粒、由外界或润滑油带入的切屑或磨粒以及微观不平的摩擦面上的高峰，在运动过程中均会在导轨面上产生沟痕和划伤，进而使导轨面受到破坏。导轨面之间的相对速度越大，压强越大，对导轨摩擦副表面的危害也越大。

② 咬合和热焊。导轨面覆盖着氧化膜及气体、蒸气或液体的吸附膜，这些薄膜由于导轨面上局部比压或剪切力过高而排除时，裸露的金属表面因摩擦热而使分子运动加快，在分子力作用下就会产生分子之间的相互吸引和渗透而吸附在一起，导致冷焊。如果导轨面之间的摩擦热使金属表面温度达到熔点而引起局部焊接，这种现象称为热焊。接触面的相对运动又要将焊点拉开，从而造成撕裂开性破坏。

③ 疲劳和压溃。导轨面由于过载或接触应力不均匀而使导轨面产生弹性变形，反复进行多次后，就会发展成为塑性变形，表面形成龟裂和剥落而出现凹坑，这种现象叫压溃。滚动导轨失效的主要原因就是表面的疲劳和压溃。为此应控制滚动导轨承受的最大载荷和受载的均匀性。

（5）足够的刚度

导轨应有足够的刚度，以保证在载荷作用下不产生过大的变形，从而保证各部件间的相对位置和导向精度。刚度受到导轨结构和尺寸的影响。

（6）温度变化影响小

应保证导轨在工作温度变化的条件下,仍能正常工作。
(7) 结构简单、工艺性好
要便于加工、装配、调整和维修。

3.5.2 常用数控机床导轨

3.5.2.1 常用导轨的形状
(1) 直线运动滑动导轨的截面形状

如图 3-32 所示,常用的有矩形、三角形、燕尾形及圆形截面。各个平面所起的作用也各不相同。在矩形和三角形导轨中,M 面主要起支承作用,N 面是保证直线移动精度的导向面,J 面是防止运动部件抬起的压板面;在燕尾形导轨中,M 面起导向和压板作用,J 面起支承作用。

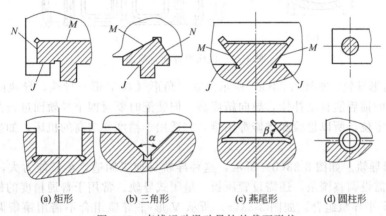

图 3-32 直线运动滑动导轨的截面形状

根据支承导轨的凸凹状态,又可分为凸形(上图)和凹形(下图)两类导轨。凸形需要有良好的润滑条件。凹形容易存油,但也容易积存切屑和尘粒,因此适用于具有良好防护的环境。矩形导轨也称为平导轨;而三角形导轨,在凸形时可称为山形导轨;在凹形时,称为 V 形导轨。

① 矩形导轨。如图 3-32(a) 所示,优点是结构简单,制造、检验和修理方便;导轨面较宽,承载力较大,刚度高,故应用广泛。但它的导向精度没有三角形导轨高;导轨间隙需用压板或镶条调整,且磨损后需重新调整。它适用于载荷大且导向精度要求不高的机床。

② 三角形导轨。如图 3-32(b) 所示,三角形导轨有两个导向面,同时控制了垂直方向和水平方向的导向精度。这种导轨在载荷的作用下,自行补偿消除间隙,导向精度较其他导轨高。该导轨磨损后能自动补偿,故导向精度高。它的截面角度由载荷大小及导向要求而定,一般为 90°。为增加承载面积,减小比压,在导轨高度不变的条件下,采用较大的顶角(110°~120°);为提高导向性,采用较小的顶角(60°)。如果导轨上所受的力,在两个方向上的分力相差很大,应采用不对称三角形,以使力的作用方向尽可能垂直于导轨面。

③ 燕尾形导轨。如图 3-32(c) 所示,这是闭式导轨中接触面最少的一种结构,磨损后不能自动补偿间隙,需用镶条调整。能承受颠覆力矩,摩擦阻力较大,多用于高度小的多层移动部件。

④ 圆柱形导轨。如图 3-32(d) 所示,这种导轨刚度高,易制造,外径可磨削,内孔可珩磨达到精密配合。但磨损后间隙调整困难。它适用于受轴向载荷的场合,如压力机、珩磨机、攻螺纹机和机械手等。

(2) 直线导轨的组合

机床上一般都采用两条导轨来承受载荷和导向。重型机床承载大，常采用 3~4 条导轨。导轨的组合形式取决于受载大小、导向精度、工艺性、润滑和防护等因素。常见的导轨组合形式如图 3-33 所示。

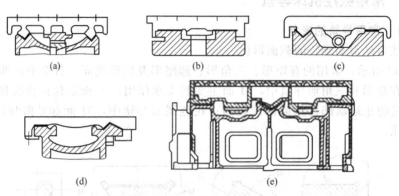

图 3-33　机床组合导轨简图

① 双三角形导轨。如图 3-33(a) 所示为双三角形（双 V 形）导轨，导轨面同时起支承和导向作用。磨损后能自动补偿，导向精度高。但装配时要对四个导轨面进行刮研，其难度很大。由于超定位，所以检验和维修都困难，它适用于精度要求高的机床，如坐标镗床、丝杠车床。

② 双矩形导轨。如图 3-33(b) 所示，这种导轨易加工制造，承载能力大，但导向精度差。侧导向面需设调整镶条，还需设置压板，呈闭式导轨。常用于普通精度的机床。

③ 三角形-平导轨组合。如图 3-33(c) 所示 V 形-平导轨组合不需用镶条调整间隙，导轨精度高，加工装配较方便，温度变化也不会改变导轨面的接触情况，但热变形会使移动部件水平偏移，两条导轨磨损也不一样，因而对位置精度有影响，通常用于磨床、精密镗床。

④ 三角形-矩形导轨组合。如图 3-33(d) 所示为卧式车床的导轨，三角导轨作主要导向面。矩形导轨面承载能力强，易加工制造，刚度高，应用普遍。

⑤ 平-平-三角形导轨组合。龙门铣床工作台宽度大于 3000mm、龙门刨床工作台宽度大于 5000mm 时，为使工作台挠度不致过大，可用三根导轨的组合。如图 3-33(e) 所示为重型龙门刨床工作台，三角形导轨主要起导向作用，平导轨主要起承载作用。

从上述可知，以上各种导轨的组合形式、特点各不相同，因此选择使用时应掌握以下原则。

① 要求导轨有较大的刚度和承载能力时，用矩形导轨，中小型机床导轨采用山形和矩形组合，而重型机床则采用双矩形导轨。

② 要求导向精度高的机床采用三角形导轨，三角形导轨工作面同时起承载和导向作用，磨损后能自动补偿间隙，导向精度高。

③ 矩形、圆形导轨工艺性好，制造、检验都方便。三角形、燕尾形导轨工艺性差。

④ 要求结构紧凑、高度小及调整方便的机床，用燕尾形导轨。

(3) 圆周运动导轨

圆周运动导轨主要用于圆形工作台、转盘和转塔等旋转运动部件，常见的有：

① 平面圆环导轨，必须配有工作台心轴轴承，应用得较多。

② 锥形圆环导轨，能承受轴向和径向载荷，但制造较困难。

③ V 形圆环导轨，制造复杂。

3.5.2.2 数控机床的导轨的类型

数控机床的导轨按运动轨迹可分为直线运动轨迹和圆周运动导轨;按工作性质可分为主运动导轨、进给运动导轨和调整导轨;按受力情况可分为开式导轨和闭式导轨。目前数控机床使用的导轨主要有三种:塑料滑动导轨、滚动导轨和静压导轨。

(1) 塑料滑动导轨

为了提高数控机床的定位精度和运动平稳性,现在在数控机床上已广泛采用塑料滑动导轨。

① 贴塑导轨。贴塑导轨是在导轨滑动面上贴一层耐磨塑料软带,使得传统导轨的摩擦形式变为铸铁-塑料摩擦副。近年来国内外已研制了数十种塑料基体的复合材料用于机床导轨,其中比较引人注目的为应用较广的 PTEE(聚四氟乙烯)软带材料,它以聚四氟乙烯填充青铜粉、二氧化钼和石墨等填充剂混合而成,并制成带状。由于这类导轨软带采用粘接方法,国内习惯上称为贴塑导轨。如图 3-34 所示为机床导轨贴塑的几种形式。

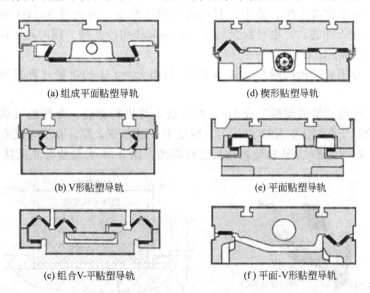

(a) 组成平面贴塑导轨 (d) 楔形贴塑导轨
(b) V形贴塑导轨 (e) 平面贴塑导轨
(c) 组合V-平贴塑导轨 (f) 平面-V形贴塑导轨

图 3-34 机床导轨贴塑的几种形式

聚四氟乙烯导轨软带的特点是,摩擦特性好、减振性好、耐磨性好、化学稳定性和工艺性好。

a. 聚四氟乙烯导轨软带的特点。

(a) 摩擦特性好:金属-聚四氟乙烯导轨软带的动静摩擦系数基本不变。

(b) 耐磨特性好:聚四氟乙烯导轨软带材料中含有青铜、二硫化铜和石墨,因此其本身具有自润滑作用,对润滑油的要求不高。此外,塑料质地较软,即使嵌入金属碎屑、灰尘,也不致损伤金属导轨面和软带本身,可延长导轨副的使用寿命。

(c) 减振性好:塑料的阻尼性能好,其减振效果、消声的性能较好,有利于提高运动速度。

(d) 工艺性好:可降低对粘贴塑料的金属基体的硬度和表面质量要求,而且塑料易于加工(铣、刨、磨、刮),使导轨副接触面获得优良的表面质量。聚四氟乙烯导轨软带被广泛用于中小型数控机床的运动导轨中。

b. 导轨胶黏剂。用于聚四氟乙烯导轨软带粘接的胶黏剂为导轨胶。主要有两类:无氟导轨胶和含氟导轨胶。无氟导轨胶有国产的 F-4S、F-4D、FS 等牌号。含氟导轨胶是由国产的 F-2、F-3、FN 等牌号和美国 Raychem 公司生产的氟树脂胶黏剂等。

J-2012 导轨胶为双组分，环氧树脂胶黏剂，可室温或加热固化，不仅适用于氟塑料与金属，还适用于金属与其他非金属材料的粘接与修补，该胶具有较好的粘接强度、耐油、耐碱液、耐水和耐老化等优良性能。

c. 导轨软带粘贴工艺。

(a) 准备：粘接场地需清洁无尘，环境温度以 10～40℃ 为宜，相对湿度≤75%。软带采用单面萘钠处理，深褐色一面为粘接面，蓝绿色一面为工作面。用剩的软带和专用胶需防潮、避光保存。为提高粘接强度，金属导轨粘接面表面粗糙度宜取 $Ra12.5$～$25\mu m$；相配导轨应略宽于软带导轨，其表面粗糙度宜取 $Ra0.8$～$1.6\mu m$。

(b) 裁剪：软带裁剪尺寸可按金属导轨粘接面的实际尺寸适当放一些余量，宽度单边可放 2～4mm，以防粘贴时滑移；长度单边可放 20～60mm，便于粘贴时两端拉紧。

(c) 清洗：粘接前需对金属导轨粘接面除锈去油，可先用砂布、砂纸或钢丝刷清除锈斑杂质，然后再用丙酮擦洗干净、晾干；若旧机床油污严重，可先用 NaOH 碱液洗刷，然后再用丙酮擦洗；有条件的话，也可对金属导轨粘接面作喷砂处理。同时用丙酮擦洗软带的深褐色粘接面，晾干备用。

(d) 配胶：专用胶须随配随用，按 A 组分/B 组分＝1/1 的重量比称量混合，搅拌均匀后即可涂胶。

(e) 涂胶：可用"带齿刮板"或 1mm 厚的胶木片进行涂胶。专用胶可纵向涂布于金属导轨上，横向涂布于软带上，涂布应均匀，胶层不宜过薄或太厚，胶层厚度宜控制在 0.08～0.12mm 之间。如图 3-35 为贴塑导轨粘接过程简图，图 3-36 为贴塑导轨粘接图。

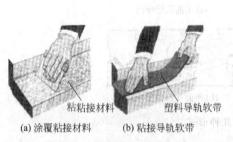

图 3-35 贴塑导轨粘接过程

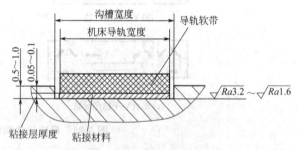

图 3-36 贴塑导轨粘接图

(f) 粘贴：软带刚粘贴在金属导轨上时需前后左右蠕动一下，使其全面接触；用手或器具从软带长度中心向两边挤压，以赶走气泡；对大中型机床，可用 BOPP 封箱带粘贴定位。

(g) 固化：固化在室温下进行，固化时间：24h，固化压力：0.06～0.1MPa，加压必须均匀，可利用机床工作台自身的重量反转压在床身导轨上，必要时再加重物。产品上批量使用，也可定制压铁做配压件。为避免挤出的余胶粘住床身导轨，可预先在床身导轨面上铺一层油封纸或涂一层机油。

(h) 加工：固化后应先将工作台沿导轨方向推动一下，然后再抬起翻转，清除余胶，并沿着金属导轨粘接面方向切去软带的工艺余量并倒角。软带具良好的刮削性能，可研磨、铣削或手工刮研至精度要求，机加工时必须用冷却液充分冷却，且进刀量要小；配刮则可按通常刮研工艺进行，接触面均匀达 70% 即可。软带开油孔、油槽方式与金属导轨相同，但建议油槽一般不要开透软带，油槽深度可为软带厚度的 1/2～2/3，油槽离开软带边缘至少 6mm 以上。

d. 使用时，须遵循如下技术准则
(a) 剪切软带时，为防止其变形，宜在平板上用切刀切开。
(b) 粘贴前需要用丙酮把待贴金属和软带表面清洗干净。
(c) 使用胶黏剂时，其胶层厚度一般宜在 0.08～0.13mm，使用温度范围 5～120℃，保存期应在一年之内（5～15℃可保存 2 年）。
(d) 与导轨软带相匹配的金属表面粗糙度不能低于 $Ra0.35\mu m$，也不能高于 $Ra0.5\mu m$。金属表面可以磨削加工，也可以砂纸打磨。
(e) 粘合后需均匀施加一定的接触压力，以使软带在导轨面上粘接更为牢固。其接触压力范围以 75kPa 为宜，可以直接压在导轨上，压力不够可加重物。在粘接固化过程中，接触压力必须恒定，且存放在远离振源的地基超过 24h。
(f) 如果导轨软带表面几何精度不能满足使用要求，可对导轨软带进行任何方式的精加工。
(g) 导轨软带表面上可以开油槽，其加工方法与加工铸铁相类似。油槽的形状和深度必须合理，油槽绝不允许穿透导轨软带，油槽与软带边缘的距离不能小于 3mm。
(h) 待胶调好后，即可采用毛刷涂刷，也可以用塑料板刮，为取得较好的粘接效果，可在经活化处理的导轨软带面（黑褐色面）横向涂刷一遍，在拖板导轨面纵向涂刷两遍，总厚度控制在 0.08～0.13mm，以便使合拢时胶纹成网状，压实后胶遍布整个导轨面。
(i) 待刷胶后等胶出现拉丝现象即可粘接，粘接时将软带从一端逐渐铺至另一端，避免内有空气。铺好后用手将导轨软带按实，然后在床身导轨上铺上油光纸，以免导轨软带与床身粘上。最后将溜板配压在床身导轨上。为防止固化时导轨软带变形和出现气泡，在滑板上垂直于导轨软带方向适当加压，待 36 小时即可固化完成。
(j) 修整加工。粘接完后，应修切多余的飞边，使导轨软带尺寸比溜板导轨基体在各边都窄 1～2mm，并成 45°或 60°倒角，以防机加工或使用中剥离。对于普通级的机床如普通车床铣床，粘接时不考虑留出余量，按计算尺寸粘好后即可使用。对于精密机床可留 0.1～0.2mm 余量，然后进行机械加工或刮研。最后在导轨软带上加工出油眼和油槽，这样使工件中润滑慧能更佳。对于车床尾座底板导轨的修理同样采取粘接导轨软带，与溜板导轨粘接方法相同。

e. 机床导轨抗磨软带的尺寸规格。
标准宽度：120mm，150mm，200mm，300mm。
标准厚度：0.4mm，0.8mm，1.1mm，1.2mm，1.4mm，1.6mm，1.7mm，2.0mm，2.5mm，3.2mm，4.0mm。
定制厚度：0.2～6.0mm。
定制宽度：4.0～300mm。

② 注塑导轨。
注塑导轨也可以称为涂塑导轨，以环氧树脂和二硫化钼为基体，加入增塑剂，混合成液状或膏状为一组分，固化剂为另一组分的双组分塑料涂层。由于这类涂层导轨采用涂刮或注入膏状塑料的方法，国内习惯上称为涂塑导轨或注塑导轨。如图 3-37 所示。
注塑导轨的特点。
a. 摩擦系数低而稳定：比铸铁导轨副低一个数量级，能有效防止爬行。
b. 动静摩擦系数相近：运动平稳性和爬行性能较铸铁导轨副好。
c. 吸收振动：具有良好的阻尼性，优于接触刚度较低的滚动导轨和易漂浮的静压导轨。
d. 耐磨性好：有自身润滑作用，无润滑油也能工作，灰尘磨粒的嵌入性好。

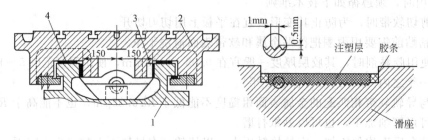

图 3-37 注塑导轨应用形式
1—床身；2—工作台；3—镶条；4—注塑涂层

e. 化学稳定性好：耐磨、耐低温、耐强酸、强碱、强氧化剂及各种有机溶剂。

f. 维护修理方便：软带耐磨，损坏后更换容易。

g. 经济性好：结构简单，成本低，约为滚动导轨成本的 1/20，为三层复合材料 DU 导轨成本的 1/4。

③ 塑料滑动导轨的材料及其工艺。

目前，数控机床所使用的塑料导轨材料为：铸铁对塑料或镶钢对塑料导轨。贴塑导轨塑料常用四氟乙烯导轨软带，注塑导轨常用环氧型耐磨导轨涂层。

a. 注塑导轨软带使用工艺简单，首先将导轨粘接面加工至表面粗糙度 $Ra3.2\mu m$ 左右。用汽油或丙酮清洗粘接面后，用胶黏剂粘合。加压初固化 1~2h 后，合拢到配对的固定导轨或专用夹具上，施加一定的压力，并在室温固化 24h 后，取下清除余胶，即可开油槽和精加工。

b. 注塑导轨环氧型耐磨涂层。环氧型耐磨涂层是以环氧树脂和二硫化钼为基体，加入增塑剂，混合成液状或膏状为一组分和固化剂为另一组分的双组分塑料涂层。德国生产的 SKC3 和我国生产的 HNT 型环氧型耐磨涂层都具有以下特点。

(a) 良好的加工性：可经车、铣、刨、磨、钻削和刮削。

(b) 良好的摩擦性。

(c) 耐磨性好。

(d) 使用工艺简单。

(2) 滚动导轨

① 滚动导轨的特点。滚动导轨作为滑动摩擦副的一类，其摩擦系数小（$\mu=0.002$~0.005），动、静摩擦系数很接近，且不受运动速度变化的影响，因而运动轻便灵活，所需驱动功率小；摩擦发热少、磨损小、精度保持性好；低速运动时，不易出现爬行，定位精度高；滚动导轨可以预紧，显著提高了刚度。适用于要求移动部件运动平稳、灵敏，以及实现精密定位的场合，在精密机床、数控机床、测量机和测量仪器上得到了广泛的应用。

滚动导轨的不足是结构较复杂、制造较困难、成本较高。此外，滚动导轨对脏物较敏感，必须要有良好的防护装置。

② 滚动导轨的结构形式。滚动导轨可分为开式和闭式两种。开式用于加工过程中载荷变化较小，颠覆力矩较小的场合。当颠覆力矩较大，载荷变化较大时则用闭式，此时采用预加载荷，能消除其间隙，减小工作时的振动，并大大提高了导轨的接触刚度。

滚动导轨的滚动体，可采用滚珠、滚柱、滚针。滚珠导轨的承载能力小、刚度低，适用于运动部件质量不大、切削力和颠覆力矩都较小的机床；滚柱导轨的承载能力和刚度都比滚珠导轨大，适用于载荷较大的机床；滚针导轨的特点是滚针尺寸小、结构紧凑，适用于导轨尺寸受到限制的机床。图 3-38 所示为滚动导轨的组成及各部名称。

近代数控机床普遍采用一种做成独立标准部件的滚动导轨支承块,其特点是刚度高,承载能力大,便于拆装,可直接装在任意行程长度的运动部件上。当运动部件移动时,滚柱在支承部件的导轨面与本体之间滚动,同时又绕本体循环滚动,滚柱与运动部件的导轨面并不接触,因而该导轨面不需淬硬磨光。如图 3-39 所示为滚动导轨块结构。

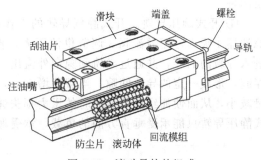

图 3-38 滚动导轨的组成

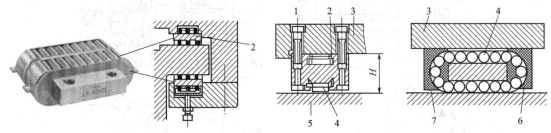

图 3-39 滚动导轨块结构简图
1—固定螺钉;2—导轨块;3—导轨;4—滚动体;5—支承导轨;6,7—返回槽挡板

③ 直线滚动导轨。直线滚动导轨副的结构和特点。滚动导轨有多种形式,目前数控机床常用的滚动导轨为直线滚动导轨,这种导轨的外形和结构如图 3-40 所示。

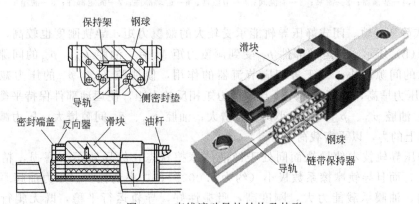

图 3-40 直线滚动导轨结构及外形

直线滚动导轨主要由导轨体、滑块、滚柱或滚珠、保持器、端盖等组成。当滑块与导轨体相对移动时,滚动体在导轨体和滑块之间的圆弧直槽内滚动,并通过端盖内的滚道,从工作负荷区到非工作负荷区,然后再滚动回工作负荷区不断循环,从而把导轨体和滑块之间的移动变成滚动体的滚动。为防止灰尘和脏物进入导轨滚道,滑块两端及下部均装有塑料密封垫,滑块上还有润滑油杯。最近新出现的一种在滑块两端装有自动润滑的滚动导轨,使用时无需再配润滑装置。

(3) 静压导轨

静压导轨是在两个相对运动的导轨面间通以压力油,将运动件浮起,使导轨面与工作台之间处于纯液体摩擦状态。由于承载的要求不同,静压导轨分为开式静压导轨和闭式静压导轨两种。

① 开式静压导轨。开式静压导轨的工作原理如图3-41(a)所示。油泵2启动后,油经滤油器1吸入,用溢流阀3调节供油压力,再经滤油器4,通过节流器5降压(油腔压力)进入导轨的油腔,并通过导轨间隙向外流出,回到油箱8。油腔压力形成浮力将运动部件6浮起,形成一定的导轨间隙,当载荷增大时,运动部件下沉,导轨间隙减小,液阻增加,流量减小,从而使油经过节流器时的压力损失减小,油腔压力增大,直至与载荷W平衡。开式静压导轨只能承受垂直方向的负载,承受颠覆力矩的能力差。

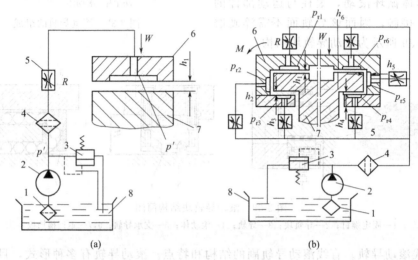

图3-41 静压导轨的工作原理图
1,4—滤油器;2—油泵;3—溢流阀;5—节流器;6—运动部件;7—固定部件;8—油箱

② 闭式静压导轨。闭式静压导轨能承受较大的颠覆力矩,导轨刚度也较高,其工作原理如图3-41(b)所示。当运动部件p_{r6}受到颠覆力矩M后,油腔p_{r3}、p_{r4}的间隙增大,油腔p_{r1}、p_{r6}的间隙减小。由于各相应节流器的作用,使油腔p_{r3}、p_{r4}的压力减小,油腔p_{r1}、p_{r6}的压力增高,从而产生一个与颠覆力矩相反的力矩,使运动部件保持平衡。在承受载荷W时,油腔p_{r1}、p_{r4}间隙减小,压力增大;油腔p_{r3}、p_{r6}间隙增大,压力减小,从而产生一个向上的力,以平衡载荷W。

由于静压导轨技术使导轨面间处于纯液体摩擦状态,故导轨不会磨损,精度保持性好,寿命长,而且导轨摩擦系数极小(约为0.0005),功率消耗少。压力油膜厚度几乎不受速度影响,油膜承载能力大,刚度高,吸振性好,导轨运行平稳,既无爬行,也不会产生振动。但静压导轨结构复杂,并需要有一个具有良好过滤效果的液压装置,制造成本较高。

3.5.3 导轨间隙的调整、润滑与防护

导轨面之间的间隙应当调整。如果间隙过小,则摩擦阻力大,导轨磨损加剧。间隙过大,则运动失去准确性和平稳性,失去导向精度。因此,必须保证导轨具有合理的间隙。

(1) 间隙调整方法

① 采用压板来调整间隙并承受颠覆力矩。压板用螺钉固定在动导轨上,如图3-42所示为矩形导轨上常用的几种压板装置。常用钳工配合刮研及选用调整垫片[如图3-42(a)]、镶条式[如图3-42(b)]和垫片式[如图3-42(c)]等机构,使导轨面与支承面之间的间隙均

匀，达到规定的接触点数。普通机床压板面每 25mm×25mm 面积内为 6～12 个点。

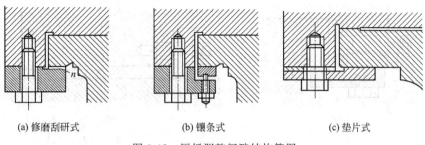

(a) 修磨刮研式　　　　(b) 镶条式　　　　(c) 垫片式

图 3-42　压板调整间隙结构简图

② 采用镶条来调整矩形和燕尾形导轨的间隙。从提高刚度考虑，镶条应放在不受力或受力小的一侧。对于精密机床，因导轨受力小，要求加工精度高，所以镶条应放在受力的一侧，或两边都放镶条；对于普通机床，镶条应放在不受力一侧。一种导轨镶条是全长厚度相等，横截面为平行四边形或矩形的平镶条［如图 3-43(a)］，以其横向位移来调整间隙；另一种是全长厚度变化的斜镶条［如图 3-43(b)］，以其纵向位移来调整间隙。

平镶条须放在适当的位置，用侧面的螺钉调节，用螺母锁紧。因各螺钉单独拧紧，故收紧力不均匀，在螺钉的着力点有挠曲。

斜镶条在余长上支承，工作情况较好。支承面积与位置调整无关。通过用 1∶40 或 1∶100 的斜镶条做细调节，但所施加的力由于楔形增压作用可能会产生过大的横

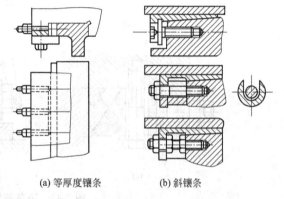

(a) 等厚度镶条　　(b) 斜镶条

图 3-43　镶条压板调整间隙简图

向压力，因此调整时应细心。图 3-43(b) 为三种用于斜镶条的调节螺钉。

③ 采用压板镶条来调整间隙。T 形压板（图 3-44）用螺钉固定在运动部件上，运动部件内侧和 T 形压板之间放置斜镶条，镶条不是在纵向有斜度而是在高度方面做成倾斜。调整时，借助压板上几个推拉螺钉，使镶条上下移动，从而调整间隙，这种方法已标准化。

(2) 导轨的润滑

导轨润滑的目的是减少摩擦阻力和摩擦磨损，以避免低速爬行和降低高温时的温升，且可防止导轨面锈蚀。因此导轨的润滑很重要。导轨的油润滑一般采用自动润滑，在操作使用中要注意检查自动润滑系统中的分流阀，如果它发生故障则会造成导轨不能自动润滑。此外，必须做到每天检查导轨润滑油箱油量，如果油量不够，则应及时添加润滑油；同时要注意检查润滑油泵是否能够定时启动和停止，并且要注意检查定时启动时是否能够提供润滑油。

导轨常用的润滑剂有润滑油和润滑脂，前者用于滑动导轨，而滚动导轨两种都能用。

① 润滑的方式。导轨最简单的润滑方式是人工定期加油或用油杯供油。这种方法简单，成本低，但不可靠，一般用于调节的辅助导轨及运动速度低、工作不频繁的滚动导轨。

运动速度较高的导轨大都采用液压泵，以压力油强制润滑。这不但可连续或间歇供油给导轨面进行润滑，且可利用油的流动冲洗和冷却导轨表面。为实现强制润滑，必须备有专门

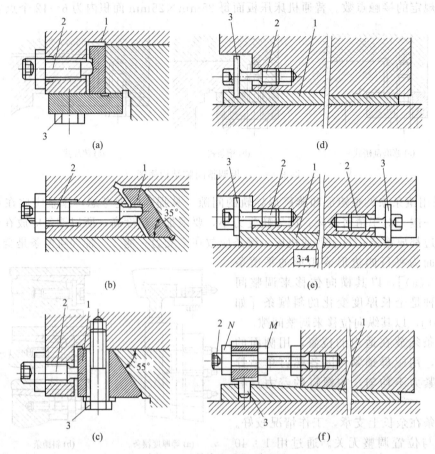

图 3-44 镶条调整间隙方法
1—镶条；2—调节螺钉；3—调整拨杆

的供油系统。

② 油槽形式。为了把润滑油均匀地分布到导轨的全部工作表面，须在导轨面上开出油槽，油经运动部件上的油孔进入油槽，油槽的形式见图 3-45。

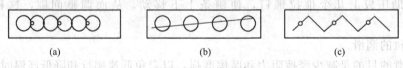

图 3-45 油槽形式

③ 对润滑油的要求。在工作温度变化时，润滑油黏度要小，有良好的润滑性能和足够的油膜刚度，油中杂质尽量少且不浸蚀机件。

常用的全损耗系统用油有 L-AN10、15、32、42、68，精密机床导轨油 L-HC68，汽轮机 L-TSA32、46 等。

(3) 数控机床导轨的防护装置

为了防止切屑、磨粒或冷却液散落在导轨面上而引起磨损加快、擦伤和锈蚀，导轨面上有可靠的防护装置。如图 3-46 所示，常用的有刮板式、卷帘式和叠成式防护罩，大多用于长导轨上，如龙门刨床、导轨磨床，还有手风琴式的伸缩式防护罩等。这些装置结构简单，且由专门厂家制造。

刮板式符合装置
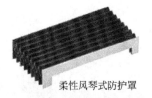
柔性风琴式防护罩

卷帘式防护罩

钢板式防护罩

柔性丝杠防护装置

铝制防护装置

图 3-46 数控机床导轨的防护装置

思考与练习题

1. 数控机床对进给传动系统的要求是什么？
2. 简述滚珠丝杠螺母副的工作原理及其特点。
3. 简述滚珠丝杠螺母副的循环方式。常用的结构形式是什么？
4. 滚珠丝杠螺母副的间隙消除方法有哪些？
5. 滚珠丝杠螺母副在数控机床上的支承方式有哪些？各有何优缺点？
6. 滚珠丝杠螺母副的标注形式如何？
7. 齿轮传动类型有哪些？
8. 齿轮传动消除间隙的方法有哪些？各有何优缺点？
9. 试述直线电动机的优缺点。
10. 数控机床对导轨的基本要求是什么？
11. 数控机床导轨主要有哪几种类型？安装调整各有什么要求？
12. 简述滑动导轨、静压导轨及滚动导轨的分类、特点及适用场合。
13. 导轨的间隙调整方法有哪些？润滑方式有哪些？

第4章 自动换刀装置

数控机床为了实现工件一次装夹中能完成多种甚至所有机加工工序，提高加工效率和加工精度的目的，工程师们认为如果机床上装备有刀库和自动换刀装置可有效地缩短辅助时间和减少多次安装工件所引起的误差，就可实现这一目的，因此出现了各种类型的装备有刀库和自动换刀装置数控机床，即加工中心机床，如车削中心、镗铣加工中心、钻削中心等等。这类多工序加工的数控机床在加工过程中要使用多种刀具。因此必须带有刀库和自动换刀装置，以便选用不同的刀具，完成不同工序的加工工艺。

4.1 自动换刀装置

4.1.1 自动换刀装置的基本要求

为完成对工件的多工序加工而设置的实现刀具与机床主轴之间刀具传递和刀具装卸的装置称为自动换刀装置（Auto-matic Tool Changer，ATC）。自动换刀装置应当满足的基本要求为：

① 刀具换刀时间短且换刀可靠；
② 刀具重复定位精度高；
③ 刀库有足够的刀具储存量；
④ 刀库占地面积小；
⑤ 性能稳定安全可靠。

4.1.2 刀具的选择方式

按数控装置的刀具选择指令，从刀库中将所需要的刀具转换到取刀位置，称为自动选刀。在刀库中，选择刀具通常采用顺序选择、任意选择两种方法。

(1) 顺序选择刀具

在加工之前，将加工零件所需刀具按照工艺要求依次插入刀库的刀套中，顺序不能有差错，加工时按顺序调刀称为顺序选刀。早期的加工中心是采用顺序选择刀具方法，现代数控机床一般已不再选用。顺序选择刀具的方法在加工不同的工件时必须重新调整刀库中的刀具顺序，因而操作十分繁琐，而且加工同一工件中各工序的刀具不能重复使用。这样就会增加刀具的数量，而且由于刀具的尺寸误差也容易造成加工精度的不稳定。其优点是刀库的驱动和控制比较简单。因此这种方式适合加工批量较大、工件品种数量较少的中小型自动换刀数控床。

(2) 任意选择刀具

这种方法根据程序指令的要求任意选择所需要的刀具,其特点是:刀具在刀库中不必按照工件的加序排列,可以任意存放。每把刀具(或刀座)都编上代码,自动换刀时,刀库旋转,刀具(或刀座)都经过"刀具识别装置"接受识别。当某把刀具的代码与数控指令的码相符合时,该把刀具被选中,刀库将刀具送到换刀位置,等待机械手来抓取。任意选择刀具法的优点是刀库中刀具的排列顺序与工件加工顺序无关,相同的刀具甚至可重复使用。因刀具数量比顺序选刀的刀具可以少一些,刀库也相应小一些。目前大多数的数控系统都采用任选功能,任选刀具有三种换刀方式:刀具编码方式、刀座编码方式、编码附件方式。

① 刀具编码方式。刀具编码或刀套编码需要在刀具或刀套上安装用于识别的编码条,一般都是根据二进制编码的原理进行编码的,刀具编码选刀方式采用了一种特殊的刀柄结构,并对每把刀具编码(每把刀具都具有自己的代码),因而刀具可以在不同的工序中多次重复使用,换下的刀具放回原刀座,有利于选刀和装刀,刀库的容量也相应减小,而且可避免由于刀具顺序的错误所发生的事故。但其缺点是每把刀具上都带有专用的编码系统,使刀具长度加长,刚度降低,制造困难,刀库和机

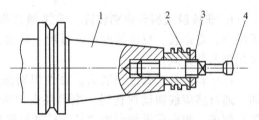

图 4-1 刀具编码的具体结构
1—刀柄;2—编码环;3—锁紧螺母;4—拉杆

械手的结构复杂。刀具编码的具体结构如图 4-1 所示。在刀柄 1 尾端的拉杆 4 上套装着等间隔的编码环 2,由锁紧螺母 3 固定。编码环既可以是整体的,也可由圆环组装而成。编码环直径有大小两种,大直径的为二进制的"1",小直径的为"0"。通过这两种圆环的不同排列可以得到一系列代码。例如由六个大小直径的圆可组成能区别 63 ($2^6-1=63$) 种刀具。通常全为 0 的代码不许使用,以避免与刀座中没有刀具的状况相混淆。为了便于操作者记忆和识别,也可采用二-八进制编码来表示。THK6370 自动换刀数控镗铣床的刀具编码采用了二-八进制,六个编码环相当于八进制的二位。

② 刀座编码方式。这种编码方式对每个刀座都进行编码,刀具也编号,并将刀具放到与其号码相符的刀座中,换刀时刀库旋转,使各个刀座依次经过识刀器,直至找到规定的刀座,刀库便停止旋转。由于这种编码方式取消了刀柄中的编码环,使刀柄结构大为简化。因此,识刀器的结构不受刀柄尺寸的限制,而且可以放在较适当的位置。另外,在自动换刀过程中必须将用过的刀具放回原来的刀座中,增加了换刀动作。与顺序选择刀具的方式相比,刀座编码的突出优点是刀具在加工过程中可重复使用。

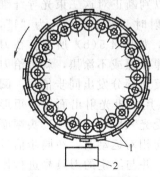

图 4-2 刀座编码装置
1—刀座;2—刀座识别装置

如图 4-2 所示为圆盘形刀库的刀座编码装置。在圆盘的圆周上均匀分布若干个刀座,其外侧边缘上装有相应的刀座识别装置 2。刀座编码的识别原理与上述刀具编码的识别原理完全相同。通常编码识别装置分为接触式与非接触式两种。

a. 接触式编码识别装置。如图 4-3 所示,当各继电器读出的数码与所需刀具的编码一致时,由控制装置发出信号,使刀库停转,等待换刀。接触式编码识别装置的结构简单,但可靠性较差,寿命较短,而且不能快速选刀,应用较少。

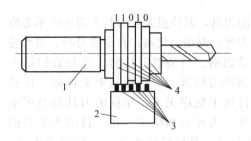
图 4-3 接触式编码识别装置
1—刀柄；2—识别装置；3—触针；4—编码环

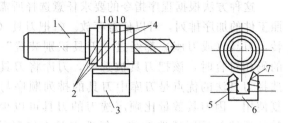
图 4-4 非接触式磁性识别
1—刀柄；2—导磁材料编码环；3—识别装置；4—非导磁材料编码环；5——次线圈；6—检测线圈；7—二次线圈

b. 非接触式编码识别装置。非接触式编码识别装置没有机械直接接触，因而无磨损、无噪声、寿命长、反应速度快，适用于高速、换刀频繁的工作场合。它又分为磁性和光电纤维识别两种方式。

（a）非接触式磁性识别法。磁性识别法是利用磁性材料和非磁性材料磁感应的强弱不同，通过感应线圈读取代码。编码环由导磁材料（如软钢）和非导磁材料（如黄铜、塑料等）制成，规定前者编码为"1"，后者编码为"0"。如图 4-4 所示为一种用于刀具编码的磁性识别装置。图中刀柄 1 上装有非导磁材料编码环 4 和导磁材料编码环 2，与编码环相对应的有一组检测线圈 6 组成非接触式识别装置 3。在检测线圈 6 的一次线圈 5 中输入交流电压时，如编码环为导磁材料，则磁感应较强，在二次线圈 7 中产生较大的感应电压。如编码环为非导磁材料，则磁感应较弱，在二次线圈中感应的电压较弱。利用感应电压的强弱，就能识别刀具的号码。当编码环的号码与指令刀号相符时，控制电路发出信号，使刀库停止运转，等待换刀。

（b）光电纤维识别装置。光电纤维识别装置利用光导纤维良好的光传导特性，采用多束光导纤维构成阅读头。用靠近的二束光导纤维来阅读二进制码的一位时，其中一束将光源投射到能反光或不能反光（被涂黑）的金属表面，另一束光导纤维将反射光送至光电转换元件转换成电信号，以判断正对这二束光导纤维的金属表面有无反射光，有反射时（表面光亮）为"1"，无反射时（表面涂黑）为"0"，如图 4-5（b）所示。在刀具的某个磨光部位按二进制规律涂黑或不涂黑，就可给刀具编上号码。正当中的一小块反光部分发出同步信号。阅读头端面如图 4-5（a）所示，共用的投光射出面为一矩形框，中间嵌进一排共 9 个圆形受光入射面。当阅读头端面正对刀具编码部位，沿箭头方向相对运动时，在同步信号的作用下，可将刀具编码读入，并与给定的刀具号进行比较而选刀。

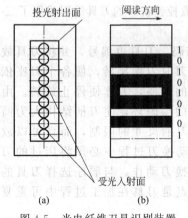
图 4-5 光电纤维刀具识别装置

在光导纤维中传播的光信号比在导体中传播的电信号具有更高的抗干扰能力。光导纤维可任意弯曲，这给机械设计、光源及光电转换元件的安装都带来很大的方便。因此，这种识别法很有发展前途。

近年来，"图像识别"技术也开始用于刀具识别，刀具不必编码，而在刀具识别位置上光学系统将刀具的形状投影到由许多光电元件组成的屏板上，从而将刀具的形状转变为信号,经信息处理后存入记忆装置中。选刀时,数控指令 T 所指的刀具在刀具识别位置出现图形时,并与记忆装置中的图形进行比较,选中时发出选刀符合信号,刀具便停在换刀位置上。这种识别方法虽然有很多优点,但由于该系统价格昂贵,而限制了它的使用。

③ 编码附件方式。编码附件方式可分为编码钥匙、编码卡片、编码杆和编码盘等,其中应用最多的是编码钥匙。这种方式是先给各刀具都缚上一把表示该刀具号的编码钥匙,当把各刀具存放到刀库座中时,将编码钥匙插进刀座旁边的钥匙孔中,这样就把钥匙的号码转记到刀座中,给编上了号码。识别装置可以通过识别钥匙上的号码来选取该钥匙旁边刀座中的刀具。另外,由于计算机技术的发展,可以利用软件选刀,它代替了传统的编码环和识刀器。选刀与换刀的方式中,刀库中的刀具能与主轴上的刀具任意地直接交换,即随机换刀。

编码钥匙的形状如图 4-6 所示,图中钥匙的两边最多可带有 22 个方齿,图中除导向用的两个方齿外,共有 20 个凸出或凹下的位置,可区别 99999 把刀具。图 4-7 为编码钥匙孔的剖面图,图中钥匙沿着水平方向的钥匙缝插入钥匙孔座,然后顺时针方向旋转 90°,处于钥匙代码突起的第一弹簧接触片被撑起,表示代码 "1";处于代码凹处的第二弹簧接触片保持原状,表示代码 "0"。由于钥匙上每个凸凹部分的旁边各有相应的炭刷,故可将钥匙各个凸凹部分识别出来,即识别出相应的刀具。

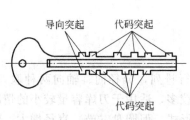

图 4-6 编码钥匙的形状

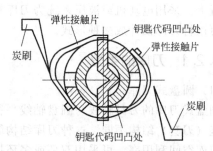

图 4-7 编码钥匙孔的剖面图

这种编码方式称为临时性编码,因为从刀座中取出刀具时,刀座中的编码钥匙也取出,刀座中原来的编码便随之消失。因此,这种方式具有更大的灵活性。采用这种编码方式用过的刀具必须放回原来的刀座中。

随机换刀控制方式需要在 PLC 内部设置一个模拟刀库的数据表(如表 4-1),表内设置的数据表地址与刀库的刀套位置号和刀具号相对应,这样,刀具号和刀库中的刀套位置(地址)对应地记忆在数控系统的 PLC 中。

表 4-1 刀库的数据表

数据表地址	数据序号(刀套号)(BCD 码)	刀具号(BCD 码)
172	0(0000 0000)	12(0001 0010)
173	1(0000 0001)	11(0001 0001)
174	2(0000 0010)	16(0001 0110)
175	3(0000 0011)	17(0001 0111)
176	4(0000 0100)	15(0001 0101)
177	5(0000 0101)	18(0001 1000)
178	6(0000 0110)—检索结果输出地址 0151	14(00010100)—检索数据地址 O117
179	7(0000 0111)	13(0001 0011)
180	8(0000 1000)	19(0001 1001)

刀库上装有位置检测装置（一般与电动机装在一起），可以检测出每个刀套的位置后，随着加工换刀，换上主轴的新刀号以及还回刀库中的旧刀具号，均在 PLC 内部有相应的刀套号存储单元记忆，无论刀具放在哪个刀套内都始终记忆着它的刀套号变化踪迹。这样就可以实现了刀具任意取出并送回。

例如：当 PLC 接到寻找新刀具的指令（T××）后，在模拟刀库的刀号数据表中进行数据检索，检索到 T 代码给定的刀具号，将该刀具号所在数据表中的表序号存放在一个地址单元中，这个表序号就是新刀具在刀库的目标位置。刀库旋转后，测得刀库的实际位置与刀库目标位置一致时，即识别了所要寻找的新刀具，刀库停转并定位，等待换刀。在执行 M06 指令时，机床主轴准停，机械手执行换刀动作，将主轴上用过的旧刀和刀库上选好的新刀进行交换，与此同时，修改现在位置地址中的表示刀套号的数据，确定当前换刀的刀套号。

4.2 刀库

刀库是自动换刀装置的主要部件，其容量、布局以及具体结构对数控机床的设计有很大的影响。刀库中的刀具的定位机构是用来保证要更换的每一把刀具或刀套都能准确地停在换刀位置上。采用电动机或液压系统为刀库转动提供动力。根据刀库所需要的容量和取刀的方式，可以将刀库设计成多种形式。

4.2.1 刀库的类型

(1) 圆盘式刀库

圆盘式刀库的刀具轴线与圆盘轴线平行，刀具环行排列，分径向、轴向两种取刀方式，其刀座（刀套）结构不同。这种刀库结构简单，应用较多，适用于刀库容量较小的情况。为增加刀库空间利用率，可采用双环或多环排列刀具的形式。但圆盘（鼓）直径增大，转动惯量就增加，选刀时间也较长。如图 4-8 所示为圆盘（鼓）式刀库。

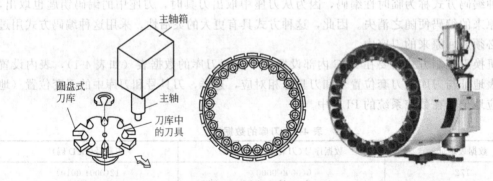

图 4-8　圆盘（鼓）式刀库

(2) 链式刀库

如图 4-9 所示为链式刀库，通常刀具容量比盘式的要大，结构也比较灵活和紧凑，常为轴向换刀。链式刀库是较常用的形式。这种刀库刀座固定在环形链节上。常用的有单排链式刀库，如图 4-9(a) 所示。这种刀库使用加长链条，让链条折叠回绕可提高空间利用率，进一步增加存刀量。链环可根据机床的布局配置成各种形状，也可将换刀位置刀座突出以利于换刀，另外还可以采用加长链带方式加大刀库的容量，也可采用链带折叠回绕的方式提高空间利用率，在要求刀具容量很大时还可以采用多条链带结构。一般当刀具数量在 30～120 把时，多采用链式刀库。

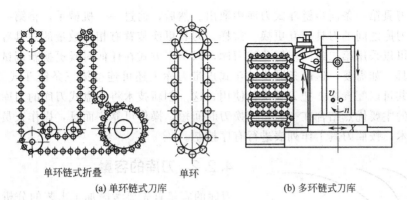

(a) 单环链式刀库 (b) 多环链式刀库

图 4-9　链式刀库

（3）格子箱式刀库

① 固定型格子箱式刀库。如图 4-10(a) 为固定型格子箱式刀库。(a) 左图所示的为单面式，由于布局不灵活，通常刀库安置在工作台上，应用较少。(a) 右图所示的为多面式，为减少换刀时间，换刀机械手通常利用前一把刀具加工工件的时间，预先取出要更换的刀具（所配数控系统应具备该项功能）。该刀库占地面积小，结构紧凑，在相同的空间内可以容纳的刀具数目较多。但由于它的选刀和取刀动作复杂，现已较少用于单机加工中心，多用于FMS（柔性制造系统）的集中供刀系统。

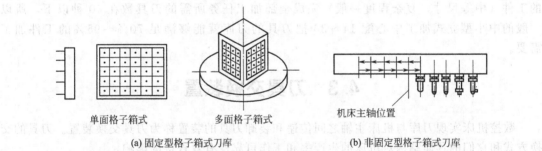

(a) 固定型格子箱式刀库　　　　　　　　　(b) 非固定型格子箱式刀库

图 4-10　格子箱式刀库

固定型格子箱式刀库刀具分几排直线排列，由纵横向移动的取刀机械手完成选刀运动，将选取的刀具送到固刀位置刀座上，由换刀机械手交换刀具。由于刀具排列密集，空间利用率高，刀库容量大。

② 非固定型格子箱式刀库。非固定型格子箱式刀库适于可换主轴箱的加工中心，其刀库由多个刀匣组成，可直线运动，刀匣可以从刀库中垂直提出。如图 4-10(b) 所示为非固定型格子箱式刀库。

（4）新型刀库

国际上近几年出现了一种新型的链斗式刀库，目的是减少调刀时间，使刀具尽快地从刀库传送到自动换刀架上，尤其是那些操作时间较短的小刀具，为减少等待时间而开发。在一个刀库上装备有两条同步链斗式皮带刀库，一个装有 60 把刀具，另一个装有 80 把刀具。这一系列的链斗式刀库，如图 4-11 所示安装于卧式加工中心上，由换刀装

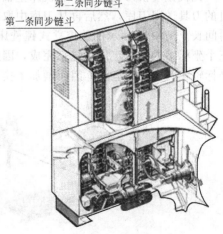

图 4-11　新型链斗式刀库

置将就位的刀具第一条同步链斗式刀库中取出。然后，通过一个机械手，将第一条和第二条同步链斗式刀库之间的刀具相互更换。这样，刀具更换装置有相当数量的刀具等待处理和立即传送。也可以采用第二条同步链斗式刀库，以手工方式在任何时候更换新调试好的刀具或预调好的刀具。如需要，这两条同步链斗式皮带刀库上还可连接第三条链斗式刀库。这样，在机床上一共可以配置240把刀具供其使用，这一创新技术将圆盘式刀库的刀库储存优点与链斗式刀库的主要优点结合在一起，使换刀时间短，操作可靠。而且，操作人员可以通过计算机控制技术，按照刀具工作列表进行有序控制。

4.2.2 刀库的容量

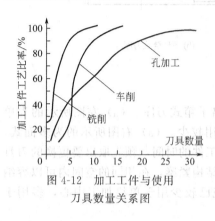

图4-12 加工工件与使用刀具数量关系图

刀库的容量首先要考虑加工工艺的分析的需要。一般情况下，并不是刀库中的刀具越多越好，太大的容量会增加刀库的尺寸和占地面积，使选刀过程时间增长。图4-12是根据立式加工中心机床主要以钻、铣加工为主统计所需刀具数量曲线简图。由曲线图可以看出，用10把孔加工刀具即可完成约70%的钻削工艺，4把铣刀即可完成90%的铣削工艺。因此，14把刀的容量就可完成70%以上的工件钻削工艺。如果从完成工件的全部加工所需的刀具数目统计，所得结果是80%的工件（中等尺寸，复杂程度一般）完成全部加工任务所需的刀具数在40种以下，所以一般的中小型立式加工中心配14～30把刀具的刀库就能够满足70%～95%的工件加工需要。

4.3 刀具交换装置

数控机床实现刀库与机床主轴之间传递和装卸刀具的装置称为刀具交换装置。刀具的交换方式和它们的具体结构对机床的生产率和工作可靠性有着直接的影响。

刀具的交换方式很多，一般可分为以下两大类：一是无机械手换刀；二是机械手换刀。

4.3.1 无机械手换刀

无机械手换刀是由刀库和机床主轴的相对运动实现的刀具交换。换刀时，必须首先将用过的刀具送回刀库，然后再从刀库中取出新刀具，这两个动作不可能同时进行，因此，换刀时间长。图4-13所示的数控立式镗铣床就是采用这种换刀方式的实例。它的选刀和换刀由三个坐标轴的数控定位系统来完成，因此每交换一次刀具，工作台和主轴箱就必须沿着三个坐标轴作两次来回运动，因而增加了换刀时间。另外，由于刀库置于工作台上，减少了工作

图4-13 无机械手换刀方式

台的有效使用面积。无机械手换刀工作过程（刀库移动-主轴移动升降式换刀过程）：

① 分度：将刀盘上接收刀具的空刀座转到换刀所需的预定位置（这一动作主要是靠液压缸来作为执行元件，正确定位是传感器等电气元件完成）。

② 接刀：活塞杆推出，将空刀座送至主轴下方，并卡住刀柄定位槽。

③ 卸刀：主轴松刀，将刀具装到刀库预备空刀座上，铣头上移至参考点（这个是靠Z轴伺服电机来执行）。

④ 再分度：再次分度回转，将预选刀具转到主轴正下方。

⑤ 装刀：铣头下移，主轴抓刀，活塞杆缩回，刀盘复位（刀盘退回待机位置）。

4.3.2 机械手换刀方式与种类

采用机械手进行刀具交换的方式应用得最为广泛，这是因为机械手换刀有很大的灵活性，而且可以减少换刀时间。在自动换刀数控机床中，机械手的形式也是多种多样的，常见的有如图4-14所示的几种形式。

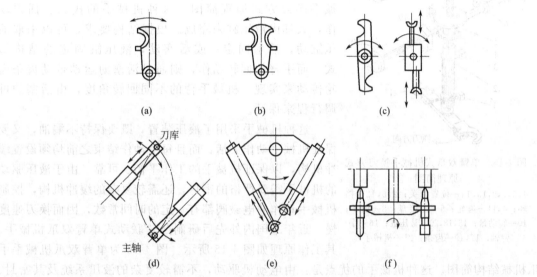

图 4-14　机械手换刀方式简图

(1) 单臂单爪回转式机械手 ［图 4-14(a)］

这种机械手的手臂可以回转不同的角度进行自动换刀，手臂上只有一个夹爪，不论在库上或在主轴上，均靠这一个夹爪来装刀及卸刀，因此换刀时间较长。

(2) 单臂双爪摆动式机械手 ［图 4-14(b)］

这种机械手的手臂上有两个夹爪，两上夹爪有所分工，一个夹爪只执行从主轴上取"旧刀"送回刀库的任务，另一个夹爪则执行由刀库取出"新刀"送到主轴的任务。其换刀时间较上述单爪回转式机械手要少。

(3) 单臂双爪回转式机械手 ［图 4-14(c)］

图 4-14(c) 左图，这种机械手的手臂两端各有一个夹爪，两个夹爪可同时抓取刀库及主轴上的刀具，回转180°后，又同时将刀具放回刀库及装入主轴。换刀时间较以上两种单臂机械手均短，是最常用的一种形式。图 4-14(c) 右图为另一种单臂双爪伸缩式机械手，机械手在抓取刀具或将刀具送入刀库及主轴时，两臂可伸缩。

(4) 双机械手换刀方式 ［图 4-14(d)］

这种机械手相当于两个单爪机械手，相互配合起来进行自动换刀。其中一个机械手从主轴上取下"旧刀"送回刀库；另一个机械手由刀库里取出"新刀"装入机床主轴。

(5) 双臂往复交叉式机械手 [图 4-14(e)]

这种机械手的两手臂可以往复运动，并交叉成一定的角度。一个手臂从主轴上取下"旧刀"送回刀库，另一个手臂由刀库取出"新刀"装入主轴。整个机械手可沿某导轨直线移动或绕某个转轴回转，以实现刀库与主轴间的运刀运动。

(6) 双臂端面夹紧机械手 [图 4-14(f)]

这种机械手只是在夹紧部位上与前几种不同。前几种机械手均靠夹紧刀柄的外圆表面以抓取刀具，这种机械手则夹紧刀柄的两个端面。

4.3.3 常用换刀机械手

(1) 单臂双爪式机械手换刀方式

单臂双爪式机械手，也叫扁担式机械手，它是目前加工中心上用得较多的一种。如图 4-15 为单臂双爪式机械手换刀方式原理简图。这种机械手的拔刀、插刀动作，大都由液压缸来完成。根据结构要求，可以采取液压缸动，活塞固定；或活塞动，液压缸固定的结构形式。而手臂的回转动作，则通过活塞的运动带动齿条齿轮传动来实现。机械手臂的不同回转角度，由活塞的可调行程来保证。

这种机械手采用了液压装置，既要保持不漏油，又要保证机械手动作灵活，而且每个动作结束之前均须设置缓冲机构，以保证机械手的工作平衡、可靠。由于液压驱动的机械手需要严格的密封，还需较复杂的缓冲机构，控制机械手动作的电磁阀都有一定的时间常数，因而换刀速度慢。近年来国内外先后研制凸轮联动式单臂双爪机械手。其工作原理如图 4-15 所示。图 4-16 为单臂双爪机械手手

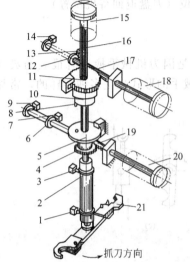

图 4-15 单臂双爪式机械手换刀方式原理简图

1,3,7,9,13,14—位置开关；2,6,12—挡环；4,11—齿轮；5—连接盘；8—销子；10—转盘；15,18,20—液压缸；16—手臂轴；17,19—齿条；21—机械手

爪机械结构简图。这种机械手的优点是：由电动机驱动，不需较复杂的液压系统及其密封、缓冲机构，没有漏油现象，结构简单，工作可靠。同时，机械手手臂的回转和插刀、拔刀的分解动作是联动的，部分时间可重叠，从而大大缩短了换刀时间。

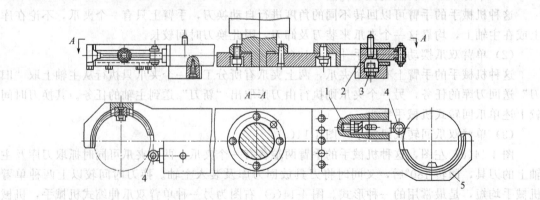

图 4-16 机械手臂、手爪结构

1,3—弹簧；2—锁紧销；4—活动销；5—手爪

单臂双爪式机械手换刀过程：

自动换刀装置的换刀过程由选刀和换刀两部分组成。

当执行到 T×× 指令即选刀指令后，刀库自动将要用的刀具移动到换刀位置，完成选刀过程，为下面换刀做好准备；当执行到 M06 指令时取刀，即开始自动换刀，把主轴上用过的刀具取下，将选好的刀具安装在主轴上。

换刀基本过程如图 4-17 所示。

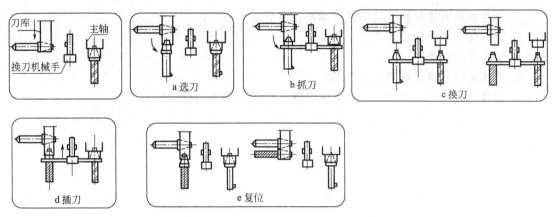

图 4-17　单臂双爪回转式机械手换刀过程图

（2）双臂单爪交叉型机械手

由北京机床研究所开发和生产的 JCS013 卧式加工中心，所用换刀机械手就是双臂单爪机械手，如图 4-18 所示。这种机械手相当于两个单臂单爪机械手，互相配合起来进行自动换刀。其中一个机械手从主轴上取下"旧刀"送回刀库；另一个机械手由刀库取出"新刀"装入机床主轴。

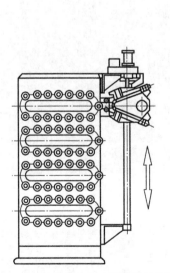

图 4-18　双臂单爪交叉型机械手简图

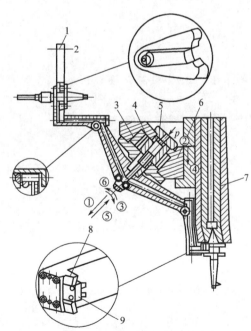

图 4-19　斜 45°的机械手

1—刀库；2—刀库轴线；3—齿条；4—齿轮；5—抓刀活塞；6—机械手托架；
7—主轴；8—抓刀定块；9—抓刀动块；①—抓刀；②—拔刀；③—换位
（旋转180°）；④—插刀；⑤—松刀；⑥—返回原位（旋转90°）

(3) 单臂双爪且手臂回转轴与主轴成 45°的机械手

机械手结构如图 4-19 所示。这种机械手换刀动作可靠，换刀时间短。缺点是刀柄精度要求高，结构复杂，联机调整的相关精度要求高，机械手离加工区较近。

思考与练习题

1. 数控机床对自动换刀装置的基本要求是什么？
2. 简述常见刀具的选择方式。
3. 简述刀库的类型。
4. 简述机械手换刀的形式与种类。
5. 在数控机床中，自动换刀装置应当满足的基本要求是什么？

第 5 章

数控机床的辅助装置

5.1 数控机床回转工作台

回转工作台是数控铣床、数控镗床、加工中心等数控机床不可缺少的重要部件,其作用是按照控制装置的信号或指令作回转分度或连续回转进给运动,以使数控机床完成指定的加工工序。常用的回转工作台有数控回转工作台和分度工作台。

5.1.1 数控回转工作台

数控机床的圆周进给由回转工作台完成,称为数控机床的第四轴。为了扩大数控机床的加工性能,适应某些零件加工的需要,数控机床的进给运动,除 X、Y、Z 三个坐标轴的直线进给运动外,还可以有绕 X、Y、Z 三个坐标轴的圆周进给运动,分别为 A、B、C 轴。数控机床的圆周进给运动,一般由数控回转工作台(简称数控转台)来实现。数控回转工作台进给运动除了可以实现圆周运动之外,还可以完成分度运动。例如加工分度盘的轴向孔,若采用间歇分度转位结构进行分度,由于它的分度数有限,因而带来极大的不便;若采用数控回转工作台进行加工就比较方便。

数控回转工作台为卧式和立式两种,如图 5-1 所示,用于高速工具机床的切削加工。还适用卧式、立式数控切削中心机,数控卧式、立式和落地式镗铣床等分割加工及连续切削。

(a) 卧式数控回转工作台　　　　　　(b) 立式数控回转工作台

图 5-1　数控回转工作台

数控回转工作台主要用于数控镗床和铣床,其外形和通用工作台几乎一样,但它的驱动是伺服系统的驱动方式。它可以与其他伺服进给轴联动。数控回转工作台的主要作用是根据数控装置发出的指令脉冲信号,完成圆周进给运动,进行各种圆弧加工或曲面加工,它也可以进行分度工作。

(1) 开环数控回转工作台

开环数控回转工作台的机械执行部分没有相应的检测传感器和信息反馈装置，其精度由机械制造和安装精度予以保证。其结构相对简单，维修方便。机械机构可以用电液脉冲马达或功率步进电动机来驱动。

如图 5-2 所示为自动换刀数控立式镗铣床数控回转工作台的结构图。步进电动机 3 的输出轴上的齿轮 2 与齿轮 6 啮合，啮合间隙由偏心环 1 来消除。齿轮 6 与蜗杆 4 用花键结合，花键结合间隙应尽量小，以减小对分度精度的影响。蜗杆 4 为双导程蜗杆，可以用轴向移动蜗杆的方法来消除蜗杆 4 和蜗轮 15 的啮合间隙。调整时，只要将调整环（两个半圆环垫片）的厚度尺寸改变，便可使蜗杆沿轴向移动。

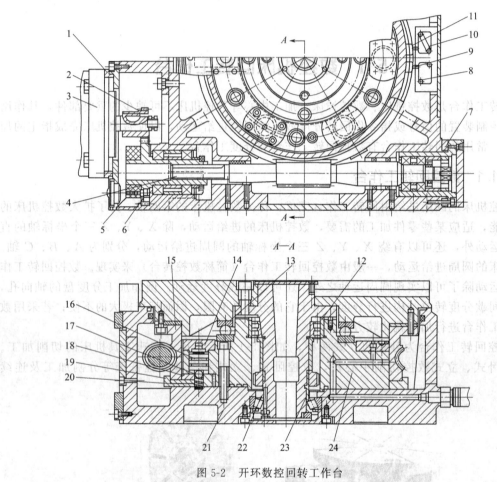

图 5-2 开环数控回转工作台

1—偏心环；2,6—齿轮；3—电动机；4—蜗杆；5—垫圈；7—调整环；8,10—微动开关；9,11—挡块；12,13—轴承；14—液压缸；15—蜗轮；16—柱塞；17—钢球；18,19—夹紧瓦；20—弹簧；21—底座；22—圆锥滚子轴承；23—调整套；24—支座

蜗杆 4 的两端装有滚针轴承，左端为自由端，可以升缩。右端装有两个角接触球轴承，承受蜗杆的轴向力。蜗轮 15 下部的内、外两面装有夹紧瓦 18 和 19，数控回转台的底座 21 上固定的支座 24 内均匀分布着 6 个液压缸 14。液压缸 14 上端进压力油时，柱塞 16 下行，通过钢球 17 推动夹紧瓦 18 和 19 将蜗轮夹紧，从而将数控转台夹紧，实现精确分度定位。

当需要数控转台实现圆周进给运动时，控制系统发出指令，使液压缸 14 上腔的油液流回油箱，在弹簧 20 的作用下把钢球 17 抬起，夹紧瓦 18 和 19 就松开蜗轮 15。柱塞 16 到上位发出信号，功率步进电动机启动并按指令脉冲的要求，驱动数控转台实现圆周进给运动。当转台做圆周分度运动时，先分度回转再夹紧蜗轮，以保证定位的可靠，并提高承受负载的能力。

由于数控转台是根据数控装置发出的指令脉冲信号来控制转位角度，没有其他的定位元件。因此，对开环数控转台的传动精度要求高，传动间隙应尽量小。

数控转台设有零点。当进行"回零"操作时，先快速回转运动至挡块11，压合微动开关10，发出"快速回转"变为"慢速回转"的信号；再由挡块9压合微动开关8，发出"慢速回转"变为"点动步进"的信号；最后由功率步进电动机停在某一固定的通电相位上，从而使转台准确地停靠在零点位置上。

数控转台的圆导轨采用大型推力轴承13，使回转灵活。径向导轨由滚子轴承12及圆锥滚子轴承22保证回转精度和定位精度。调整轴承12的预紧力，可以消除回转轴的径向间隙。调整圆锥滚子轴承22的调整套23的厚度，可以使圆导轨有适当的预紧力，保证导轨有一定的接触刚度。

这种数控转台可做成标准附件，回转轴可以水平安装也可以垂直安装，以适应不同工件的加工要求。

(2) 闭环数控回转工作台

闭环数控回转工作台的结构和开环数控回转工作台大致相同，其区别在于闭环数控回转工作台有转动角度的测量元件（圆光栅或圆感应同步器）。测量结果经反馈与指令值进行比较，按闭环原理进行工作，使转台分度精度更高。

如图5-3所示为闭环数控回转工作台的结构图。它由传动系统、间隙消除装置及蜗轮夹紧装置等组成。

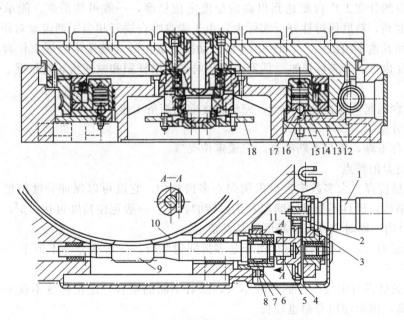

图 5-3 闭环数控回转工作台结构简图

1—电动机；2,4—齿轮；3—调整偏心环；5—圆柱销；6—压块；7—螺母；8—螺钉；9—蜗杆；10—蜗轮；11—调整环；12,13—夹紧块；14—液压缸；15—活塞；16—弹簧；17—钢球；18—光栅

数控回转工作台是由电液步进电动机1驱动，经齿轮2和4带动蜗杆9，通过蜗轮10使工作台回转。为了尽量消除反向间隙和传动间隙，通过调整偏心环3来消除齿轮2和4啮合

侧隙。齿轮 4 与蜗杆 9 是靠楔形拉紧圆柱销来连接。这种连接方式能消除轴与套的配合间隙。蜗杆 9 采用螺距渐厚蜗杆，通过移动蜗杆的轴向位置来调节间隙。这种蜗杆的左右两侧具有不同的螺距，因此蜗杆齿厚从头到尾逐渐增厚。但由于同一侧的螺距是相同的，所以仍能保持正确的啮合。调整时松开螺母 7 的锁紧螺钉 8 使压块 6 与调整套松开。然后转动调整环 11 带动蜗杆 9 作轴向移动。调整后锁紧调整环 11 和楔形圆柱销 5。蜗杆的左右两端都有双列滚针轴承支承，左端为自由端，可以伸缩，以消除温度变化的影响。右端装有两个推球轴承，能轴向定位。

5.1.2 分度工作台

分度工作台又称"分度台"，与数控回转工作台区别在于它根据加工要求将工件回转至所需的角度，以达到加工不同面的目的。它不能实现圆周进给运动。

分度工作台主要有三种形式：

① 齿盘定位的分度工作台：利用齿盘定位。

② 鼠齿盘式分度工作台：利用上下啮合的齿盘。分度角度取决于齿数的多少。

③ 定位销式分度工作台：分度靠定位销和定位孔，分度角度取决于定位孔的分布。

分度工作台的分度和定位按照控制系统的指令自动进行，每次转位回转一定的角度（90°、60°、45°、30°等），为满足分度精度的要求，所以要使用专门的定位元件。常用的定位元件有插销定位、反靠定位、齿盘定位和钢球定位等几种。分度工作台只能完成分度运动，不能实现圆周进给。分度工作台的分度只限于某些规定的角度。

5.1.2.1 齿盘定位的分度工作台

（1）齿盘定位的分度工作台工作原理

齿盘定位的分度工作台能达到很高的分度定位精度，一般可达最高。能承受很大的外载，定位刚度高，精度保持性好。实际上，由于齿盘啮合脱开相当于两齿盘对研过程，也用于组合机床和其他专用机床。THK6370 型自动换刀数控卧式镗铣床分度工作台的结构，主要由一对分度齿盘、升夹液压缸、活塞、液压马达、蜗杆副和减速齿轮副组成。分度转位动作包括：

① 工作台抬起，齿盘脱离啮合，完成分度前的准备工作。

② 回转分度。

③ 工作台下降，齿盘重新啮合，完成定位夹紧。

（2）多齿盘的特点

① 定位精度高。大多数多齿盘采用向心多齿结构，它既可以保证分度精度，同时又可以保证定心精度，而且不受轴承间隙及正反转的影响，一般定位精度可达±3″，而高精度的可在±0.3″以内。同时重复定位精度既高又稳定。

② 承载能力强，定位刚度好。由于是多齿同时啮合，一般啮合率不低于 90%，每齿啮合长度不少于 60%。

③ 齿面的磨损对定位精度的影响不大，随着不断的磨合，定位精度不仅不会下降，而且有可能提高，因而使用寿命也较长。

④ 适用于多工位分度。由于齿数的所有因数都可以作为分度工位数，因此一种多齿盘可以用于分度数目不同的场合。

多齿盘分度工作台除了具有上述优点外，也有以下不足之处：

① 其主要零件，多齿端面齿盘的制造比较困难，其齿形及形位公差要求很高，而且成对齿盘的研磨工序很费工时，一般要研磨几十小时以上，因此生产效率低，成本也较高。

② 在工作时动齿盘要下降、转位、定位及夹紧，因此多齿盘分度工作台的结构也相对要复杂些。但是从综合性能来衡量，由于它能使一台加工中心的主要指标（即加工精度）得到保证，因此目前在卧式加工中心上仍在采用。

多齿盘的分度可实现分度角度为

$$\theta = 360/Z$$

式中 θ——可实现的分度数（整数）；
Z——多齿盘齿数。

5.1.2.2 鼠牙盘式分度工作台

鼠牙盘式分度工作台是由工作台面、底座、压紧液压缸、鼠牙盘、伺服电动机、同步带轮和齿轮转动装置等零件组成，如图5-4所示。鼠牙盘是保证分度精度的关键零件，每个齿盘的端面带有数目相同的三角形齿，当两个齿盘啮合时，能够自动确定轴向和径向的相对位置。鼠齿盘式分度工作台旋转时不能参与切削，而且工作台旋转的最小角度由鼠齿盘的齿数决定，比如鼠齿盘是360个齿的，故伺服电动机转1圈（360r/360＝1r）鼠齿盘则转一个齿，则转台最小分度为1°，如果端齿盘只有180个齿，那最小旋转角度就是2°了。

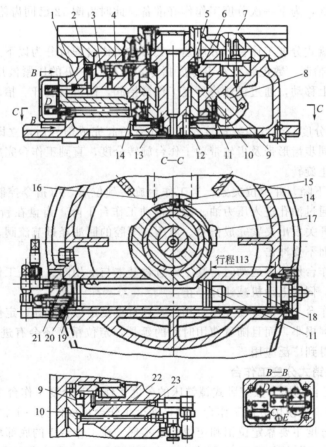

图5-4 鼠牙盘式分度工作台
1,2,15,16—推杆；3—下齿盘；4—上齿盘；5,13—推力轴承；6—活塞；7—工作台；8—活塞齿条；9—升降液压缸上腔；10—升降液压缸下腔；11—齿轮；12—齿圈；14,17—挡块；18—分度液压缸右腔；19—分度液压缸左腔；20,21—分度液压缸进回油管道；22,23—升降液压缸进回油管道

机床需要分度工作时，数控装置就发出指令，电磁铁控制液压阀，使压力油经管道23进入到工作台7中央的夹紧升降液压缸下腔10，推动活塞6向上移动，经推力轴承5和13

将工作台 7 抬起，上下两个鼠牙齿盘 4 和 3 脱离啮合，与此同时，在工作台 7 向上移动过程中带动齿圈 12 向上套入齿轮 11，完成分度前的准备工作。

当工作台 7 上升时，推杆 2 在弹簧力的作用下向上移动使推杆 1 能在弹簧作用下向右移动，离开微动开关 S_2，使 S_2 复位，控制电磁阀使分度液压缸进回油管道 21 进入分度液压缸左腔 19，推动活塞齿条 8 向右移动，带动与齿条相啮合的齿轮 11 作逆时针方向转动。由于齿轮 11 已经与齿圈 12 相啮合，分度台也将随着转过相应的角度。回转角度的近似值将由微动开关和挡块 17 控制，开始回转时，挡块 14 离开推杆 15 使微动开关 S 复位，通过电路互锁，始终保持工作台处于上升位置。

当工作台转到预定位置附近，挡块 17 通过推杆 16 使微动开关 S 工作。控制电磁阀开启使分度液压缸进回管道 22 进入到分度液压缸上腔 9。活塞 6 带动工作台 7 下降，上齿盘 4 与下齿盘 3 在新的位置重新啮合，并定位压紧。升降液压缸下腔 10 的回油经节流阀可限制工作台的下降速度，保持齿面不受冲击。

当分度工作台下降时，通过推杆 2 及 1 的作用启动微动开关 S_2，分度液压缸右腔 18 通过分度液压缸进回油管道 20 进压力油，活塞齿条 8 退回。齿轮 11 顺时针方向转动时带动挡块 17 及 14 回到原处，为下一次分度工作作好准备。此时齿圈 12 已同齿轮 11 脱开，工作台保持静止状态。

总结以上鼠牙盘式分度工作台作分度运，其具体工作过程可分为以下三个步骤。

① 分度工作台抬起。数控装置发出分度指令，工作台中央的压紧液压缸下腔通过油孔进压力油，活塞向上移动，通过钢球将分度工作台抬起，两齿盘脱开。抬起开关发出抬起完成信号。

② 工作台回转分度。当数控装置接收到工作台抬起完成信号后，立即发出指令让伺服电动机旋转，通过同步齿形带及齿轮带动工作台旋转分度，直到工作台完成指令规定的旋转角度后，电动机停止旋转。

③ 分度工作台下降，并定位夹紧。当工作台旋转到位后，由指令控制液压电磁，换向使压紧液压缸上腔通过油孔进入压力油。活塞带动工作台下降，齿盘在新的位置重新啮合，并定位夹紧。夹紧开关发出夹紧完成信号。液压缸下腔的回油经过节流阀，以限制工作台下降的速度，保护齿面不受冲击。

齿盘式分度工作台作回零运动时，其工作过程基本与上相同。只是工作台回转挡铁压下工作台零位开关时，伺服电动机减速并停止。

齿盘式分度工作台与其他分度工作台相比，具有重复定位精度高、定位刚度好和结构简单等优点。齿盘的磨损小，而且随着使用时间的延长，定位精度还会有进一步提高的趋势，因此在数控机床上得到广泛应用。

5.1.2.3 定位销式分度工作台

如图 5-5 所示是自动换刀数控卧式镗铣床的分度工作台。分度工作台 1 位于长方形工作台 10 的中间，在不单独使用分度工作台 1 时，两个工作台可以作为一个整体工作台来使用。这种工作台的定位分度主要靠定位销和定位孔来实现。在工作台 1 的底部均匀分布着八个削边圆柱定位销 7，在工作台底座 21 上制成有一个定位孔衬套 6 以及供定位销移动的环形槽。其中只能有一定位销 7 进入定位衬套 6 中，其余七个定位销则都在环形槽中。因为八个定位销在圆周上均匀分布，之间间隔为 45°，因此工作台只能作二、四、八等分的分度运动。

分度时，数控装置发出指令，由电磁阀控制下底座 13 上的六个均匀分布锁紧液压缸 8 中的压力油经环形槽流向油箱，活塞 11 被弹簧 12 顶起，工作台 1 处于松开状态。与此同时，间隙消除液压缸 5 卸荷，压力油经管道 18 流入中央液压缸 17，使活塞 16 上升，并通

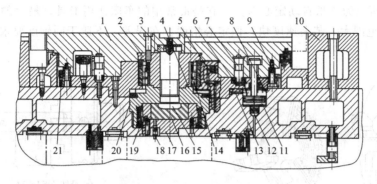

图 5-5 定位销式分度工作台

1—分度工作台；2—锥套；3—螺钉；4—支座；5,8,17—液压缸；6—衬套；7—定位销；9—大齿轮；
10—长方形工作台；11,16—活塞；12—弹簧；13—下底座；14,19,20—轴承；
15—螺柱；18—管道；21—工作台底座

过螺柱15由支座4把止推轴承20向上抬起，顶在底座21上，通过螺钉3、锥套2使工作台1抬起。固定在工作台面上的定位销7从衬套6中拔出，作好分度前的准备工作。

工作台1抬起之后，数控装置在发出指令使液压马达转动，驱动两对减速齿轮，带动固定在工作台1下面的大齿轮9回转，进行分度。在大齿轮9上每45°间隔设置一挡块。分度时，工作台先快速回转，当定位销即将进入规定位置时，挡块碰撞第一个限位开关，发出信号使工作台减速，当挡块碰撞第二个限位开关时，工作台停止回转，此刻相应的定位销7正好对准定位孔衬套6。分度工作台的回转速度由液压马达和液压系统中的单向节流阀调节。

完成分度后，数控装置发出信号使中央液压缸卸荷，工作台1靠自重下降。相应的定位销7插入定位孔衬套6中，完成定位工作。定位完毕后消除间隙液压缸5通入压力油，活塞向上顶住工作台1消除径向间隙。然后使锁紧液压缸8的上腔通入压力油，推动活塞11下降，通过活塞杆上的头压紧工作台。至此分度工作全部完成，机床可以进行下一工位的加工。

工作台的回转轴支承是滚针轴承19和径向有1∶12锥度的加长型圆锥孔双列圆柱滚子轴承14。轴承19装在支座4内，能随支座4作上升或下降移动。当工作台抬起时，支座4所受推力的一部分由推力轴承20承受，这就有效地减少了分度工作台回转时的摩擦力矩，使转动更加灵活。轴承14内环由螺钉3固定在支座4上，并可以带着滚柱在加长的外环内作15mm的轴向移动，当工作台回转时它就是回转中心。

5.1.3 数控回转工作台和分度工作台的区别

数控回转工作台既可以完成圆周进给运动（可旋转360°以上），可进行各种圆弧加工或曲面加工，也可以进行分度工作，即数控回转工作台可以作任意角度的回转和分度，也可以作连续回转进给运动。而分度工作台不能完成圆周进给运动，旋转角度小于360°，每次转位只能回转一定的角度。

5.2 数控机床用附件

5.2.1 卡盘

（1）机械式三爪卡盘

如图5-6所示为三爪自动定心卡盘，它是最常用的车床通用卡具，最大的优点是可以自动定心，夹持范围大，装夹速度快，但定心精度存在误差，不适于同轴度要求高的工件的二次装夹。

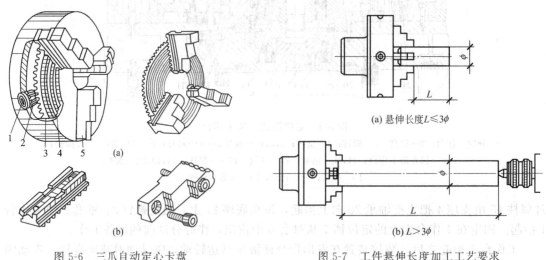

图5-6　三爪自动定心卡盘
1—方孔；2—小锥齿轮；3—大锥齿轮；
4—平面螺纹；5—卡爪

图5-7　工件悬伸长度加工工艺要求

为防止车削时因工件变形和振动而影响加工质量，工件在三爪自动定心卡盘中装夹时，若工件直径 $\phi \leqslant 30\text{mm}$，其悬伸长度不应大于直径的3倍（如图5-7为工件悬伸长度加工工艺要求）；若工件直径 $\phi > 30\text{mm}$，其悬伸长度不应大于直径的4倍。同时也可避免工件被车刀顶弯、顶落而造成打刀事故。

三爪自动定心卡盘上安装大直径工件时，不宜用正爪装夹。三爪自动定心卡盘的卡爪可装成正爪和反爪，卡爪伸出卡盘圆周一般不应超过卡爪长度的1/3，否则卡爪与平面螺纹只有1～2牙啮合，受力时容易使卡爪的牙齿碎裂。故在装夹大直径工件时，应尽量采用反爪装夹。当较大的空心工件需车外圆时，可使三个卡爪作离心移动，把工件内孔撑住车削。

(2) 液压动力卡盘

为提高生产效率和减轻劳动强度，数控车床广泛采用液压自动定心卡盘。如图5-8所示，当数控装置发出夹紧和松开指令时，直接由电磁阀控制压力油进入缸体的左腔或右腔，使活塞向左或向右移动，并由拉杆2通过主轴通孔拉动主轴前端卡盘上的滑体3，滑体3又与三个可在盘体上T形槽内作径向移动的卡爪滑座4（图5-8中仅画出一个）以斜楔连接。这样，主轴尾部缸体内活塞的左右移动就转变为卡爪滑座的径向移动，再由装在滑座上的卡爪将工件夹紧和松开。又因三个卡爪滑座径向移动是同步的，故装夹时能实现自动定心。

这种液压动力卡盘夹紧力的大小可通过调整液压系统的油压进行控制，以适应棒料、盘类零件和薄壁套筒零件的装夹。另外，该种卡盘还具有结构紧凑、动作灵敏、能实现较大压紧力的特点。

(3) 可调卡爪式卡盘

可调卡爪式卡盘的结构如图5-9所示。基体卡座2上对应配有不淬火的卡爪1，其径向夹紧所需位置可以通过卡爪上的端齿和螺钉单独进行粗调整（错齿移动），或通过差动螺杆3单独进行细调整。为了便于对较特殊的、批量大的盘类零件进行准确定位及装夹，还可按实际需要，通过简单的加工程序或数控系统的手动功能，用车刀将不淬火卡爪的夹持面车至所需的尺寸。

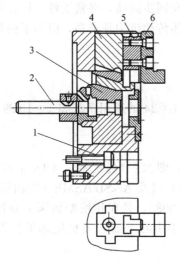 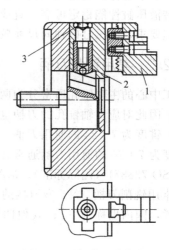

图 5-8 液压动力卡盘结构图
1—盘体；2—拉杆；3—滑体；4—卡爪
滑座；5—T形滑块；6—卡爪

图 5-9 可调卡爪式卡盘
1—卡爪；2—基体卡座；
3—差动螺杆

(4) 高速动力卡盘

为了提高数控车床的生产效率，对其主轴提出越来越高的要求，以实现高速甚至超高速切削。现在有的数控车床可达到100000r/min。对于这样高的转速，一般的卡盘已不适用，而必须采用高速动力卡盘才能保证安全可靠地进行加工。

随着卡盘的转速提高，由卡爪、滑座和紧固螺钉组成的卡爪组件离心力急剧增大，卡爪对零件的夹紧力下降。试验表明：手动的楔式动力卡盘在转速为2000r/min时，动态夹紧力只有静态的1/4。增大动态夹紧力有如下几种途径：一是加大静态夹紧力，但这会消耗更多的能源和因夹紧力过大造成零件变形；二是减轻卡爪组件质量以减小离心力，为此常采用斜齿条式结构；三是增加离心力补偿装置，利用补偿装置的离心力抵消卡爪组件离心力造成的夹紧力损失。其中二、三是常用的两种方式。

高速自定心液压动力卡盘的基本组成及工作原理介绍如下。

20世纪初诞生的高速自定心液压动力卡盘，是由回转液压缸和直线驱动的自定心动力卡盘组成。如图5-10所示，回转液压缸和动力卡盘分别安装在机床主轴的两端，拉管穿过

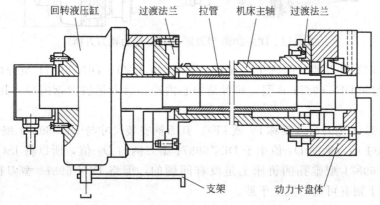

图 5-10 液压动力卡盘的总体结构简图

机床主轴的通孔连接液压缸的活塞杆和动力卡盘体的活塞套，液压缸的活塞通过拉管和活塞套驱动动力卡盘体内的传动机构，实现增力和卡爪径向同步运动，夹紧工件。该方案结构简单，回转液压缸性能稳定可靠，直线驱动的动力卡盘体传动机构种类多，但为了满足卡爪一定的行程要求，液压缸的轴向尺寸较大。

5.2.2 常用铣削刀柄

加工中心的主轴锥孔通常分为两大类，即锥度为 7∶24 的通用系统和 1∶10 的 HSK 真空系统。因此对应主轴锥孔的刀柄也有如下两种。

（1）锥度为 7∶24 的通用刀柄

锥度为 7∶24 的通用刀柄通常有五种标准和规格，即 NT（传统型）、DIN 69871（德国标准）ISO 7388/1（国际标准）、MAS BT（日本标准）以及 ANSI/ASME（美国标准）。图 5-11 为常用铣削刀柄。NT 型刀柄的德国标准为 DIN 2080，是在传统型机床上通过拉杆将刀柄拉紧，国内也称为 ST；其他四种刀柄均是在加工中心上通过刀柄尾部的拉钉将刀柄拉紧。

(a) NT 标准强力刀柄　　(b) DIN69871 刀柄(德国标准)　　(c) BT MTA/MTB 莫氏锥度刀杆

图 5-11　常用铣削刀具刀柄

目前国内使用最多的是 DIN 69871 型（即 JT）和 MAS BT 型两种刀柄。DIN 69871 型的刀柄可以安装在 DIN 69871 型和 ANSI/ASME 主轴锥孔的机床上，ISO 7388/1 型的刀柄可以安装在 DIN 69871 型、ISO 7388/1 和 ANSI/ASME 主轴锥孔的机床上，所以就通用性而言，ISO 7388/1 型的刀柄是最好的。如图 5-11 即为锥度为 7∶24 的通用刀柄。

① DIN 2080 型刀柄（简称 NT 或 ST）。DIN 2080 是德国标准，即国际标准 ISO 2583，是通常所说 NT 型刀柄，不能用机床的机械手装刀而用手动装刀。如图 5-12 为 DIN 2080 型刀柄。

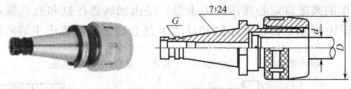

图 5-12　DIN 2080 型刀柄（EMC 强力铣刀刀柄）

② DIN 69871 型刀柄（简称 JT、DIN、DAT 或 DV）。DIN 69871 型分两种，即 DIN 69871 A/AD 型和 DIN 69871 B 型，前者是中心内冷，后者是法兰盘内冷，其他尺寸相同。如图 5-13 所示。

③ ISO 7388/1 型刀柄（简称 IV 或 IT）。其刀柄安装尺寸与 DIN 69871 型没有区别，但由于 ISO 7388/1 型刀柄的 D_4 值小于 DIN 69871 型刀柄的 D_4 值，所以将 ISO 7388/1 型刀柄安装在 DIN 69871 型锥孔的机床上是没有问题的，但将 DIN 69871 型刀柄安装在 ISO 7388/1 型机床上则有可能会发生干涉。

④ MAS BT 型刀柄（简称 BT）。BT 型是日本标准，安装尺寸与 DIN 69871、ISO

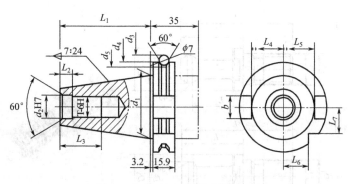

图 5-13 DIN69871 型刀柄（A）

7388/1 及 ANSI 完全不同，不能换用。BT 型刀柄的对称性结构使它比其他三种刀柄的高速稳定性要好。如图 5-14 为日标 BT50 型刀柄图。

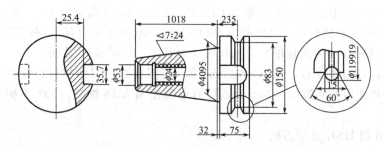

图 5-14 日标 BT50 型刀柄

⑤ ANSI B5.50 型（简称 CAT）。ANSI B5.50 型是美国标准，安装尺寸与 DIN 69871、ISO 7388/1 类似，但由于少一个楔缺口，所以 ANSI B5.50 型刀柄不能安装在 DIN69871 和 ISO 7388/1 机床上，但 DIN 69871 和 ISO 7388/1 刀柄可以安装在 ANSI B5.50 型机床上。

⑥ 拉钉。拉钉有三个关键参数：θ 角、长度 L 以及螺纹 G，如图 5-15 所示。根据三个关键参数的不同，不同刀柄配备的拉钉也不同。当然，拉钉还有是否带内冷却孔之分。

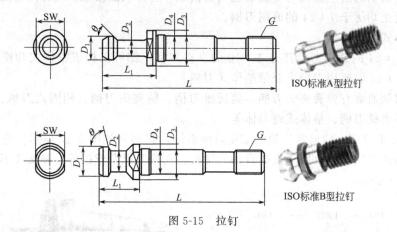

图 5-15 拉钉

关于刀柄拉钉的 θ 角有如下几种情况：

a. MAS BT（日本标准）刀柄拉钉 θ 角有 45°、60°和 90°之分，常用的是 45°和 60°的。如图 5-16 所示。

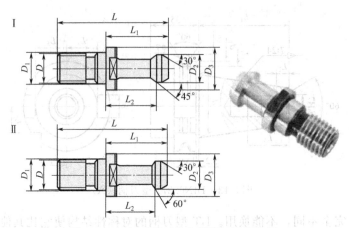

图 5-16　MAS BT（日本标准）刀柄拉钉

b. DIN 69871 刀柄拉钉（通常称为 DIN 69872-40/50）θ 角只有 75°一种。

c. ISO 7388/1 刀柄拉钉（通常称为 ISO 7388/2-40/50）θ 角有 45°和 75°之分。

d. ANSI/ASME（美国标准）刀柄拉钉 θ 角有 45°、60°和 90°之分。

关于刀柄拉钉的螺纹 G，除 ANSI/ASME（美国标准）刀柄拉钉存在有英制螺纹标准外，其他三种均使用公制螺纹，40# 刀柄拉钉通常使用 M16 螺纹，50# 刀柄拉钉通常使用 M24 螺纹。

(2) 1∶10 的 HSK 真空刀柄

HSK 真空刀柄的德国标准是 DIN9873，有六种标准和规格，即 HSK-A、1HSK-B、HSK-C、HSK-D 和 HSK-E 和 HSK-F，常用的有三种：HSK-A（带内冷自动换刀）、HSK-C（带内冷手动换刀）和 HSK-E（带内冷自动换刀，高速型）。

7∶24 的通用刀柄是靠刀柄的 7∶24 锥面与机床主轴孔的 7∶24 锥面接触定位连接的，在高速加工、连接刚性和重合精度三方面有局限性。

HSK 真空刀柄靠刀柄的弹性变形，不但刀柄的 1∶10 锥面与机床主轴孔的 1∶10 锥面接触，而且使刀柄的法兰盘面与主轴面也紧密接触，这种双面接触系统在高速加工、连接刚性和重合精度上均优于 7∶24 的通用刀柄。

(3) 整体式刀柄

不论是 7∶24 的通用刀柄还是 1∶10 的真空刀柄，都可以构成整体式和模块式两类刀柄。下面以 7∶24 的通用刀柄来介绍整体式刀柄。

整体式刀柄通常有弹簧夹头刀柄、莫氏锥刀柄、钻夹头刀柄、侧固式刀柄、攻丝刀柄、面铣刀柄、强力铣刀柄、整体式镗刀体等。

① 弹簧夹头刀柄。即通常所说的 ER 刀柄系统，其型号如图 5-17 所示。它是目前加工中心上最常用的刀柄，可以用来夹持直柄的钻头、立铣刀以及丝锥等。弹簧变形量为 1mm，夹持范围 $\phi 1 \sim 32$mm。

图 5-17　弹簧夹头刀柄型号

② 莫氏锥刀柄。莫氏锥刀柄分两种：带扁尾型和不带扁尾型，其型号分别如图 5-18 中 (a) 和 (b) 所示。莫氏锥刀柄的内孔有莫氏锥 1#～莫氏锥 5# 五种锥号规格。如图 5-19 为莫氏锥刀柄图片。MTA 适合于安装莫氏有扁尾的钻头、铰刀及非标刀具。MTB 适合于安装莫氏无扁尾的铣刀及各非标刀具。

图 5-18 莫氏锥刀柄型号

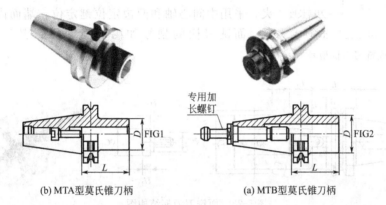

图 5-19 莫氏锥刀柄图片

注意事项：

a. 使用莫氏锥刀柄前务必将锥孔内清洗干净，保证无油脂，否则会影响摩擦力，导致刀具的"夹紧力"的下降。

b. 刀具不使用时应当及时将刀具卸下来，长时间处于拉紧状态可能会导致刀具无法拆卸。

③ 直结式钻夹头刀柄。直结式钻夹头刀柄又称为整体式精密钻夹头刀柄，型号如图 5-20 所示。直结式钻夹头刀柄适用于直柄钻头、直柄铣刀、铰刀、丝锥等的装夹。不需要弹性套筒而可以在一个大的尺寸范围内锁紧刀具，具有钻孔、攻丝、立铣以及铰孔等功能。优点是夹持范围广，单款可夹持多种不同柄径的钻头。缺点是夹紧力较小，夹紧精度低，所以常用于直径 $\phi16$ 以下的普通钻头的夹持。注意事项，装刀时应用专用扳手，以保证夹持力符合要求。

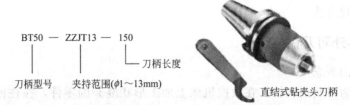

图 5-20 直结式钻夹头刀柄及其型号

④ 侧固式刀柄。侧固式刀柄适合装夹快速钻头、铣刀、粗镗刀等切削平面的刀柄。优

点是夹持力度大，结构简单，原理简单易懂。缺点是通用性不好，一把刀柄只能装同柄径的刀具。侧固式刀柄的型号和侧固式刀柄如图5-21所示。它包括两种：铣削平面的侧固式铣刀柄（DIN1835-8）和带2°斜削平面的侧固式钻刀柄。

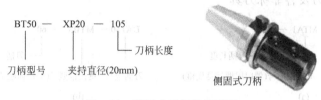

图5-21 侧固式刀柄及其型号

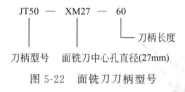

图5-22 面铣刀刀柄型号

⑤ 面铣刀柄。面铣刀柄主要用于套式平面铣刀盘的装夹，采用中间心轴和两边定位键定位，端面内六角螺丝锁紧。面铣刀柄的型号如图5-22所示。其结构如图5-23所示。

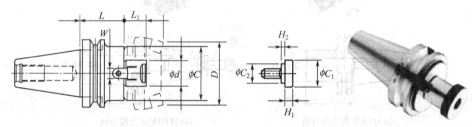

图5-23 面铣刀刀柄结构图

⑥ 强力铣刀柄。强力铣刀柄适用于铣刀、铰刀等直柄刀具和工具的加紧。强力铣刀柄的刀体厚实，夹紧力大，夹紧精度较好，刚性高，振动少，更换不同的筒夹可夹持不同柄径的铣刀、铰刀等；缺点是强力铣刀柄前端直径较大，容易产生干涉。刀头内部带有螺旋槽和窄槽，夹持力强、跳动精度高（5μm以内），并防止刀具高速时脱落。其型号如图5-24所示。

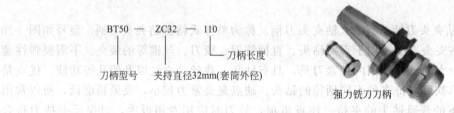

图5-24 强力铣刀刀柄型号

其主要用于强力铣削、钻孔以及刚性攻丝，同时也可用于夹持直杆镗刀、直杆弹簧夹头延长杆，直杆攻丝夹头。

5.2.3 机外对刀仪

(1) 对刀仪的概念

对刀仪也称为刀具预调仪。在数控机床上加工形状复杂的零件，往往使用较多的刀具。为了实现自动换刀，迅速装刀和卸刀，以缩短辅助时间，同时也为了使刀具的实际尺寸输入数控系统实现刀具补偿，提高加工精度，一般要使用对刀仪（刀具预调仪），测出刀具的实际尺寸或与名义尺寸的偏差。

机外对刀的本质是测量出刀具假想刀尖点到刀具台基准之间在 X 轴及 Z 轴方向的距离，即刀具 X 和 Z 向的长度。利用机外对刀仪可将刀具预先在机床外校正好，以便装上机床即可以使用，缩短了对刀的辅助时间。

(2) 对刀的目的与作用

进行数控加工时，数控程序所走的路径均是主轴上刀具的刀尖的运动轨迹。刀具刀位点的运动轨迹自始至终需要在机床坐标系下进行精确控制，这是因为机床坐标系是机床唯一的基准。编程人员在进行程序编制时不可能知道各种规格刀具的具体尺寸，为了简化编程，这就需要在进行程序编制时采用统一的基准，然后在使用刀具进行加工时，将刀具准确的长度和半径尺寸相对于该基准进行相应的偏置，从而得到刀具刀尖的准确位置。所以对刀的目的就是确定刀具长度和半径值，从而在加工时确定刀尖在工件坐标系中的准确位置。

数控机床在加工零件时，由数控系统以数字方式控制刀具和工件在数控坐标内的相对运动，通过刀具对工件的切削得到所需零件的形状。在加工过程中数控系统需要输入所用刀具的具体几何尺寸（例如刀具长度、刀具直径等），以确定控制刀具的运动轨迹。

在简单使用数控机床过程中，对一把所用刀具常采用实切法，即用测量加工出的零件的实际尺寸来修改控制系统中有关刀具的补偿参数和相应控制程序。这种方法造成很多占机试刀工时，效率很低，不利于实行自动化加工。

为了改变这种情况，提高数控机床的工作效率，在进行数控机床工艺技术准备时，事先按工艺要求进行刀具准备，在一台小型测量装置（对刀仪）上，测量出数控机床所需刀具的有关几何尺寸。这些参数随刀具装到加工机床上时提供给机床操作者，操作者根据这些参数直接修改数控系统中有关的程序内容和补偿参数（如刀具长度补偿、刀具半径补偿等），就可以直接加工零件。这种装置通常就称为对刀仪（或刀具预调仪）。对刀仪是数控机床提高机床开动率必不可少的装置之一。

对刀仪以检测对象分类，可分为数控车床车刀对刀仪和数控镗铣床、加工中心用对刀仪，也有综合两者功能的综合对刀仪。

例如，图 5-25 所示是一种比较典型的机外对刀仪，它可适用于各种数控车床，针对某台具体的数控车床，应制作相应的对刀刀具台，将其安装在

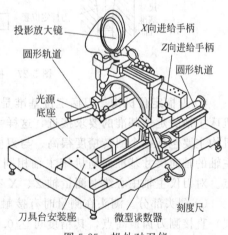

图 5-25 机外对刀仪

刀具台安装座上。这个对刀刀具台与刀座的连接结构及尺寸，应与机床刀架相应结构及尺寸相同，甚至制造精度也要求与机床刀架该部位一致。此外，还应制作一个刀座、刀具联合体，把此联合体装在机床刀架上，尽可能精确地对出 X 向和 Z 向的长度，并将这两个值刻在联合体表面，对刀仪使用若干时间后就应装上这个联合体作一次调整。

机外对刀的大体顺序是：将刀具随同刀座一起紧固在对刀刀具台上，摇动 X 向和 Z 向进给手柄，使移动部件载着投影放大镜沿着两个方向移动，甚至假想刀尖点与放大镜中十字线交点重合位置，如图 5-26 所示，这时通过 X 向和 Z 向的微型读数器分别读出 X 和 Z 向的长度值，就是这把刀具的对刀长度。如果这把刀具马上使用，那么将它连同刀座一起装到机床某刀位上之后，将对刀长度输到相应刀具补偿号或程序中就可以了。如果这把刀是备用的，应作好记录。

(3) 机外对刀仪的基本组成

(a) 端面外径刀尖　　　(b) 对称刀尖　　　(c) 端面内刀尖

图 5-26　刀尖在放大镜中的投影

机外对刀仪分为接触式和非接触式两种。如图 5-27 所示为接触式机外对刀仪的基本组成。

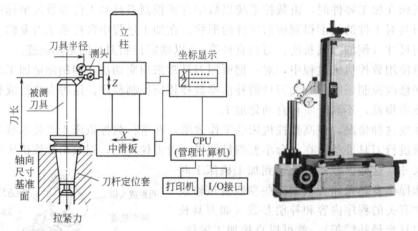

图 5-27　接触式机外对刀仪的组成

① 刀柄定位机构。刀柄定位基准是测量的基准，所以有很高的精度要求，一般都要和机床主轴的定位基准的要求接近，这样才能使测量数据接近在机床上使用的实际情况。定位机构主要包括一个回转精度很高、与刀柄锥面接触很好、带拉紧刀柄机构的对刀仪主轴。该主轴的轴向尺寸基准面与机床主轴相同，主轴应能高精度回转便于找出刀具上刀齿的最高点。对刀仪主轴中心线对测量轴 Z、X 有很高的平行度和垂直度要求。

② 测头部分。测头在测量时有接触式和非接触式之分。接触式测量用百分表（或扭簧仪）直接测刀齿最高点，其精度可达 0.002～0.01mm，测量比较直观，但容易损伤表头和切削刀刃部。

非接触式主要用光学方法，把刀尖投影到光屏进行测量。测量用得较多的是投影光屏，投影物镜放大倍数有 8 倍、10 倍、15 倍、30 倍等。由于光屏的质量、测量技巧、视觉误差等因素，其测量精度在 0.005mm 左右，这种测量方法不太直观，但可以综合检查刀刃质量。

③ Z、X 轴尺寸测量机构。通过带测头部分两个坐标移动，测得 Z、X 轴的尺寸，即为刀具的轴向尺寸和半径尺寸。两轴使用的测量元件可以有多种，机械式的又有标刻线尺、精密丝杠和刻线尺加读数头；电测量有光栅数显、感应同步器数显和磁尺数显等。

④ 测量数据处理装置。由于柔性技术的发展，对数控机床用刀具的测试数据也需要进行有效管理，因此在对刀仪上再配置计算机及附属装置，它可以存储、输出、打印刀具预调数据，并与上一级管理计算机（刀具管理工作站、单元控制器）联网，形成供 FMS、FMC 等用的有效刀具管理系统。

如图 5-28 为光学对刀仪的基本结构。

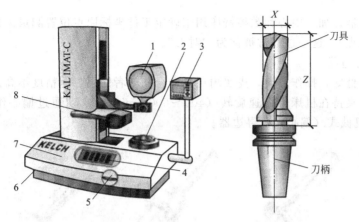

图 5-28 光学对刀仪的基本结构

1—图像显示屏；2—刀柄夹持轴；3—数据显示屏；4—快速移动单键按钮；
5,6—微调旋钮；7—平台；8—光源发射器

钻削刀具的对刀操作过程如下：

① 将被测刀具与刀柄连接安装为一体；

② 将刀柄插入对刀仪上的刀柄夹持轴 2 上并紧固好；

③ 打开光源发射器 8，观察刀刃在图像显示屏 1 上的投影；

④ 通过快速移动单键按钮 4 和微调旋钮 5 或 6，可调整刀刃在图像显示屏 1 上的投影位置，使刀具的刀尖对准放大镜上的十字线中心，如图 5-29 所示；

⑤ 测得 X 为 30，即刀具直径为 $\phi 30mm$，该尺寸的半径可用作刀具半径补偿值 $R15$；

⑥ 测得 Z 为 180.002，即刀具长度尺寸为 180.002mm，该尺寸可用作刀具长度补偿；

⑦ 将测得尺寸输入加工中心的刀具补偿页面；

⑧ 将被测刀具从对刀仪上取下后，即可装上加工中心使用。

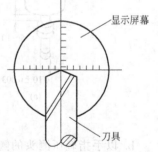

图 5-29 刀具显示图

使用对刀仪应注意如下问题。

① 使用前要用标准对刀心轴进行校准。每台对刀仪都随机带有一件标准的对刀心轴，要妥善保护，避免其受锈蚀和受外力变形。每次使用前要对 Z 轴和 X 轴尺寸进行校准和标定。

② 静态测量的刀具尺寸和实际加工出的尺寸之间有一差值。影响这一差值的因素很多，主要有刀具和机床的精度和刚度、加工工件的材料和状况、冷却状况和冷却介质的性质、使用对刀仪的技巧熟练程度等。由于以上原因，静态测量的刀具尺寸应大于加工后孔的实际尺寸，因此对刀时要考虑一个修正量，这要由操作者的经验来预选，一般要偏大 0.01～0.05mm。

5.2.4 寻边器与 Z 轴设定器

(1) 寻边器（又称为分中棒或称为找正器）

目前，寻边器在数控铣床或加工中心上应用较多。主要有机械式寻边器和光电式寻边器

两种类型。

用途：寻边器是加工中心和数控铣床用来确定工件坐标原点位置测量工具，用以确定编程原点（工件原点）。这一过程常被称为"对刀"。

① 机械式寻边器

特点：价格低廉，操作方便，皮实耐用，适合初学者使用，但精度不高。

工作原理：夹持在机床上低速旋转（400～600r/min），自动通过偏心作用调整进行找正。图 5-30 为机械式（偏心式）寻边器。

图 5-30 机械式（偏心式）寻边器

机械式寻边器使用方法：

a. 将直径 10mm 的装夹端安装在切削夹头或钻孔夹头上。[参见图 5-31(a)]

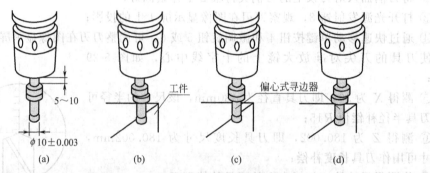

图 5-31 机械式寻边器操作方法简图

b. 以手指轻压测头的侧边，使其偏心 0.5mm。[参见图 5-31(b)]

c. 使寻边器以 400～600r/min 的速度转动。

d. 由于中间连接弹簧，为弹性变形，受力较小，避免了使用小铣刀或钻头时出现的受力过大发生断裂的情况，也避免了划伤已加工工件表面的情况。

e. 使用寻边器和工件试触时手轮倍率（MDI方式）的选择，当寻边器距工件较远时应使用"×100"倍率，提高移动效率；一点一点地触碰移动，直到测头不会振动，宛如静止状态，应以"×10"的倍率慢慢进给触碰，保证较高的测量精度。就会变成如图 5-31(c) 所示，接着以更细微的进给来碰触移动的话，测头就会如图 5-31(d) 开始朝一定的方向滑动。这个滑动起点就是所要寻求的基准位置。

f. 加工件本身的端面位置，就是加上测头半径 5mm 的坐标位置。

g. 测量工件 X 轴两侧并取值，计算出工件 X 轴方向中点坐标值，同理确定出工件 Y 轴方向中点坐标值。然后停止机床主轴旋转，将所确定的 X、Y 两轴的机械坐标值，输入"坐标系"界面的"G54"中，完成工件编程零点（工件坐标系）的确定。

② 光电式寻边器。

光电式寻边器价格较高，精度比机械式寻边器的高，对操作者的技术要求也高。在数控铣床或加工中心中主要用于 X 向和 Y 向的对刀。

光电式寻边器的工作原理：当操作者采用手动方式（MDI 方式）控制机床移动时，测针上的触头与被测工件（金属件）的表面接触，测头内部常开状态的电路通过机床和工件形成闭合回路，立即在测头主体上发出声光信号；操作者可以根据测头与工件精确接触时的位置关系和机床数控系统显示的坐标值，确定工件被测点的实际坐标值，然后根据各个被测点的实际坐标值计算出测量结果。

光电式寻边器特点：不需要回转测量；精确度可以达到：±0.005mm；由于结构关系（测球通过弹簧联接），只能测量 X、Y 向。

光电式寻边器的使用方法如图 5-32 所示。其中图（a）为正确使用方法，图（b）和图（c）是错误方法，使用者应特别注意。

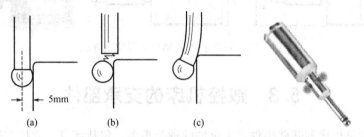

图 5-32　光电式寻边器的使用方法

（2）Z 轴设定器

光电式 Z 轴设定器主要应用在数控铣床或加工中心的 Z 向对刀，同时也可用于 X 向和 Y 向的对刀。如图 5-33 所示为光电式 Z 轴设定器。

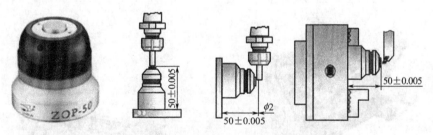

图 5-33　光电式 Z 轴设定器

Z 轴设定器包括圆形 Z 轴设定器、方形 Z 轴设定器、外附表型 Z 轴设定器、光电式 Z 轴设定器、磁力 Z 轴设定器等。

① 光电式 Z 轴设定器的使用方法（图 5-34）。

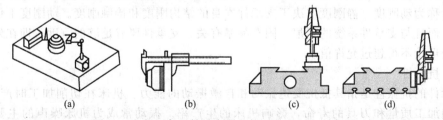

图 5-34　光电式 Z 轴设定器的使用方法和注意事项

探测面下方有微调机构，调整高度请用平行块规比测，如图 5-34(a) 所示。

高精度零件加工，不适合用游标卡尺检测精度，如图 5-34(b) 所示。

快速进刀至灯亮时,轻微后退至灯熄,再慢速前进至灯亮,以利于确保掌握精度,如图 5-34(c) 所示。

侧面探测时,用刀刃之最高点接触探测面,如图 5-34(d) 所示。

② 量表式与外附表式 Z 轴设定器使用方法。

如图 5-35 所示,将设定器放置于机台或工件的表面,移动推杆接触测量表面,小心阅读测定仪数字,当测定仪指示为 0 时,工具端与机台的距离为 50mm。

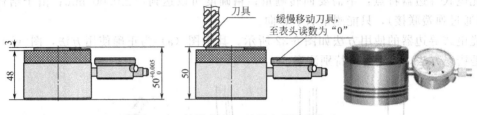

图 5-35 外附表式 Z 轴设定器使用方法

5.3 数控机床的支承部件

机床支承件是机床的基础构件,支承件的种类很多,包括床身、立柱、横梁、摇臂、底座、刀架、工作台、箱体和升降台,也称为"大件"。支承件的作用是:承载和作为基准,支承机床其他零部件,保持它们的相对位置,承受各向切削力。如图 5-36 为数控车床床身,图 5-37 为卧式数控镗铣床床身。支承件的形态、几何尺寸和材料是多种多样的,但它们都应满足下列基本要求。

图 5-36 数据车床床身

图 5-37 卧式数控镗铣床床身

(1) 刚度

支承件刚度是指支承件在恒定载荷和交变载荷作用下抵抗变形的能力。前者称为静刚度,后者称为动刚度。静刚度取决于支承件本身的结构刚度和接触刚度。动刚度不仅与静刚度有关,而且与支承件系统的阻尼、固有频率有关。支承件要有足够的刚度,即在外载荷作用下,变形量不得超过允许值。

(2) 抗振性

支承件的抗振性是指其抵抗受迫振动和自激振动的能力。机床在切削加工时产生振动,将会影响加工质量和刀具的寿命,影响机床的生产率。振动常成为机床噪声的主要原因之一。因此,支承件应有足够的抗振性,具有合乎要求的动态特性。

(3) 热变形和内应力

支承件应具有较小的热变形和内应力,这对于精密机床更为重要。

（4）其他

支承件设计时还应便于排屑，吊运安全，合理安置液压、电器部件，并具有良好的工艺性。

5.4 润滑系统

机床润滑系统在机床整机中占有十分重要的位置，它不仅具有润滑作用，而且还具有冷却作用，以减小机床热变形对加工精度的影响。其设计、调试和维修保养，对于提高机床加工精度、延长机床使用寿命等都有着十分重要的作用。其润滑种类和方式有油脂润滑、油液润滑两种。

（1）油脂润滑方式

油脂润滑方式不需要润滑设备，工作可靠，密封简单，不需要经常添加和更换，维护方便，但摩擦阻力大，只适用于低速运转的场合。油脂润滑方式一般采用的是高级锂基油脂润滑。润滑时油脂的封入量一般为润滑空间容积的10%，切忌随意填满。油脂过多，会加剧运动部件的发热。采用油脂润滑方式时，要采取有效的密封措施，以防止切屑液和润滑油进入。密封措施有迷宫式密封、油封密封和密封圈密封。

（2）油液润滑方式

油液润滑分为以下几种形式：递进式润滑系统；阻尼式润滑系统；容积式润滑系统；油液循环润滑方式；定时定量润滑方式；油雾润滑方式；油气润滑方式。

油液润滑是数控机床的高速滚动直线导轨、贴塑导轨及变速齿轮等多采用油液润滑方式；丝杠螺母副有采用油脂润滑的，也有采用油液润滑的。

现代机床导轨、丝杆等滑动副的润滑，基本上都是采用集中润滑系统。集中润滑系统是由一个液压泵提供一定排量、一定压力的润滑油，为系统中所有的主、次油路上的分流器供油，而由分流器将油按所需油量分配到各润滑点。同时，由控制器完成润滑时间、次数的监控和故障报警以及停机等功能，以实现自动润滑的目的。集中润滑系统的特点是定时、定量、准确、效率高，使用方便可靠，有利于提高机器寿命，保障使用性能。

集中润滑系统按润滑泵的驱动方式不同，可分为手动供油和自动供油系统；按供油方式不同，可分为连续供油系统和间歇供油系统；连续供油系统在润滑过程中产生附加热量，且因过量供油而造成浪费和污染，往往得不到最佳的润滑效果。间歇供油系统是周期性定量对各润滑点供油，使摩擦副形成和保持适量润滑油膜。目前，数控机床的油液润滑系统一般采用间歇供油系统。

① 递进式润滑系统。如图5-38为递进式润滑系统，主要由泵站、递进片式分流器组成，并可附加控制装置加以监控。其特点是能对任一润滑点的堵塞进行报警并终止运行，以保护设备；定量准确、压力高，不但可以使用稀油，而且还适用于使用油脂润滑的情况。润滑点可达100个，压强可达21MPa。

递进式分流器由一块底板、一块端板及最少三块中间板组成。一组阀最多可有8块中间板，可润滑18个点。其工作原理是由中间板中的柱塞从一定位置起依次动作供油，若某一点产生堵塞，则下

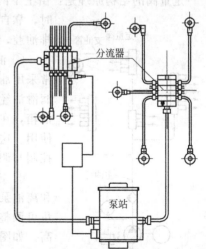

图5-38 递进式润滑系统

一个出油口就不会动作，因而整个分流器停止供油。堵塞指示器可以指示堵塞位置，便于维修。

② 单线阻尼式润滑系统。此系统适合于机床润滑点需油量相对较少，并需周期供油的场合。它是利用阻尼式分配器，把泵打出的油按一定比例分配到润滑点。一般用于循环系统，也可以用于开放系统，可通过时间的控制，以控制润滑点的油量。该润滑系统非常灵活，多一个润滑点或少一个都可以，并可由用户安装，且当某一点发生阻塞时，不影响其他点的使用，故应用十分广泛。如图 5-39 所示为单线阻尼式润滑系统。

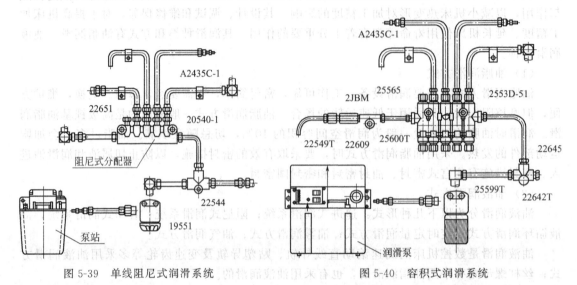

图 5-39　单线阻尼式润滑系统　　　　图 5-40　容积式润滑系统

③ 容积式润滑系统。如图 5-40 为容积式润滑系统，该系统以定量阀为分配器向润滑点供油，在系统中配有压力继电器，使得系统油压达到预定值后发信号，使电动机延时停止，润滑油从定量分配器供给，系统通过换向阀卸荷，并保持一个最低压力，使定量阀分配器补充润滑油，电动机再次启动，重复这一过程，直至达到规定润滑时间。该系统压力一般在50MPa 以下，润滑点可达几百个，其应用范围广、性能可靠，但不能作为连续润滑系统。

定量阀的结构原理是：由上下两个油腔组成，在系统的高压下将油打到润滑点，在低压时，靠自身弹簧复位和碗形密封将存于下腔的油压入位于上腔的排油腔，排量为 0.1~0.6mL，并可按实际需要进行组合。

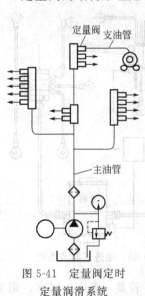

图 5-41　定量阀定时定量润滑系统

④ 油液循环润滑方式。在数控机床上，发热量大的部件，常采用油液循环润滑方式。油液循环方式是利用油泵把油箱中的润滑油经管道和分油器等元件送到各润滑点上，用过的油液返回油箱，在返回途中或者在油箱中油液经过冷却和过滤后再供循环使用。这种润滑方式供油充足，宜于润滑液压力、流量和温度的控制与调整。

⑤ 定时定量润滑方式。定时定量润滑无论润滑点位置高低和离油泵远近，各点的供油量稳定，由于润滑周期的长短及供油量可调整，减小了润滑油的消耗，易于自动报警，润滑可靠性高。如图 5-41 所示，定量阀定时定量润滑系统的工作原理是：油泵启动后，将高压润滑油送到各定量阀，定量阀即将定量油液经支路油管送至各润滑点。当油路中压力达到某一值时，说明定量阀中油液已完全输出，由压力继电器监测控制，使油泵停止

工作。这时定量阀在弹簧作用下储好定量油液,为下一次送油做好准备,每次润滑间隙时间由电气控制系统自动控制。在定时定量润滑系统中,由于供油量小,润滑油不重复使用,无热量带回油箱等原因,油箱体积一般较小。油箱通常由油泵、单向阀、安全阀、过滤器及流量继电器等组成。流量继电器用于润滑油量少于规定值时,向数控机床提供润滑系统缺油报警信号。

如图 5-42 所示为定量阀的结构示意图。定量阀的工作原理是:当油泵工作时压力油进入油口后,将皮碗压紧阀心的出油口,同时克服弹簧的弹力,使柱塞向右运动,压力油进入定量阀的左腔;当油泵不工作时,在弹簧的作用下,柱塞左移,左腔中的润滑油使皮碗关闭进油口,打开阀心上的出油口,定量的润滑油输出。

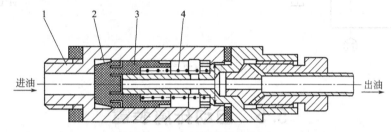

图 5-42 定量阀的结构简图
1—阀体;2—皮碗;3—柱塞;4—弹簧

⑥ 油雾润滑方式。油雾润滑是利用经过净化处理的高压气体将液态的润滑油雾化成小颗粒,悬浮在压缩风中形成一种混合体(油雾),并经管道喷送到需润滑的部位的润滑方式。该方式由于雾状油液吸热性好,又无油液搅拌作用,所以能以较少油量获得较充分的润滑,常用于高速主轴轴承的润滑,且润滑油可回收,不污染周围空气。缺点是油雾容易被吹出,污染环境。如图 5-43 所示为油雾型润滑系统简图。

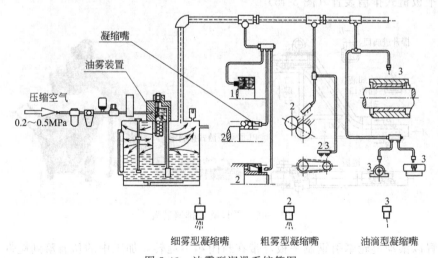

图 5-43 油雾型润滑系统简图

⑦ 油气润滑方式。如图 5-44 所示为油气润滑系统原理。油气润滑方式是用压缩空气把小油滴送进轴承空隙中,使油量大小达最佳值。该方式的优点是压缩空气有散热作用,根据轴承供油量的要求,定时器的循环时间可从 1~99min 定时,二位二通气阀每定时开通一次,经节流阀的压缩空气进入注油器,把少量油带入混合室,把油带进塑料管道内,沿管道壁被风吹进轴承内。此时,油呈小油滴状。

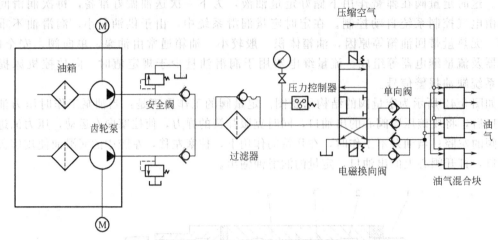

图 5-44 油气润滑系统原理图

5.5 自动排屑装置

排屑装置是数控机床的必备附属装置,其主要作用是将切屑从加工区域排出数控机床之外。迅速、有效地排除切屑才能保证数控机床正常加工。

排屑装置的安装位置一般都尽可能靠近刀具切削区域。如车床的排屑装置,装在回转工件下方;铣床和加工中心的排屑装置装在床身的回水槽上或工作台边侧位置,以利于简化机床或排屑装置结构,减小机床占地面积,提高排屑效率。排出的切屑一般都落入切屑收集箱或小车中,有的则直接排入车间排屑系统。

(1) 平板链式排屑装置(图 5-45)

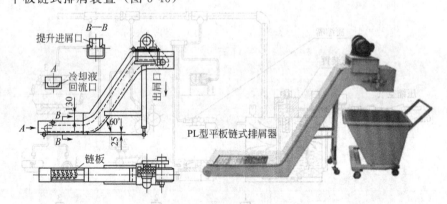

图 5-45 平板链式排屑装置

该装置以滚动链轮牵引钢制平板链带在封闭箱中运转,加工中的切屑落到链带上,经过提升将废屑中的切削液分离出来,切屑排出机床,落入存屑箱。这种装置能排除各种形状的切屑,适应性强,各类机床都能采用。在车床上使用时多与机床切削液箱合为一体,以简化机床结构。

平板链式排屑装置是一种具有独立功能的附件。接通电源之前应先检查减速器润滑油是否低于油面线,如果不足,应加入 40# 全损耗系统用油至油面线。电动机启动后,应立即检查链轮的旋转方向是否与箭头所指方向相符,如不符应立即改正。

排屑装置链轮上装有过载保险离合器，在出厂调试时已做了调整。如电动机启动后，发现摩擦片有打滑现象，应立即停止开动，检查链带是否被异物卡住或其他原因。等原因弄清后，可再次启动电动机，如能正常运转，则说明故障已排除；如不能顺利运转，则可从以下两方面找原因：

① 摩擦片的压紧力是否足够。先检查碟形弹簧的压缩量是否在规定的数值之内；碟形弹簧自由高度为 8.5mm，压缩量应为 2.6~3mm，若在这个数值之内，则说明压紧力已足够了；如果压缩不够，可均衡地调紧 3 只 M8 压紧螺钉。

② 若压紧后还是继续打滑，则应全面检查卡住的原因。

（2）刮板式排屑装置（图 5-46）

图 5-46　刮板式排屑装置

该装置传动原理与平板链式的基本相同，只是链板不同，它带有刮板链板。这种装置常用于输送各种材料的短小切屑，排屑能力较强；因其负载大，故需采用较大功率的驱动电动机。

（3）螺旋式排屑装置（图 5-47）

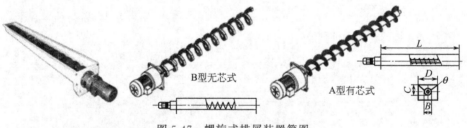

图 5-47　螺旋式排屑装置简图

该装置是采用电动机经减速装置驱动安装在沟槽中的一根长螺旋杆进行驱动的。螺旋杆转动时，沟槽中的切屑即由螺旋杆推动连续向前运动，最终排入切屑收集箱。螺旋杆有两种形式：一种是用扁形钢条卷成螺旋弹簧状（B 型无芯式）；另一种是在轴上焊上螺旋形钢板（A 型有芯式）。这种装置占据空间小，适于安装在机床与立柱间空隙狭小的位置上。螺旋式排屑装置结构简单，排屑性能良好，但只适合沿水平或小角度倾斜直线方向排屑，不能用于大角度倾斜、提升或转向排屑。

思考与练习题

1. 数控回转工作台的功用如何？试简述其工作原理。
2. 数控回转工作台与分度工作台在结构上有何区别？
3. 常用数控机床的附件有哪些？

4. 常用数控机床卡盘有哪些?
5. 常用铣削刀柄的类型有哪些?
6. 寻边器的类型与使用注意事项有哪些?
7. 轴设定器的使用方法如何?
8. 数控机床对支承部件的基本要求有哪些?
9. 简述数控机床润滑系统的分类与特点。
10. 数控机床为何需要专设排屑装置?目的何在?
11. 简述自动排屑装置的类型有哪些?各适用于什么场合?

第6章 计算机数控系统

目前国内应用较多 CNC 系统主要分为国外厂商的产品和部分国内厂商的产品。国外厂商的产品主要有：德国西门子（SIEMENS）公司生产的 SINUMERIK 系列数控系统、日本发那科（FANUC）公司生产的 FANUC 系列数控系统以及西班牙 FAGOR 公司生产的 FAGOR 系列数控系统。其他还有日本三菱、美国哈斯（HASS）数控系统等等。国内生产厂家数控系统主要有武汉的华中数控、北京航天机床数控集团、北京凯恩帝、北京凯奇、沈阳艺天、广州数控、南京新方达、成都广泰等。国内数控系统较多但所占份额却较少。武汉的华中数控系统，在国内品牌中应用是最多的。

6.1 CNC 系统的基本构成

6.1.1 CNC 系统的基本构成

计算机数控系统（CNC 系统），是一种用计算机通过执行其存储器内的程序来实现部分或全部功能，并配有接口电路和伺服驱动装置的专用计算机系统。目前习惯上所称的计算数控（CNC）系统多指微型机数控（MNC）。CNC 系统由数控程序、输入输出设备、计算机数控装置（CNC 装置）、可编程逻辑控制器（PLC）、主轴驱动装置和进给驱动装置（包括检测装置）等组成，如图 6-1 所示。

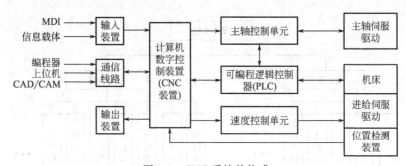

图 6-1 CNC 系统的构成

CNC 系统的核心是数控装置。由于采用了计算机，使许多过去难以实现的功能可以通过软件来实现，大大提高了 CNC 系统的性能和可靠性。

6.1.2 CNC 装置的组成及其工作过程

（1）CNC 装置的组成

CNC 装置由硬件和软件组成，软件在硬件的支持下工作，二者缺一不可。

CNC 装置的硬件除具有一般计算机所具有的微处理器（CPU）、存储器、输入输出接口外，还具有数控要求的专用接口和部件，即位置控制器、纸带阅读机接口、手动数据输入（MDI）接口和显示（CRT）接口。因此，CNC 装置是一种专用计算机。图 6-2 为 CNC 装置硬件的组成框图。CNC 装置的软件是为了实现系统各项功能而编制的专用软件，称为"系统"软件。在系统软件的控制下，CNC 装置对输入的加工程序自动进行处理并发出相应的控制指令。系统软件由管理软件和控制软件两部分组成（如图 6-3 所示）。管理软件包括零件加工程序的输入和输出、I/O 处理、系统的显示和诊断能力；控制软件可完成从译码、刀具补偿、速度处理到插补运算和位置控制等方面的工作。CNC 装置的工作是在硬件的支持下，执行软件的全过程。硬件是软件活动的舞台，亦是其物理基础，而软件是整个系统的灵魂。软件和硬件各有不同的特点，软件设计灵活，适应性强，但处理速度慢；硬件处理速度快，但成本高。因此，在 CNC 装置中，数控功能的实现方法大致分为三种情况（图 6-4）：第一种情况是由软件完成输入及插补前的准备，以及完成插补和位控；第二种情况是由软件完成输入、插补准备、插补及位控的全部工作；第三种情况是由软件负责输入、插补前的准备及插补，硬件仅完成位置控制。

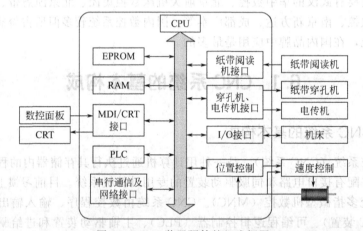

图 6-2　CNC 装置硬件的组成框图

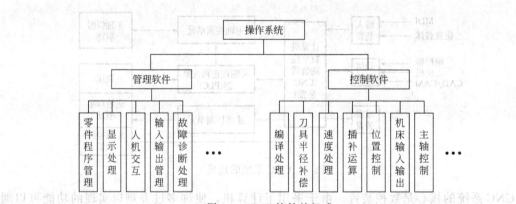

图 6-3　CNC 软件的组成

（2）工作过程

① 输入：数控系统首先接受零件程序及控制参数、补偿量等数据的输入，可采用光电阅读机、键盘、磁盘、移动硬盘等媒介连接上级计算机的 DNC 接口、网络等多种形式。

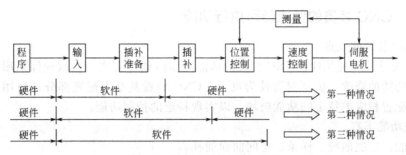

图 6-4 CNC 装置软硬件界面

CNC 装置在输入过程中通常还要完成无效码删除、代码校验和代码转换等工作。输入的全部信息都存放在 CNC 装置的内部存储器中。

② 译码：将输入的加工程序翻译成 CNC 装置能识别的代码形式，并将约定的格式存放在指定的译码结果缓冲器中，这一过程称为译码。不论系统工作在 MDI 方式还是存储器方式，都是将零件程序以一个程序段为单位进行处理，把其中的各种零件轮廓信息（如起点、终点、直线或圆弧等）、加工速度信息（F 代码）和其他辅助信息（M、S、T 代码等）按照一定的语法规则解释成计算机能够识别的数据形式，并以一定的数据格式存放在指定的内存专用单元。在译码过程中，还要完成对程序段的语法检查，若发现语法错误便立即报警。

③ 数据处理：数据处理程序的任务就是将经过预处理后存放在指定的存储区的数据进行处理。数据处理程序一般包括刀具长度补偿和刀具半径补偿，还包括速度计算以及辅助功能处理。通常 CNC 装置的零件程序以零件轮廓轨迹编程，刀具补偿作用是把零件轮廓轨迹转换成刀具中心轨迹。在比较好的 CNC 装置中，刀具补偿的工件还包括程序段之间的自动转接和过切削判别，这就是所谓的刀具补偿。

④ 进给速度处理：编程所给的刀具移动速度，是在各坐标的合成方向上的速度。速度处理首先要做的工作是根据合成速度来计算各运动坐标的分速度。在有些 CNC 装置中，对于机床允许的最低速度和最高速度的限制、软件的自动加减速等也在这里处理。

⑤ 插补运算：插补的任务是在一条给定起点和终点的曲线上进行"数据点的密化"过程。插补程序在每个插补周期运行一次，在每个插补周期内，根据指令进给速度计算出一个微小的直线数据段。通常，经过若干次插补周期后，插补加工完一个程序段轨迹，即完成从程序段起点到终点的"数据点密化"工作。

⑥ 位置控制：位置控制处在伺服回路的位置环上，这部分工作可以由软件实现，也可以由硬件完成。它的主要任务是在每个采样周期内，将理论位置与实际反馈位置相比较，用其差值去控制伺服电动机。在位置控制中通常还要完成位置回路的增益调整、各坐标方向的螺距误差补偿和反向间隙补偿，以提高机床的定位精度。

⑦ I/O 处理：I/O 处理主要处理 CNC 装置面板开关信号，机床电气信号的输入、输出和控制（如换刀、换挡、冷却液的开、关等）。

⑧ 显示控制：CNC 装置的显示主要为操作者提供方便，通常用于零件程序的显示、参数显示、刀具位置显示、机床状态显示、报警显示等。有些 CNC 装置中还有刀具加工轨迹的静态和动态图形显示。

⑨ 诊断控制：所谓数控加工程序诊断是指 CNC 在程序输入或译码过程中，对不规范的指令格式进行检查、监控及处理的服务操作，旨在防止错码的读入，对系统中出现的不正常情况进行检查、定位，包括联机诊断和脱机诊断。

6.1.3 CNC 装置的优点及可执行功能

(1) CNC 装置的优点

① 具有灵活性和通用性。CNC 装置的功能大多由软件实现，且软硬件采用模块化的结构，使系统功能的修改、扩充变得较为灵活。CNC 装置其基本配置部分是通用的，不同的数控机床仅配置相应的特定的功能模块，以实现特定的控制功能。

② 数控功能丰富。

插补功能：二次曲线、样条、空间曲面插补。

补偿功能：运动精度补偿、随机误差补偿、非线性误差补偿等。

人机对话功能：加工的动、静态跟踪显示，高级人机对话窗口。

编程功能：G 代码、蓝图编程、部分自动编程功能。

③ 可靠性高。CNC 装置采用集成度高的电子元件、芯片。许多功能由软件实现，使硬件的数量减少。丰富的故障诊断及保护功能（大多由软件实现），从而可使系统故障发生的频率和发生故障后的修复时间降低。

④ 使用维护方便。

操作使用方便：用户只需根据菜单的提示，便可进行正确操作。

编程方便：具有多种编程的功能、程序自动校验和模拟仿真功能。

维护维修方便：部分日常维护工作自动进行（润滑，关键部件的定期检查等），数控机床的自诊断功能，可迅速实现故障准确定位。

⑤ 易于实现机电一体化。数控系统控制柜的体积小（采用计算机，硬件数量减少；电子元件的集成度越来越高，硬件的不断减小），使其与机床在物理上结合在一起成为可能，减少占地面积，方便操作。

(2) CNC 装置的可执行功能

CNC 装置的功能是指满足用户操作和机床控制要求的方法和手段。数控装置的功能包括基本功能和选择功能。

基本功能——数控系统基本配置的功能，即必备功能；

选择功能——用户可根据实际要求选择的功能。

① 控制功能：CNC 能控制和能联动控制的进给轴数。CNC 的进给轴分类：移动轴（X、Y、Z）和回转轴（A、B、C）；基本轴和附加轴（U、V、W）。联动控制轴数越多，CNC 系统就越复杂，编程也越困难。

② 准备功能（G 功能）：指令机床动作方式的功能。

③ 插补功能和固定循环功能。所谓插补功能是数控系统实现零件轮廓（平面或空间）加工轨迹运算的功能。一般 CNC 系统仅具有直线和圆弧插补，而现在较为高档的数控系统还备有抛物线、椭圆、极坐标、正弦线、螺旋线以及样条曲线插补等功能。在数控加工过程中，有些加工工序如钻孔、攻丝、镗孔、深孔钻削和切螺纹等，所需完成的动作循环十分典型，而且多次重复进行，数控系统事先将这些典型的固定循环用 G 代码进行定义，在加工时可直接使用这类 G 代码完成这些典型的动作循环，可大大简化编程工作。

④ 进给功能：进给速度的控制功能。

进给速度——控制刀具相对工件的运动速度，单位为 mm/min。

同步进给速度——实现切削速度和进给速度的同步，单位为 mm/r。用于加工螺纹。

进给倍率（进给修调率）——人工实时修调预先给定的进给速度。即通过面板的倍率波段开关在 0%～200% 之间对预先设定的进给速度实现实时修调。

⑤ 主轴功能：数控系统的主轴的控制功能。

主轴转速——主轴转速的控制功能，单位为 r/min。

恒线速度控制——刀具切削点的切削速度为恒速的控制功能。

主轴定向控制——主轴周向定位于特定位置控制的功能。

C 轴控制——主轴周向任意位置控制的功能。

主轴修调率——人工实时修调预先设定的主轴转速。

⑥ 辅助功能（M 功能）：用于指令机床辅助操作的功能。

⑦ 刀具管理功能：实现对刀具几何尺寸和寿命的管理功能。

刀具几何尺寸（半径和长度），供刀具补偿功能使用。

刀具寿命是指时间寿命，当刀具寿命到期时，CNC 系统将提示用户更换刀具。

CNC 系统都具有刀具号（T）管理功能，用于标识刀库中的刀具和自动选择加工刀具。

⑧ 补偿功能。刀具半径和长度补偿功能：该功能按零件轮廓编制的程序去控制刀具中心的轨迹，以及在刀具磨损或更换时（刀具半径和长度变化），可对刀具半径或长度作相应补偿。该功能由 G 指令实现。

传动链误差补偿功能：包括螺距误差补偿和反向间隙误差补偿功能。即事先测量出螺距误差和反向间隙，并按要求输入到 CNC 装置相应的储存单元内，在坐标轴运行时，对螺距误差进行补偿；在坐标轴反向时，对反向间隙进行补偿。

非线性误差补偿功能：对诸如热变形、静态弹性变形、空间误差以及由刀具磨损所引起的加工误差等，采用专家系统等新技术进行建模，利用模型实施在线补偿。

⑨ 人机对话功能。在 CNC 装置中这类功能有：菜单结构操作界面；零件加工程序的编辑环境；系统和机床参数、状态、故障信息的显示、查询或修改画面等。

⑩ 自诊断功能。CNC 自动实现故障预报和故障定位的功能。开机自诊断；在线自诊断；离线自诊断；远程通信诊断。一般的 CNC 装置或多或少都具有自诊断功能，尤其是现代的 CNC 装置，这些自诊断功能主要是用软件来实现的。具有此功能的 CNC 装置可以在故障出现后迅速查明故障的类型及部位，便于及时排除故障，减少故障停机时间。

⑪ 通信功能。CNC 与外界进行信息和数据交换的功能 RS232C 接口，可传送零件加工程序，DNC 接口，可实现直接数控，MAP（制造自动化协议）模块，网卡，适应 FMS、CIMS、IMS 等制造系统集成的要求。

6.2 CNC 装置的硬件结构

6.2.1 CNC 装置的硬件体系结构

6.2.1.1 概述

本质上，数控系统是一种位置控制系统，它是根据输入的数据段插补出理想的运动轨迹，然后输出到执行部件，加工出所需的零件。数控系统是由软件和硬件两大部分组成，其核心是数控装置。数控系统硬件一般包括以下几个部分：中央处理器（CPU）、存储器（ROM/RAM）、输入输出设备（I/O）、操作面板、显示器和键盘、纸带阅读机、可编程逻辑控制器等。

CNC 装置的硬件结构，按 CPU 的多少来分，分为单机系统和多机系统。

（1）单机系统

整个 CNC 装置只有一个 CPU，它集中控制和治理整个系统资源，通过分时处理的方式来实现各种数控功能。

优点：投资少、结构简单、易于实现。

缺点：功能受CPU字长、数据宽度、寻址能力和运算速度的限制。

(2) 多机系统

CNC装置中有两个或两个以上的CPU。根据CPU间的相互关系不同，又可分为以下几种。

① 主从结构系统。系统中只有一个CPU（主CPU）对系统资源（存储器、总线）有控制和使用权，而其他CPU的功能部件（智能部件），其CPU无权控制和使用系统资源，只能接受主CPU的控制命令或数据，或向CPU发出请求信息以获得所需数据，是一个CPU处于主导地位，其他CPU处于从属地位的结构。

② 多主结构系统。系统有两个或两个以上的带有CPU的功能部件对系统资源有控制和使用权。功能部件采用紧耦合（挂在同一系统总线，集中在一个机箱内），有集中的操纵系统，通过总线仲裁器（软件、硬件）来解决争用总线题目，通过公用存储器来交换信息。

③ 分布式结构系统。系统有两个或两个以上的带有CPU的功能模块，每个模块都有自己独立的运行环境（总线、存储器、操纵系统），模块之间采用松耦合，在空间上可较为分散，采用通信方式交换信息。

从硬件体系结构看，单机结构与主从结构极其相似，CPU模块与单机结构中的功能模块是等价的，只是功能更强而已。所以，称单机结构和主从结构为单主结构的系统。

6.2.1.2 单机或主结构模块的功能介绍

图6-5为硬件结构框图。这类CNC装置的硬件是由若干功能不同的模块组成，各模块既是系统的组成部分，又有相对的独立性，属模块化结构。

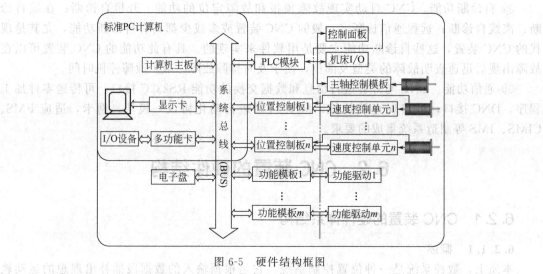

图6-5 硬件结构框图

模块化设计方法：将控制系统按功能划分成若干种具有独立功能的单元模块。每个模块配上相应的驱动软件。按功能的要求选择不同的功能模块，将其插进控制单元母板上，就组成一个完整的控制系统。单元母板一般为总线结构的无源母板，它提供模块间互联的信号通道。

下面介绍CNC装置中各硬件模块的作用。

(1) 显示模块（显示卡）

是通用性很强的模块，有VGA卡、SVGA卡，早期有CGA、EGA等。无需用户自己开发。

作用：接受来自 CPU 的控制命令和显示用的数据，经与 CRT 的扫描信号调制后，产生 CRT 所需要的视频信号。

(2) 输进/输出模块（多功能卡）

该模块也是标准的 PC 机模块，无需用户自己开发。这个模块是 CNC 装置与外界进行数据和信息交换的接口板。通过该接口，从外部输进设备获取数据，也将数据输送给外部设备。

输进设备：纸带阅读机、光电阅读机、键盘、磁盘、移动硬盘等。

输出设备：打印机、纸带穿孔机。

输进/输出设备：磁盘驱动器、录音机、磁带机。

通信接口：RS232。

ALL-IN-ONE 主板可省略。

以上三部分，配上键盘、电源、机箱，就是通用计算机系统，它是 CNC 装置的核心，确定其档次和性能。

(3) 电子盘（存储模块）

电子盘是 CNC 装置特有的存储模块，存放以下数据和参数：

① 系统软件和固有数据。

② 系统的配置参数（进给轴数、轴的定义、系统增益等）

③ 用户的零件加工程序

目前存储器件有三类：

① 磁性存储器件：软、硬磁盘，可随机读写。

② 光存储器件：光盘。

③ 半导体（电子）存储器件：RAM、ROM、FLASH 等。

前两类一般作外存储器，容量大、价格低，电子存储器件一般作内存储器。

按其读写性能，可分为三类：

① 只读存储元件（ROM、PROM、EPROM）：特点是只能读出其存放的数据，而不能随时修改它。用于固化系统软件和系统固有的参数。

② 易失性随机读写存储元件（RAM）：特点是可随时进行读写操纵，但掉电其存储信息将全部丢失。主要用作计算机系统的缓存器 cache。

③ 非易失性读写存储元件（E2PROM、FLASH、带后备电池的 RAM）：特点是可随时进行读写操纵，且掉电其存储信息也不会丢失。用于存放系统的配置参数、零件加工程序。

CNC 装置常用电子存储器件作为外存储器，而不采用磁性存储器件。由于 CNC 装置的工作环境有可能受电磁干扰，用磁性存储器件可靠性低，电子存储器件抗电磁干扰能力强些。

由电子存储器件组成的存储单元是按磁盘治理方式进行治理的，故称做电子盘。

(4) 设备辅助控制接口模块

CNC 装置对机床的加工控制有两类：一是对机床各坐标轴的运动速度和位置的控制，即轨迹控制，是实现 G 指令所规定的运动；二是对机床的诸如主轴的启停、换向，更换刀具，工件的夹紧、松开，液压、冷却、润滑系统的运行等进行控制。这是根据 CNC 内部和机床各行程开关、传感器、按钮、继电器等开关量信号状态，按预先规定的逻辑顺序所进行的控制，即顺序控制。是实现 M 指令规定的动作。

设备辅助控制接口模块就是实现顺序控制的模块。

CNC 装置要对机床的辅助动作进行顺序控制，一是要接受来自机床上的外部信号（行程开关、传感器、按钮、继电器等）；二是要用产生的指令驱动相应器件实现辅助动作。但 CNC 装置既不能直接接受来自机床外部的信号，由于这些信号在形式、电平与 CNC 能接受的信号不匹配，而且还会夹带干扰信号；又不能直接驱动辅助动作执行器件，由于 CNC 的输出指令在形式、电平、功率也不能满足执行器件的输进要求。所以，需要有一个信号的转换接口，这就是设备辅助控制接口模块。该模块的作用是：

① 对 CNC 的输入输出信号进行相应转换，包括输电平转换、模/数转换、数/模转换、数/脉转换、功率匹配转换。

② 阻断外部干扰信号进入 CNC 计算机，在电气上将 CNC 与外部信号隔离。所要转换的信号有三类：开关量、模拟量和脉冲量。图 6-6 为 PMC 模块硬件逻辑框图。

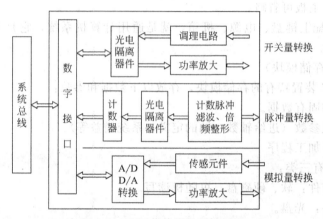

图 6-6　PMC 模块硬件逻辑框图

设备辅助控制接口的实现方式主要有：

① 简单 I/O 接口板。光电隔离器件起电器隔离和电平转换作用；调理电路对输入信号进行整形、滤波处理。

② PLC 控制：一类是内装型 PLC（图 6-7），与 CNC 综合起来设计的，是 CNC 装置的一部分，与 CNC 的信息交换在 CNC 内部进行，不能独立工作。可与 CNC 共用一个 CPU，也可以用单独的 CPU。由于 CNC 的功能与 PLC 的功能在设计时统一考虑，PLC 的硬、软件整体结构实用、性价比高。适用于类型变换不大的数控机床。由于 PLC 与 CNC 连线较少且信息能通过 CNC 的显示器显示，且 PLC 编程更方便、故障诊断功能有进步，提高了 CNC 系统的可靠性。

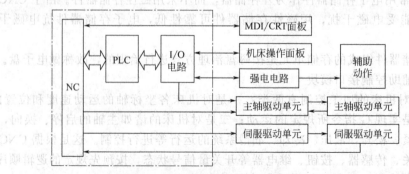

图 6-7　内装型 PLC 的 CNC 系统结构简图

另一类是独立型 PLC，图 6-8 为其结构简图。由专业化生产厂家生产的 PLC 来实现顺序控制；独立于 CNC，具有完整的硬、软件功能，能独立完成控制任务。选型时主要考虑：输入/输出信号接口技术规范、输入/输出点数、程序存储容量、运算和控制功能等。生产厂家多，选择余地大，功能扩张比较方便。图 6-9 为 PLC 系统的基本结构。

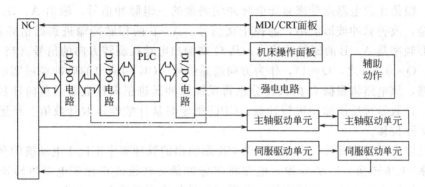

图 6-8　独立型 PLC 的 CNC 系统结构简图

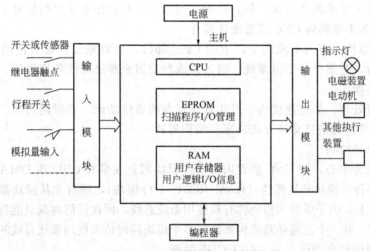

图 6-9　PLC 系统的基本结构

（5）位置控制模块

位置控制模块是进给伺服系统的重要组成部分，是 CNC 与伺服系统连接的接口。作用是：接受 CNC 插补运算后输出的位置指令，经相应调节运算，输出速度控制指令，然后进行相应的变换后，输出速度指令电压给速度控制单元，往控制伺服电机运行；对于闭环和半闭环控制，还要回收实际位置和实际速度信号，供位置和速度闭环控制使用。常用的位置控制模块有如下类型。

① 开环位置控制模块。数字/脉冲变换的功能是将 CNC 送来的进给指令（数字量）转换成相应频率（与进给速度相适应）的指令脉冲量（具有计数器功能的芯片实现）；脉冲整形的功能是调整输出脉冲的占空比，提高脉冲波形的质量（由 D 触发器和相应的门电路组成）；环行分配器的功能是将指令脉冲，按步进电动机要求的通电方式进行分配使之按规定的方式通电和断电，从而控制步进电动机旋转。

② 闭环位置控制模块。闭环位置控制模块由三部分组成。

速度指令转换部分：由锁存器、光电隔离器、D/A 转换器和方向控制与功率放大器组成，锁存器接受来自 CPU 计算的速度指令值并进行锁存，该数据经光电隔离器进行电气隔离，由 D/A 转换器将速度指令值这一数字量转换成模拟量，再经功率放大后得到速度指令电压，由它控制进给速度的大小。方向控制电路控制进给速度的方向。

位置反馈脉冲回收部分：由幅值比较电路、倍频电路、展宽选通电路、光电隔离器和计数器组成。幅值比较电路接受来自光电脉冲编码盘的三组脉冲信号，输出 A、B、C 三相脉冲。作用是：改善脉冲波形前沿，滤掉干扰信号。A、B 两相脉冲输进到四倍频器，从 CK 端输出波形频率是 A、B 的四倍的信号，从 Q 端输出电动机旋转方向的信号（当 A 超前 B，电机正转，Q=0，反之，Q=1），作为方向选通信号。CK 端输出的脉冲经展宽电路后，送进选通电路，该电路将根据 Q 的极性分别将反馈脉冲送进正向计数器或负向计数器；经光电隔离后，计数器对反馈脉冲进行计数，CPU 则定时从计数器读取计数值。经运算处理得电动机的实际位移。

速度反馈电压转换部分：由四倍频器 CK 端输出的脉冲频率正比于电动机的转速，利用线性的频率/电压转换（F/V 变换）电路将该脉冲信号转换成正比于电动机转速的电压信号，经方向控制和功率放大电路变换，获得带极性的速度反馈电压信号。

(6) 功能接口模块

实现用户特定要求的接口板。如：仿形控制器、刀具监控系统中的信号采集器等。

6.2.1.3 多主结构的 CNC 装置硬件简介

多主 CPU 结构，有两个或两个以上的 CPU 部件，且对系统资源有使用控制权，部件之间采用紧耦合，有集中的操纵系统，通过总线仲裁器来解决总线争用题目，通过公共存储器来进行信息交换。

特点：并行处理、处理速度快、可实现较复杂的系统功能。容错能力强。

多主 CNC 装置的信息交换方式决定其结构形式。

(1) 共享总线结构

以系统总线为中心，把 CNC 装置内各功能模块划分成带有 CPU 或 DMA（直接数据存取控制器）的各种主模块和从模块（RAM/ROM、I/O 模块），所有主从模块都插在严格定义的标准系统总线上，由于所有主模块都有权使用系统总线，而在任何时刻只能答应一个主模块占用总线，因此。有一个总线仲裁机构来裁定多个模块同时请求使用系统总线的竞争题目。

共享总线结构的典型代表是 FANUC 15 系统。

优点：结构简单、系统组配灵活、可靠性高。

缺点：由于系统总线是"瓶颈"，一旦总线出故障，整个系统受影响。由于使用总线要经仲裁，使信息传输率降低。

(2) 共享存储器结构

采用多端口存储器作为公共存储器来实现各主模块之间的互连和通信。由于同一时刻只能答应有一个主模块对多端口存储器进行访问，所以，有一套多端口控制逻辑来解决访问冲突。

由于多端口存储器设计较复杂，且端口多还会因争用存储器造传输信息阻塞，故一般采用双端口存储器。

美国 GE 公司的 MTC1-CNC 采用的就是共享存储器结构。共有三个 CPU：中心 CPU 负责数控程序的编辑、译码、刀具和机床参数的输入；显示 CPU 把 CPU 的指令和显示数据送到视频电路显示，定时扫描键盘和倍率开关状态并送 CPU 进行处理；插补 CPU 完成插补运算、位置控制、I/O 控制和 RS232C 通信等任务。中心 CPU 与显示 CPU 和插补 CPU 之间各有 512 字节的公用存储器用于信息交换。

6.3 CNC 装置的软件结构

CNC 装置的软件是一个典型又复杂的实时系统，它的很多控制任务，如零件程序的输入与译码、刀具半径补偿、插补运算、位置控制以及精度补偿都是由软件实现的。从逻辑上讲，这些任务可看成一个个功能模块，模块之间存在着耦合关系；从时间上讲，各功能模块之间存在一个时序配合题目。在设计 CNC 装置的软件时，如何组织和协调这些这些功能模块，使之满足一定的时序和逻辑关系，就是 CNC 装置软件结构要考虑的题目。

6.3.1 CNC 装置软件和硬件的功能界面

CNC 装置是由软件和硬件组成的，硬件为软件的运行提供支持环境。在信息处理方面，软件与硬件在逻辑上是等价的，即硬件能完成的功能从理论上讲也可以由软件来完成。但硬件和软件在实现这些功能时各有不同的特点：

硬件处理速度快，但灵活性差，实现复杂控制的功能困难。

软件设计灵活，适应性强，但处理速度相对较慢。

如何确定软硬件的功能分担是 CNC 装置结构设计的重要任务。这就是所谓软件和硬件的功能界面划分的概念。划分准则是系统的性价比。

如本章开始的图 6-3 所示即为软件功能框图。

由此可见软件所承担的任务越来越多，硬件承担的任务越来越少。一是由于计算机技术的发展，计算机运算处理能力不断增强，软件的运行效率大大进步，这为用软件实现数控功能提供了技术支持。二是数控技术的发展，对数控功能的要求越来越高，若用软件来实现这些功能，不仅结构复杂，而且柔性差，甚至不可能实现。而用软件实现则具有较大的灵活性，且能方便实现较复杂的处理和运算。因而，用相对较少且标准化程度较高的硬件，配以功能丰富的软件模块 CNC 系统是当今数控技术的发展趋势。

6.3.2 CNC 装置的数据转换流程

CNC 系统软件的主要任务之一是如何将零件加工程序表达的加工信息，变换成各进给轴的位移指令、主轴转速指令和辅助动作指令。其数据转换的过程如图 6-10 所示。

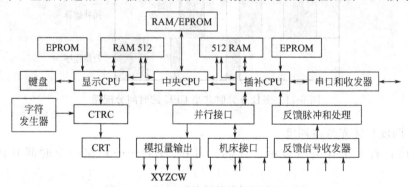

图 6-10 CNC 系统软件数据转换的过程

6.3.3 CNC 装置的软件系统特点

6.3.3.1 多任务性与并行处理技术

任务可并行执行的程序在一个数据集合上的运行过程。CNC 的功能可定义 CNC 的任务。

(1) CNC 装置的多任务性

CNC 的任务

治理任务：程序治理、显示、诊断、人机交互、……

控制任务：译码、刀具补偿、速度预处理、插补运算、位置控制、……

上述任务不是顺序执行的，而需要多个任务并行处理，如：

① 当机床正在加工时（执行控制任务），CRT 要实时显示加工状态（治理任务）。控制与治理并行。

② 当加工程序送进系统（输入）时，CRT 实时显示输入内容（显示）。治理任务之间的并行。

③ 为了保证加工的连续性，译码、刀具补偿、速度处理、插补运算、位置控制必须同时不中断执行。控制任务之间的并行。

(2) 基于并行处理的多任务调度技术

并行处理是指软件系统在同一时刻或同一时间间隔内完成两个或两个以上任务处理的方法。采用并行处理技术的目的是为了提高 CNC 装置资源的利用率和系统处理速度。并行处理的实现方式与 CNC 系统硬件结构密切相关，常采用以下方法：

① 资源分时共享：对单 CPU 装置。采用"分时"来实现多任务的并行处理。其方法是：在一定的时间长度（常称时间片）内，根据各任务的实时性要求程度，规定它们 CPU 的时间，使它们按规定的顺序和规则分时共享系统的资源。

解决各任务 CPU（资源）时间的分配原则。主要有两个题目：

其一，各任务何时占用 CPU，即任务的优先级分配题目。

其二，各任务占用 CPU 的时间长度，即时间片的分配题目。

单 CPU 的 CNC 装置中，通常采用循环调度和优先抢占调度相结合的方法来解决上述题目的。图 6-11 是一个典型的多任务分时共享 CPU 的时间分配图。

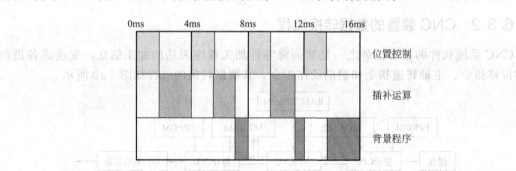

图 6-11 多任务分时共享 CPU 的时间分配图

② 循环调度和优先抢占调度

循环调度：若干个任务（显示、译码、刀补、I/O……）在一个时间片内顺序轮流执行。

优先抢占调度：将任务按实时性要求的程度，分为不同的优先级，优先级别高的任务优先执行（优先），优先级别高的任务可随时中断优先级别低的任务的运行（抢占）。

假定某 CNC 装置软件将其功能仅分为三个任务：位置控制、插补运算和背景程序（包含若干任务循环调度运行）。位置控制优先级别最高，规定 4ms 执行一次，由定时中断激活；插补运算次之，规定 8ms 执行一次，由定时中断激活；插补背景程序最低，当位置控制和插补运算都不执行时执行。运行过程是：在初始化后，自动进进背景程序，轮流反复执行各子任务。当位置控制和插补运算需要执行时，随时中断循环调度中运行的程序（背景程序），位置控制可随时中断插补运算。

可以看出：在任何时刻只有一个任务占用 CPU；从一个时间片（8ms 或 16ms）来看，CPU 并行执行了三个任务。即资源分时共享的并行处理是宏观意义上的，微观上还是各个任务顺序执行的。

③ 并发处理和流水处理：在多 CPU 结构的 CNC 装置中，根据各任务间的关联程度，可采用两种策略实现多任务并行处理。

其一，假如任务之间的关联程度不高，则将各任务分别安排一个 CPU，使其同时执行，这就是所谓的"并发处理"。

其二，假如各任务之间的关联程度较高，即一个任务的输出是另一任务的输入，则采用流水处理的方法。它是利用重复的资源，将一个大任务分成若干个彼此关联的子任务（如将插补预备分为：译码、刀补处理、速度预处理三个子任务），然后按一定顺序安排每个资源执行一个任务。如：CPU1 执行译码、CPU2 执行刀补处理、CPU3 执行速度预处理，t1：CPU1 执行第一个程序段的译码；t2：CPU2 执行第一个程序段的刀补处理，同时 CPU1 执行第二个程序段的译码；t3：CPU3 执行第一个程序段的速度预处理并输出第一个程序段插补预处理后的数据，同时，CPU2 执行第二个程序段的刀补处理，CPU1 执行第三个程序段的译码，t4：CPU3 执行第二个程序段的速度预处理并输出第二个程序段插补预处理后的数据，同时，CPU2 执行第三个程序段的刀补处理，CPU1 执行第四个程序段的译码……这个处理过程与生产线上分不同工序加工零件的流水作业一样，可以大大缩短两个程序段之间输出的间隔时间。可以看出，在任何时刻均有两个或两个以上的任务在并发执行。

流水处理的关键是时间重叠，以资源重复为代价换取时间上的重叠，以空间复杂性换取时间上的快速性。

6.3.3.2 实时性和优先抢占调度机制

实时性：指某任务的执行有严格的时间要求，即必须在系统的规定时间内完成，否则将导致执行结果错误和系统故障。

(1) 实时性任务的分类

从各任务对实时性要求的角度看，基本上可分为以下几种。

① 强实时性任务。

a. 实时突发性任务：特点是任务的发生具有随机性和突发性，是一种异步中断事件，往往有很强的实时性要求。如：故障中断（急停、机械限位、硬件故障）、机床 PLC 中断。

b. 实时周期性任务：任务是按一定的事件间隔发生的。如：插补运算、位置处理。为保证加工精度和加工过程的连续性，这类任务的实时性是关键。这类任务，除系统故障外，不答应被其他任务中断。

② 弱实时性任务：任务的实时性相对较弱，只需要在某一段时间内得以运行即可。在系统设计时，安排在背景程序中或根据重要性设置为级别较低的优先级由调度程序进行公道的调度。如：显示、加工程序编辑、插补预处理等。

(2) 优先抢占调度机制

为了满足 CNC 装置实时任务的要求，系统的调度机制必须具有能根据外界的实时信息以足够快的速度进行任务调度的能力。优先抢占调度机制是使系统具有这一能力的调度技术。它是基于实时中断技术的任务调度机制。中断技术是计算机响应外部事件的一种处理技术，特点是能按任务的重要程度和轻重缓急对其进行响应，而 CPU 也不必为其开销过多的时间。

优先抢占调度机制有两个功能：

优先调度：在 CPU 空闲时，若同时有多个任务请求执行，优先级别高的任务将优先执行。

抢占方式：在 CPU 正在执行某任务时，若另一优先级更高的任务请求执行，CPU 将立即终止正在执行的任务，转而响应优先级别更高的任务的请求。

优先抢占调度机制是由硬件和软件共同实现的，硬件主要产生中断请求信号，由提供中断功能的芯片和电路组成（中断治理芯片：8259；定时计数器：8263、8254）。软件主要完成：硬件芯片的初始化、任务优先级定义方式、任务切换处理（断点的保护与恢复、中断向量的保持与恢复）等。

6.3.4 CNC 装置软件结构模式

结构模式：软件的组织治理方式，即任务的划分方式、任务调度机制、任务间的信息交换机制、系统集成方法。

解决的题目是：如何协调各任务的执行，使满足一定的时序配合要求和逻辑关系，以满足 CNC 装置的各种控制要求。

结构模式有以下几种。

(1) 前后台型结构模式

① 任务划分方式：

前台程序：强实时性任务，包括插补运算、位置控制、故障诊断等任务；

后台程序：弱实时性任务，包括显示、加工程序的编辑和治理、系统的输入和输出、插补预处理等。

② 任务调度机制：

前台程序为中断服务程序，采用优先抢占调度机制。

后台程序为循环运行程序，采用顺序调度机制。

在运行中，后台程序不断地定时被前台中断程序所打断。信息交换：通过缓冲区实现。

(2) 中断型结构模式

任务划分方式：除初始化程序外，所有任务按实时性强弱，分别划分到不同优先级别的中断服务程序中。

任务调度机制：采用优先抢占调度机制，由中断治理系统对各级中断服务程序进行治理。

信息交换：通过缓冲区实现。

整个软件是一个大的中断治理系统。系统实时性好，但模块关系复杂，耦合度大，不利于系统的维护与扩充。

(3) 基于实时操纵系统的结构模式

实时操纵系统（PTOS）是操纵系统的一个分支，它除具有通用操纵系统的功能外，还具有任务治理、多种实时任务调度机制（优先抢占调度、时间片轮转调度等）、任务间的通信机制等功能。CNC 软件完全可以在实时操纵系统的基础上进行开发。形成基于实时操纵系统的结构模式，其优点有：

① 弱化功能模块间的偶合关系；

② 系统的开放性和可维护性好；

③ 减少系统开发的工作量。

思考与练习题

1. 试述 CNC 装置在数控机床上的作用及其工作流程。
2. 系统软件有哪些?各完成什么工作?
3. CNC 装置有哪些特点?可执行什么功能?
4. CNC 装置的单微处理器硬件结构与多微处理器结构有何区别?多微处理器机构有哪些功能模块?
5. CNC 装置硬件主要有哪几个组成部分?其核心是什么?
6. CNC 装置中的 CRT 作用是什么?
7. CNC 装置常用通信接口有哪些?
8. CNC 系统软件结构有何特点?
9. 试述前后台程序各自的功能。
10. 举出几个典型的 CNC 装置。

第 7 章 常用数控机床

7.1 数控车床

数控车床又称为 CNC 车床,即计算机数字控制车床,是一种高精度、高效率的自动化机床。它具有广泛的加工艺性能,可加工直线圆柱、斜线圆柱、圆弧和各种螺纹,具有直线插补、圆弧插补各种补偿功能,并在复杂零件的生产中发挥了良好的经济效果。

数控车床是目前国内使用量最大,覆盖面最广的一种数控机床,约占数控机床总数的 25%。

7.1.1 数控车床的分类

数控车床品种繁多,规格不一,可按如下方法进行分类。

(1) 按车床主轴的配置形式分类

数控车床分为卧式数控车床、立式数控车床和倒立式数控车床三种类型。

① 卧式数控车床:如图 7-1(a) 所示,适于加工轴套类零件,如图 7-1(b)、(c) 所示。卧式数控车床又分为数控水平导轨卧式车床 [如图 7-2(a) 所示]和数控倾斜导轨卧式车床。倾斜导轨结构可以使车床具有更大的刚性,并易于排除切屑,如图 7-2(b) 所示。图 7-3 为前倾斜床身数控车床。

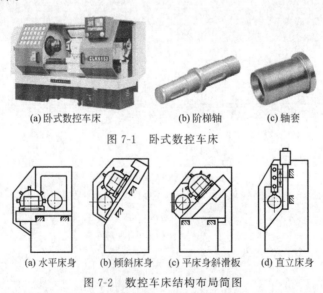

(a) 卧式数控车床　　　　(b) 阶梯轴　　　　(c) 轴套

图 7-1　卧式数控车床

(a) 水平床身　(b) 倾斜床身　(c) 平床身斜滑板　(d) 直立床身

图 7-2　数控车床结构布局简图

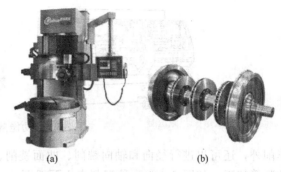

图7-3 前倾斜床身数控机床　　　　　图7-4 立式数控车床与火车车轮

② 立式数控车床：立式数控车床其车床主轴垂直于水平面，一个直径很大的圆形工作台，用来装夹工件。这类机床主要用于加工径向尺寸大、轴向尺寸相对较小的大型复杂零件，如火车车轮。图7-4(a)为立式数控车床，图7-4(b)为火车车轮。

③ 倒立式数控车床：倒立式数控车床其车床主轴倒立垂直于水平面。适于加工径向尺寸大，重量较轻的盘盖类零件，如轿车铝合金轮毂。如图7-5(a)为倒立式数控车床，图7-5(b)为轿车铝合金轮毂。

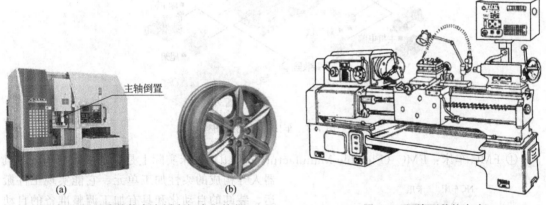

图7-5 倒立式数控车床轿车铝合金轮毂　　　　　图7-6 经济型数控车床

(2) 按功数控系统的能分类

① 经济型数控车床：采用步进电动机和单片机对普通车床的车削进给系统进行改造后形成的简易型数控车床，如图7-6所示。成本较低，自动化程度和功能都比较差，车削加工精度也不高，适用于要求不高的回转类零件的车削加工。这种数控车床可同时控制两个坐标轴，即 X 轴和 Z 轴。

② 全功能型数控车床：一般采用闭环或半闭环控制系统，可以进行多个坐标轴的控制，具有高刚度、高精度和高效率等特点，可完成复杂轴套类零件的复合加工，一次装夹可完成车削和轴套零件上的铣削加工工艺。例如，有的全功能型数控车床装备有副主轴、动力刀塔，可装备铣削刀具并有动力装置，可对轴类上的如键槽进行铣削加工。机床上还备有机内对刀装置。如图7-7所示为其中一种全功能型数控车床。

③ 车削加工中心：在普通数控车床的基础上，增加了 C 轴和动力头，更高级的机床还带有刀库，可控制 X、Z 和 C 三个坐标轴，联动控制轴可以是（X、Z）、（X、C）或（Z、C）。由于增加了 C 轴和铣削动力头，这种数控车床的加工功能大大增强，除可以进行一般

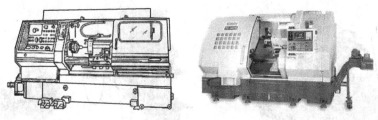

图 7-7 全功能型数控车床

车削外,还可以进行径向和轴向铣削、曲面铣削、中心线不在零件回转中心的孔和径向孔的钻削等加工。如图 7-8 为一种车削中心配置图。

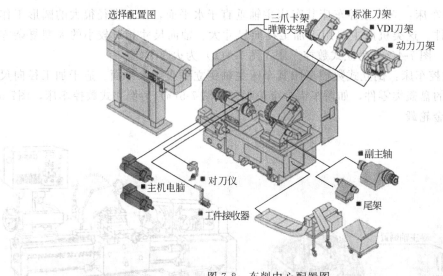

图 7-8 车削中心配置图

④ FMC 车床:FMC (Flexible Manufacturing Cell) 车床实际上是一个由数控车床、机器人等构成的柔性加工单元。它能实现工件搬运、装卸的自动化和具有加工调整准备的自动化功能,如图 7-9 所示。

(3) 按数控系统控制的轴数分类

① 两轴控制的数控车床。机床上只有一个回转刀架,可实现两坐标轴控制。

② 四轴控制的数控车床。机床上有两个独立的回转刀架,可实现四轴控制。

(4) 其他分类方法

按加工零件的基本类型分为卡盘式数控车床、顶尖式数控车床;按数控系统的不同控制方式分为直线控制数控车床、轮廓控制数控车床等;按性能可分为多主轴车床、双主轴车床、纵切式车床、刀塔式车床、排刀式车床等。按特殊或专门工艺性能可分为螺纹数控车床、活塞数控车床、曲轴数控车床和齿轮加工数控车床等多种。

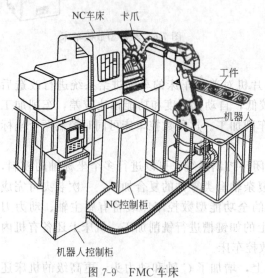

图 7-9 FMC 车床

7.1.2 数控车床的组成与布局

（1）数控车床的组成

数控车床一般由 CNC 装置（或称 CNC 单元）、输入/输出设备、伺服单元、驱动装置（或称执行机构）、可编程控制器 PLC 及电气控制装置、辅助装置、机床本体及测量反馈装置组成。如图 7-10 是数控车床的组成框图。

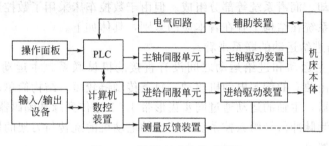

图 7-10 数控车床的组成框图

① 机床本体。数控车床的机床本体与传统机床相似，如图 7-11 所示，由主轴传动装置、进给传动装置、床身、工作台以及辅助运动装置、液压气动系统、润滑系统、冷却装置等组成。但数控车床在整体布局、外观造型、传动系统、刀具系统的结构以及操作机构等方面都已发生了很大的变化，这种变化的目的是为了满足数控机床的要求和充分发挥数控机床的特点。

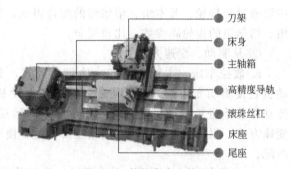

图 7-11 数控车床本体图

② CNC 单元。CNC 单元是数控机床的核心，CNC 单元由信息的输入、处理和输出三个部分组成。CNC 单元接受数字化信息，经过数控装置的控制软件和逻辑电路进行译码、插补、逻辑处理后，将各种指令信息输出给伺服系统，伺服系统驱动执行部件作进给运动。

③ 输入/输出设备。输入装置将各种加工信息传递于计算机的外部设备。在数控机床产生初期，输入装置为穿孔纸带，现已淘汰，后发展成盒式磁带，再发展成键盘、磁盘等便携式硬件，极大方便了信息输入工作，现通用 DNC 网络串行通信的方式输入。

④ 伺服单元。伺服单元由驱动器、驱动电机组成，并与机床上的执行部件和机械传动部件组成数控机床的进给系统。它的作用是把来自数控装置的脉冲信号转换成机床移动部件的运动。对于步进电动机来说，每一个脉冲信号使电动机转过一个角度，进而带动机床移动部件移动一个微小距离。每个进给运动的执行部件都有相应的伺服驱动系统，整个机床的性能主要取决于伺服系统。

⑤ 驱动装置。驱动装置把经放大的指令信号变为机械运动，通过简单的机械连接部件驱动机床，使工作台精确定位或按规定的轨迹作严格的相对运动，最后加工出图纸所要求的零件。和伺服单元相对应，驱动装置有步进电动机、直流伺服电动机和交流伺服电动机等。

⑥ 可编程控制器。可编程逻辑控制器（PLC，Programmable Logic Controller），当 PLC 用于控制机床顺序动作时，也可称之为编程机床控制器（PMC，Programmable Machine Controller）。PLC 已成为数控机床不可缺少的控制装置。CNC 和 PLC 协调配合，

共同完成对数控机床的控制。

⑦ 测量反馈装置。也称反馈元件，包括光栅、旋转编码器、激光测距仪、磁栅等。通常安装在机床的工作台或丝杠上，它把机床工作台的实际位移转变成电信号反馈给 CNC 装置，供 CNC 装置与指令值比较产生误差信号，以控制机床向消除该误差的方向移动。

数控车床与普通车床异同点：

从总体上看，数控车床与普通车床相比，其结构上仍然由床身、主轴箱、刀架、进给传动系统、液压、冷却、润滑系统等部分组成。但由于数控车床采用了数控系统，其进给系统与普通车床的进给系统在结构上存在着本质的差别，具体如下。

① 从主运动与进给运动的联系来看。

a. 数控车床。主运动和进给运动之间没有直接的机械联系，主运动、横向进给运动、纵向进给运动分别由独立的伺服电动机驱动，每条传动链较短，结构简单；数控车床的主轴上安装有脉冲编码器，主轴的运动通过同步齿形带 1：1 地传到脉冲编码器。当主轴旋转时，脉冲编码器发出检测脉冲信号给数控系统，使主轴电动机的旋转与刀架的切削进给保持同步关系，即实现加工螺纹。

b. 普通车床。主运动和进给运动由一台电动机驱动，它们之间存在直接的机械联系，传动链长，结构复杂，变速时需要人工调整；加工米制、模数制、英制等各种导程的螺纹，主要通过配挂轮、基本组、增倍组的配合得到，并要通过查表、计算的方式确定挂轮、基本组、增倍组的齿轮副参数，比较复杂。

② 从驱动、变速方式来看。

a. 数控车床。主轴运动有三种驱动方式，分别是分段无级变速、带传动变速以及电动机直接驱动变速；进给运动常采用步进电动机、伺服交流或直流电动机通过有限级的传动副传给进给运动机构实现工作台的直线运动或回转运动。主运动和进给运动均是无级变速方式，驱动装置后串联变速箱主要是为了使驱动电动机与工作轴的功率——转矩特性相匹配。

b. 普通车床。主运动由电动机经过皮带传动、离合器及滑移齿轮变速使得主轴获得正反方向的多级转速，而机床纵横向运动的实现是主轴通过交换齿轮架、进给箱、溜板箱传到刀架，而纵横向不同进给量的实现主要通过进给箱中基本组、增倍组的不同组合。

③ 从典型部件的结构特点来看。

a. 数控车床。进给运动采用滚珠丝杠螺母副，摩擦力小，刚性高；刀架移动导轨常采用贴塑导轨或滚动导轨块，快速响应能力好。传动副有消隙措施，加上数控系统对误差的修正，有效地保证了反向运动精度。

b. 普通车床。采用普通丝杠螺母副，一般来说传动副之间没有误差消除措施。

(2) 数控车床的布局

数控车床的主轴、尾座等部件相对于床身的布局形式与普通机床基本一致，而刀架和导轨的布局形式发生了根本的变化，这是因为其直接影响数控车床的使用性能及机床的结构和外观所致。

① 床身和导轨的布局。数控车床的床身导轨与水平面的相对位置有多种形式，如图 7-12 所示，它有 4 种布局形式。

a. 水平床身。如图 7-12(a) 所示，其工艺性能好，便于导轨面的加工。水平床身配上水平放置的刀架可提高刀架的运动精度，一般用于大型数控车床或小型精密数控车床的布局。但是水平床身由于下部空间小，故排屑困难。从结构尺寸来看，刀架水平放置使得滑板横向尺寸较大，从而加大了机床宽度方向的结构尺寸。

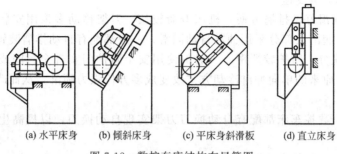

图 7-12 数控车床结构布局简图

b. 倾斜床身。如图 7-12(b) 所示,这种结构的导轨倾斜角度多采用 30°、45°、60°、75° 和 90°。倾斜角度小,排屑不便;倾斜角度大,导轨的导向性及受力情况差。导轨倾斜角度的大小还直接影响机床外形尺寸高度和宽度的比例。综合考虑上面的诸因素,中小规格的数控车床,其床身的倾斜度以 60°为宜。

c. 平床身斜滑板。如图 7-12(c) 所示,这种结构通常配置有倾斜式的导轨防护罩,一方面具有水平床身工艺性好的特点,另一方面机床宽度方向的尺寸较水平配置滑板的要小,且排屑方便。一般被中小型数控车床所普遍采用。

d. 直立床身。如图 7-12(d) 为直立床身。立床身配置 90°的滑板,即导轨倾斜角度为 90°的滑板结构。

② 刀架的布局。刀架作为数控车床的重要部件,它安装各种切削加工工具,其结构和布局形式对机床整体布局及工作性能影响很大。

数控车床的刀架分为转塔式和排刀式刀架。转塔式回转刀架有两种形式:一种主要用于加工盘类零件,其回转轴线垂直于主轴;另一种主要用于加工盘类零件和轴类零回转轴与主轴垂直件,其回转轴与主轴平行。两坐标连续控制的数控车床,一般采用 6~12 工位转塔式刀架,如图 7-13 所示。排刀式刀架主要用于小型数控车床,适用于短轴或套类零件加工,如图 7-14 所示。

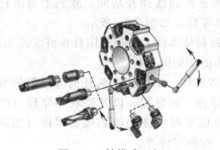

图 7-13 转塔式刀架

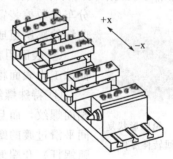

图 7-14 排刀式刀架

7.1.3 数控车床的特点与工艺范围

(1) 结构特点

① 传动链短。沿纵、横两个坐标轴方向的运动是通过用伺服电动机直接与滚珠丝杠连接带动刀架运动,伺服电动机与丝杠间也可以用同步皮带或齿轮副连接。

② 刚度大、转速较高,可实现无级变速。数控车床的总体结构刚性好、抗振性好,能够使主轴的转速更高,实现高速、强力切削。它多采用直流或交流主轴控制单元来驱动主

轴，按控制指令作无级变速。

③ 轻拖动、润滑好、排屑方便，机床寿命较长。刀架移动多采用安装在专用滚动轴承上的滚珠丝杠副；润滑大部分采用油雾自动润滑；一般都配有自动排屑装置。

④ 加工冷却充分、防护较严密。一般都使用安全防护门实现全封闭或半封闭的加工状态，因此，可以将原来的单向冲淋冷却方式改变成多方位强力喷淋，从而改善了刀具和工件的冷却效果。

⑤ 自动换刀。数控车床都配有自动换刀刀架实现自动换刀，以提高生产效率和自动化程度。

⑥ 模块化设计。数控车床的制造多采用模块化设计。

(2) 加工特点

① 高精度。数控车床控制系统的性能不断提高，机械结构不断完善，机床精度日益提高。

② 高效率。随着新刀具材料的应用和机床结构的完善，数控车床的加工效率、主轴转速、传动效率不断提高，使得新型数控车床的空运转时间大大缩短。其加工效率比普通车床提高 2～5 倍。

③ 高柔性和高可靠性。数控车床适用 70% 以上的多品种、小批量零件的自动加工，具有高柔性。随着数控系统的性能提高，数控车床的无故障时间迅速提高，具有高可靠性。

④ 工艺能力强。数控车床既用于粗加工又能用于精加工，可以在一次装夹中完成其全部或大部分工序。

(3) 数控车床的工艺范围

数控车削是数控加工中用得最多的加工方法之一。其工艺范围较普通车床宽得多，凡是能在数控车床上装夹的回转体零件都能在数控车床上加工，特别是形状复杂的轴类或盘类零件。

① 精度要求高的回转体零件。由于数控车床刚性好，制造、对刀精度高，能加工出直线度、圆度、圆柱度等形状、尺寸和位置精度要求高的零件。

② 轮廓形状复杂的回转体零件。因车床数控装置都具有直线和圆弧插补功能，还有部分车床数控装置具有某些非圆曲线插补功能，故能车削由任意平面曲线轮廓所组成的回转体零件。如图 7-15 所示。

图 7-15 轮廓形状复杂的回转体零件

③ 表面粗糙度好的回转体零件。数控车床具有恒线速切削功能，能加工出表面粗糙度值小而均匀的零件。

④ 特殊螺纹的回转体零件。不但能车削任何等导程的直、锥和端面螺纹，而且能车增导程、减导程，以及要求等导程与变导程之间平滑过渡的螺纹，还可以车高精度的模数螺旋零件（如圆柱、圆弧蜗杆）和端面（盘形）螺旋零件等。

⑤ 超精密、超低表面粗糙度的零件。在高精度、高功能的数控车床上可加工要求超高的磁盘、复印机的回转鼓、录像机的磁头、照相机等光学设备的透镜及其模具，以及隐形眼镜等。

7.1.4 数控车床的传动系统

在数控车床上有三种运动传动系统，包括数控车床的主运动传动系统、进给运动传动系统和辅助运动传动系统。每种传动系统的组成和特点各不相同，它们一起组成了数控车床的传动系统。以济南第一机床厂生产的 MJ-50 数控车床为例讲解数控车床的传动系统。MJ-50

数控车床的外观如图 7-16 所示。

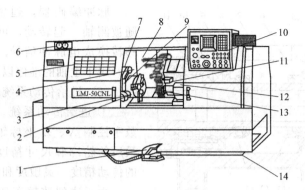

图 7-16　MJ-50 数控车床的外观

1—主轴卡盘松、夹开关；2—对刀仪；3—主轴卡盘；4—主轴箱；5—机床防护罩；6—压力表；7—对刀仪防护罩；
8—导轨防护罩；9—对刀仪转臂；10—操作面板；11—回转刀架；12—尾座；13—床鞍；14—床身

（1）主传动系统及传动装置

① 主运动传动系统（图 7-17）。主传链：由功率为 11kW 的交流伺服电动机驱动，经一级速比为 1∶1 的皮带传动，直接带动主轴旋转。

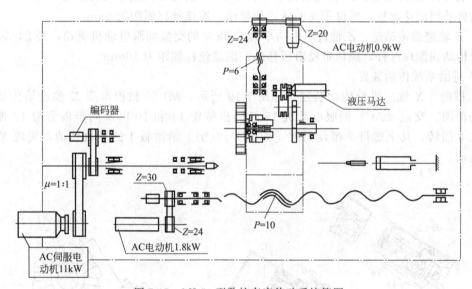

图 7-17　MJ-50 型数控车床传动系统简图

主轴调速：主轴能在 35～3500r/min 的转速范围内实现无级调速。

② 主轴部件（机床实现旋转运动的执行件）。如图 7-18 所示，交流主轴电动机通过带轮 15 把运动传给主轴 7。前支承由一个圆锥孔双列圆柱滚子轴承 11 和一对角接触球轴承 10 组成，轴承 11 用来承受径向载荷，两个角接触球轴承用来承受双向的轴向载荷和径向载荷。主轴的后支承为圆锥孔双列圆柱滚子轴承 14，轴承间隙由螺母 1 和 6 来调整。主轴所采用的支承结构适宜低速大载荷的需要。主轴的运动经过同步带轮 16 和 3 以及同步带 2 带动脉冲编码器 4，使其与主轴同速运转。

同步带传动是由一根内周表面设有等间距齿的封闭环形胶带和相应的带轮所组成。运动时，带齿与带轮的齿槽相嵌合传递运动和动力，是一种啮合传动。因而具有齿轮传动、链传动和带传动的各种优点。同步带传动具有准确的传动比，无滑动，可获得恒定的速比，传动平稳，能吸振。

脉冲编码器，通常安装在被测轴上。随被测轴一起转动，可以将被测轴的角位移转换成电脉冲信号。安装在主轴电动机上，用于主轴的准停以及螺纹的加工。

(2) 进给传动系统及传动装置

① 进给传动系统。进给传动系统是用数字控制 X、Z 坐标轴的直接对象，零件最后的轮廓和尺寸精度都直接受进给运动的传动精度、灵敏度和稳定性的影响。

为了达到数控车床进给传动系统要求的高精度、快速响应、低速大转矩，一般采用交、直流伺服进给驱动装置，通过滚珠丝杠副带动刀架移动。刀架的快速移动和进给移动为同一条传动路线。

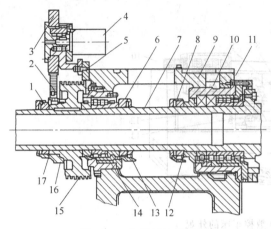

图 7-18 主轴结构简图

1,6,8—螺母；2—同步带；3,16—同步带轮；4—脉冲编码器；5,12,13,17—螺钉；7—主轴；9—箱体；10—角接触球轴承；11,14—圆柱滚子轴承；15—带轮

如图 7-17 所示，为 MJ-50 数控车床的进给传动系统，其分为 X 轴和 Z 轴进给传动。

a. X 轴进给传动链：X 轴进给由功率为 0.9kW 的交流伺服电动机驱动，经 20/24 的同步带轮传动到滚珠丝杠，螺母带动回转刀架移动，滚珠丝杠螺距为 6mm。

b. Z 轴进给传动链：Z 轴进给由功率为 1.8kW 的交流伺服电动机驱动，经 24/30 的同步带轮传动到滚珠丝杆，螺母带动滑板移动，滚珠丝杠螺距为 10mm。

② 进给系统传动装置。

a. 横向（X 轴）进给传动装置。如图 7-19 所示，MJ-50 数控车床 X 轴进给传动装置的结构简图。交流（AC）伺服电动机 15 经同步带轮 14 和 10 以及同步齿形带 12 带动滚珠丝杠 6 回转，其上螺母 7 带动刀架［如图 7-19(b)］沿滑板 1 的导轨移动，实现 X 轴的进给运动。

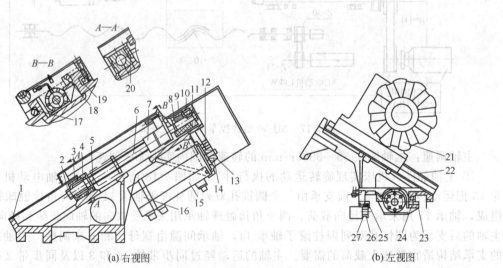

图 7-19 MJ-50 数控车床 X 轴进给传动装置的结构简图

1—滑板；2,7,11—螺母；3—角接触球轴承；4—轴承座；5,8—缓冲块；6—滚珠丝杠；10,14—同步带轮；12—同步齿形带；13—键；15—交流伺服电机；16—脉冲编码器；17～19,23～25—镶条；20—螺钉；21—刀架；22—导轨护板；26—限位开关；27—挡块

电机轴与同步带轮 14 之间用键 13 连接。同步带轮 14 传动是一种综合了带、链传动优点的新型传动。带的工作面及带轮外圆上均制成齿形，通过带与轮间齿的嵌合，作无滑动的啮合传动。因而，具有以下优点：

- 无滑动，传动比准确；
- 传动效率高，$\eta = 98\%$；
- 传动平稳，噪声小。
- 使用范围广，速度可达 50m/s，传动比可达 10 左右，传动功率由几瓦到数千瓦。

滚珠丝杠前后支承形式：

前支承：采用三个角接触球轴承组成，一个轴承大口向前，两个轴承大口向后，分别承受双向的轴向载荷。前支承的轴承由螺母 2 进行预紧。

后支承：采用一对角接触球轴承 9，主要用于承受径向载荷，同时承受一定的双向的轴向载荷。轴承大口相背放置，由螺母 11 预紧。

这种丝杠两端固定的支承形式，其结构和工艺都较复杂，但可以保证和提高丝杠的轴向刚度。脉冲编码器 16 安装在伺服电机的尾部。图中 5 和 8 是缓冲块，在出现意外碰撞时可以起保护作用。

A—A 剖面图表示滚珠丝杠前支承的轴承座 4 用螺钉 20 固定在滑板上。滑板导轨如 B—B 剖视图所示为矩形导轨，镶条 17、18、19 用来调整刀架与滑板导轨的间隙。

图 7-19(b) 中 22 为导轨护板，26、27 为机床参考点的限位开关和撞块。镶条 23、24、25 用于调整滑板与床身导轨的间隙。

因为滑板顶面导轨与水平面倾斜 30°，回转刀架会由于自身的重力而发生下滑，滚珠丝杠和螺母不能以自锁方式阻止其下滑，所以机床要依靠交流伺服电机的电磁制动来实现自锁。

b. 纵向（Z 轴）进给传动装置。如图 7-20 所示，MJ-50 数控车床 Z 轴进给传动装置的结构简图。交流（AC）伺服电动机 14 经同步带轮 12 和 2 以及同步带 11 传动到滚珠丝杠 5，由螺母 4 带动滑板连同刀架沿床身 13 的矩形导轨移动，实现 Z 轴的进给运动。

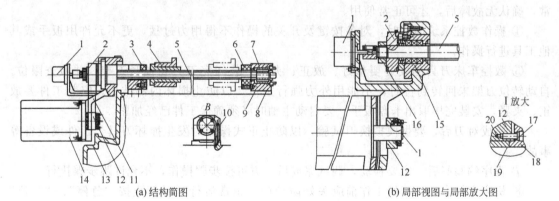

(a) 结构简图　　　　　　　　(b) 局部视图与局部放大图

图 7-20　MJ-50 数控车床 Z 轴进给传动装置的结构简图

1—脉冲编码器；2,12—同步带轮；3,6—缓冲挡块；4—螺母；5—滚珠丝杠；7—圆柱滚子轴承；8—间隙调整螺母；9—轴承座；10—螺钉；11—同步齿形带；13—床身；14—交流伺服电动机；15—角接触球轴承；16—锁紧螺母；17—拧紧螺钉；18—法兰；19—内锥环；20—外锥环

如图 7-20(b) 所示，伺服电机轴与同步带轮 12 之间用锥环无键连接，局部放大视图中的 19 和 20 是锥面相互配合的内外锥环。当拧紧螺钉 17 时，法兰 18 的端面就压迫外锥环 20，使其向外膨胀，内锥环 19 受力后向电机轴方向收缩，从而使电机轴与同步带轮连接在

一起。这种连接方式无需在被连接件上开键槽，而且两锥环的内外圆锥面压紧后，使连接配合面无间隙，对中性较好。为了传递较大的载荷，单侧压紧时可增至4对环，双侧压紧时可增至8对环。

ⓐ 滚珠丝杠左右支承形式。

左支承：采用三个角接触球轴承15，其中右边两个轴承与左边一个轴承的大口相对布置，由螺母16进行预紧。如图7-20(a)所示，用于承受径向载荷和部分轴向载荷。

右支承：采用一个圆柱滚子轴承7，只用于承受径向载荷。轴承间隙用螺母8来调整。

滚珠丝杠的支承形式为左端固定，右端浮动，留有丝杠受热膨胀后轴向伸长的余地。3和6为缓冲挡块，起越程保护作用。B向视图中的螺钉10将滚珠丝杠的右支承轴承座9固定在床身13上。

滚珠丝杠螺母轴向间隙可通过施加预紧力的方法消除。预紧载荷能有效地减小弹性变形所带来的轴向位移。但过大的预紧力将增加摩擦阻力，降低传动效率，并使寿命大为缩短。所以，一般要经过几次仔细调整才能保证机床在最大轴向载荷下，既消除间隙，又能灵活运转。

ⓑ 脉冲编码器的安装。

如图7-20(b)所示，Z轴进给装置的脉冲编码器1与滚珠丝杠5相连接，直接检测丝杠的回转角度，从而提高系统对Z向进给的精度控制。

7.1.5 数控车床安全操作规程

① 进入车间前工作服工作帽要穿戴整齐，袖口扣子要系好，禁止穿短裤、裙子、凉鞋、高跟鞋，女生长头发的要把头发放在工作帽里，操作车床时不准戴手套。

② 进入车间后，不得打逗及擅自离开自己的岗位，不得随意操作机床以免发生危险。

③ 开动机床前，应仔细查看各部分机构是否完好，电气控制系统及附件的插头、插座是否连接可靠，散热风扇是否运转正常，冷却液是否充足。工作前必须检查变速手柄的位置是否正确，以保证传动齿轮的正常啮合，先慢车启动，空转3～5min，观察车床是否有异常，确认无故障后，才可正常使用。

④ 操作数控系统面板时，对各按键及开关的操作不得用力过猛，更不允许用扳手或其他工具进行操作。

⑤ 数控车床刀具的安装要垫好、放正、夹牢；装卸完刀具要锁紧刀架，并检查限位。自动转位刀架未回转到位时，不能用外力强行定位，以防止损坏内部结构。安装工件要放正、夹紧，安装完毕取出卡盘扳手。要启动主轴时必须确保工件已经加紧。

⑥ 完成对刀后，要做模拟换刀试验，以防止正式操作时发生撞坏刀具、工件或设备等事故。

⑦ 程序编写好后一定要检验，调试完成后，方可按步骤操作，不允许跳步骤执行。

⑧ 机床主轴启动，开始工作前应关好防护门，正常运行时时禁止按"急停"、"复位"按钮，不能随意改变数控车床主轴转速，加工中严禁开启防护门。禁止用手或其他任何方式接触正在旋转的主轴、工件或其他运动部分。

⑨ 自动运行加工时，操作者不得离开机床，应保持思想高度集中，左手手指应放在程序停止按钮上，眼睛观察刀尖的运行情况，右手控制修调开关，控制机床拖板运行速率。发现问题及时按下程序停止按钮，以确保刀具和数控机床安全，防止各类事故发生

⑩ 若发生不正常现象或事故时应按红色"急停"按钮、切断电源、保护现场，并及时报告，不得进行其他操作。

⑪ 禁止用手接触刀尖和铁屑，要用毛刷与钩子处理。

⑫ 不得擅自修改、删除机床内部参数和系统文件，不得调用、修改其他非自己所编的程序，机床控制微机上，除进行程序操作和传输及程序拷贝外，不允许作其他操作。

⑬ 工作结束时，应擦净机床并加油润滑，清理现场，关闭电源。收拾整理好工具，打扫工作场地卫生。

7.2 数控铣床

数控铣床是在一般铣床的基础上发展起来的，两者的加工工艺基本相同，结构也有些相似，但数控铣床是靠程序控制的自动加工机床，所以其传动系统与普通铣床有很大区别。数控铣床是指计算机数控铣床，即 CNC 铣床。数控铣床适于加工较复杂的轮廓零件。

7.2.1 数控铣床的结构

如图 7-21 所示为 XK0186A 型升降台式数控铣床的外形结构图。

7.2.2 数控铣床的组成

数控铣床一般由输入装置、数控装置、伺服系统、强电控制柜、铣床本体和辅助装置等几大部分组成。如图 7-22 所示为数控铣床组成结构框图。

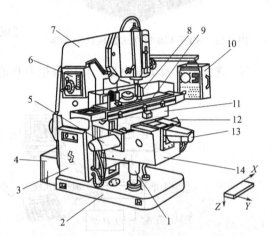

图 7-21 XK0186A 型升降台式数控铣床的结构
1—工作台支承；2—底座；3—强电柜；4—变压器箱；5—垂直升降进给伺服电动机；6—主轴变速手柄和按钮板；7—床身；8—行程限位开关；9—纵向工作台；10—操作台；11—横向溜板；12—纵向进给伺服电动机；13—横向进给伺服电动机；14—升降台

(1) 输入装置

输入装置的作用是将加工零件的程序和各种参数、数据通过输入设备送进计算机系统（数控装置）内。

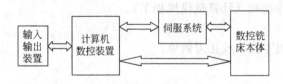

图 7-22 数控铣床的组成结构框图

(2) 数控装置

数控装置是数控铣床的核心。它的基本任务是接收输入装置送来的数字化信号，按照规定的控制算法进行插补运算，把它们转换为伺服系统能够接收的指令信号，然后由输出装置送给伺服系统，控制数控铣床的各个部分进行规定、有序的动作。

(3) 伺服系统

伺服系统是数控系统与铣床本体之间的电传动联系环节，包括伺服驱动电动机、各种伺服驱动元件及执行机构等。它是数控系统的执行部分，其作用是接收数控装置的指令信号，并按指令信号的要求控制执行部件的进给速度、方向和位移。指令信号是以脉冲信号体现的，每一脉冲使铣床移动部件产生的位移量称为脉冲当量。

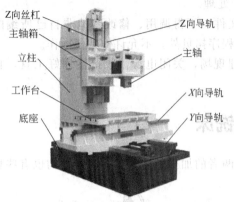

图 7-23　VDF-850 型立式数控铣床本体

（4）铣床本体

铣床本体是数控铣床的主体，是用于完成各种切削加工的机械部分，包括铣床的主运动部件、进给运动部件、执行部件和基础部件，如底座、立柱、工作台、导轨及传动部件等。如图 7-23 为 VDF-850 型立式数控铣床本体。

7.2.3　数控铣床的加工原理

数控铣床的加工原理如图 7-24 所示。

① 零件图工艺分析；选择经济适用数控铣床完成加工任务等。

② 确定装夹方案和定位基准。

③ 选择刀具及切削用量；确定每把刀具的粗加工和精加工切削参数。

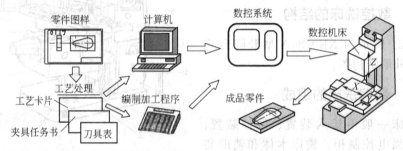

图 7-24　数控铣床的加工原理

④ 确定加工顺序及进给路线。
⑤ 计算基点坐标。
⑥ 编写数控加工程序。
⑦ 装夹待加工工件、找正、（对刀）手工确定工件加工原点坐标。
⑧ 输入刀具半径和长度补偿值。
⑨ 输入加工程序并校对（计算机模拟加工）。
⑩ 零件首件试切。
⑪ 零件加工。检测零件及校正刀偏值。
⑫ 检测评价。

7.2.4　数控铣床的分类

数控铣床的种类繁多，规格不一，其分类方法尚无统一规定，可以从不同的角度对其进行分类。下面介绍几种常用的分类方法。

（1）按主轴的布置形式分类

按主轴的布置形式可将数控铣床分为立式数控铣床、卧式数控铣床、立卧两用数控铣床和龙门式数控铣床。

① 立式数控铣床。立式数控铣床是数控铣床中数量最多的一种，应用范围最广，其主轴垂直于水平面（如图 7-25 所示）。小型数控铣床 X、Y、Z 方向的移动一般都由工作台完成，主运动由主轴完成，与普通立式升降台铣床相似。中型数控立铣的纵向（Y 方向）和横向移动（X 方向）一般由工作台完成，且工作台还可手动升降，主轴除完成主运动外，还

能沿垂直方向（Z 方向）伸缩。大型数控立铣，由于需要考虑扩大行程，缩小占地面积和刚性等技术问题，多采用龙门架移动式，其主轴可以在龙门架的横向与垂直溜板上运动，而龙门架则沿床身作纵向运动。

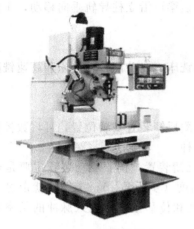
图 7-25　立式数控铣床

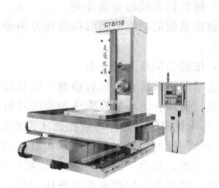
图 7-26　卧式数控铣床

② 卧式数控铣床（图 7-26）。卧式数控铣床的主轴水平布置，为了扩大加工范围和使用功能，通常采用增加数控转盘或万能数控转盘来实现 4～5 轴加工。这样不但工件侧面上的连续回转轮廓可以加工出来，而且可以实现在一次安装中，通过转盘改变工位，进行"四面加工"。尤其是万能数控转盘可以把工件上各种不同角度的加工面摆成水平面来加工，可以省去许多专用夹具或专用角度成形铣刀。对箱体类零件或在一次安装中需要改变工位的工件来说，选择带数控转盘的卧式数控铣床进行加工是非常合适的。

③ 立、卧两用数控铣床。这类铣床目前正在逐渐增多，它的主轴方向可以变换，能达到在一台机床上既可以进行立式加工，又可以进行卧式加工。其使用范围更广、功能更全，选择的加工对象和余地更大，给用户带来很多方便，特别是当生产批量小，品种较多，又需要立、卧两种方式加工时，用户只需要一台这样的机床就行了。如图 7-27 所示。

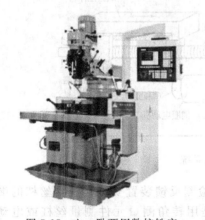
图 7-27　立、卧两用数控铣床

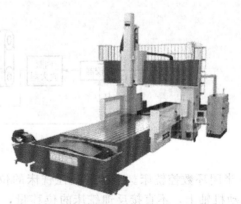
图 7-28　龙门式数控铣床

立、卧两用数控铣床的主轴方向的更换有手动与自动两种。采用数控万能主轴头的立、卧两用数控铣床，其主轴头可以任意转换方向，可以加工出与水平面呈各种不同角度的工件表面。当立、卧两用数控铣床增加数控转盘后，就可以实现对工件的"五面加工"，即除了工件与转盘贴面的定位面外，其他表面都可以在一次安装中进行加工。因此，其加工性能非常优越。

④ 龙门式数控铣床（图7-28）。床身水平布置，其两侧的立柱和连接梁构成门架的铣床。铣头装在横梁和立柱上，可沿其导轨移动。通常横梁可沿立柱导轨垂向移动，工作台可沿床身导轨纵向移动。用于大型模具加工等。

(2) 按数控系统的功能分类

按数控系统的功能可将数控铣床分为经济型数控铣床、全功能数控铣床和高速铣削数控铣床三种。

(3) 按进给伺服系统分类

按进给伺服系统有无位置检测反馈装置及位置检测反馈装置安装位置，可将数控铣床分为开环数控铣床、闭环数控铣床和半闭环数控铣床三种。

① 开环数控铣床。开环数控铣床没有位置检测反馈装置，伺服驱动装置主要是步进电动机。每给一脉冲信号，步进电动机就转过一定的角度（步距角 α），工作台就走过一个脉冲当量的距离，如图7-29所示。移动部件的移动速度和位移量是由输入脉冲的频率和数量所决定的。经济类数控铣床多为开环伺服系统。

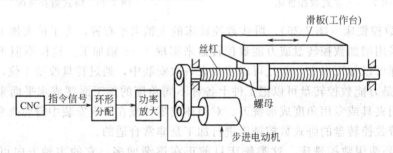

图7-29　开环伺服系统

② 闭环数控铣床。闭环数控铣床上装有位置检测反馈装置，直接对工作台的位移量进行测量。如图7-30所示为闭环伺服系统。

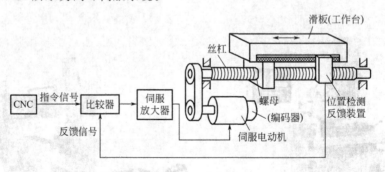

图7-30　闭环伺服系统

③ 半闭环数控铣床。半闭环数控铣床的位置检测反馈装置安装在进给丝杠的端部或伺服电动机轴上，不直接反馈铣床的位移量，而是用转角测量元件测量丝杠或电动机的旋转角度，进而推算出工作台的实际位移量，如图7-31所示。半闭环数控铣床应用十分广泛。

不同的数控铣床所配置的数控系统虽然各有不同，但除了一些特殊的功能不尽相同外，其主要功能基本相同。

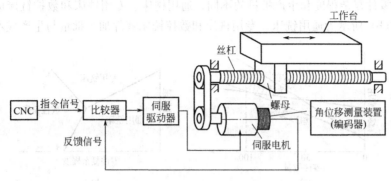

图 7-31 半闭环伺服系统

7.2.5 数控铣床的主要功能

① 控制功能（联动轴数）。
② 插补功能（轮廓加工功能，如直线插补、圆及圆弧插补功能等）。
③ 刀具补偿功能（刀具半径、刀具直径补偿）。
④ 固定循环功能（如螺纹孔加工）。
⑤ 比例及镜像功能。
⑥ 子程序调用功能。
⑦ 通信功能。
⑧ 数据采集功能。
⑨ 自诊断功能。

7.2.6 数控铣床的特点

数控铣床与普通铣床加工零件的区别在于数控铣床是按照程序自动加工零件，即通过数字（代码）指令来自动完成铣床各个坐标的协调运动，正确地控制铣床运动部件的位移量，并且按加工的动作顺序要求自动控制铣床各个部件的动作，如主轴转速、进给速度、换刀、工件夹紧放松、冷却液开关等。在数控铣床上只要改变控制铣床动作的程序，就可以达到加工不同零件的目的。由于数控铣床加工是一种程序控制过程，因此，相应形成了以下几个特点。
① 适应性强。
② 质量稳定，精度高。
③ 生产效率高。
④ 降低劳动强度，改善生产条件。
⑤ 实现复杂零件的加工。
⑥ 有利于现代化生产管理。

7.2.7 数控铣床的应用

数控铣床与普通铣床相比具有许多优点，应用范围还在不断扩大。但是数控铣床设备的初始投资费用较高、技术复杂，对编程、维修人员的素质要求也比较高。在实际选用中，需要充分考虑其技术经济效益。一般来说，数控铣床特别适用于加工零件较复杂、精度要求高和产品更新频繁、生产周期要求短的场合。

根据国内外数控铣床技术应用实践，可对数控铣床加工的适用范围作定性分析。如图 7-32

(a) 所示为随零件复杂程度和生产批量的不同，通用铣床、专用铣床和数控铣床应用范围的变化。如图 7-32(b) 所示为通用铣床、专用铣床和数控铣床零件加工批量与生产成本的关系。

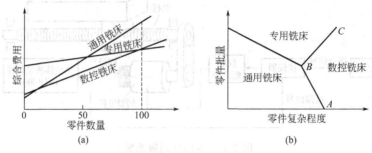

图 7-32　数控铣床的适用范围

以上分析说明，数控铣床通常最适合加工具有以下特点的零件：
① 多品种、小批量生产的零件或新产品试制中的零件。
② 轮廓形状复杂，对加工精度要求较高的零件。
③ 用普通铣床加工时，需要有昂贵的工艺装备（工具、夹具和模具）的零件。
④ 需要多次改型的零件。
⑤ 价格昂贵，加工中不允许报废的关键零件。
⑥ 需要最短生产周期的急需零件。

数控铣床加工的缺点是设备费用较高。尽管如此，随着高新技术的迅速发展、数控铣床的普及和人们对数控铣床认识上的提高，其应用范围日益扩大。

7.2.8　数控铣床的安全操作规程

(1) 安全操作基本注意事项
① 进入车间时，要穿好工作服，大袖口要扎紧，衬衫要系入裤内。女生要戴安全帽，并将发辫纳入帽内。不得穿凉鞋、拖鞋、高跟鞋、背心、裙子和戴围巾进入车间。注意：不允许戴手套操作机床。
② 注意不要移动或损坏安装在机床上的警告标牌。
③ 注意不要在机床周围放置障碍物，工作空间应足够大。
④ 某一项工作如需要俩人或多人共同完成时，应注意相互间的协调一致。
⑤ 不允许采用压缩空气清洗机床、电气柜及 NC 单元。
⑥ 应在指定的机床和计算机上进行实习。未经允许，其他机床设备、工具或电器开关等均不得乱动。

(2) 工作前的准备
① 操作前必须熟悉数控铣床的一般性能、结构、传动原理及控制程序，掌握各操作按钮、指示灯的功能及操作程序。在弄懂整个操作过程前，不要进行机床的操作和调节。
② 开动机床前，要检查机床电气控制系统是否正常、润滑系统是否畅通、油质是否良好，并按规定要求加足润滑油，各操作手柄是否正确，工件、夹具及刀具是否已夹持牢固，检查冷却液是否充足，然后开慢车空转 3～5min，检查各传动部件是否正常，确认无故障后，才可正常使用。
③ 程序调试完成后，必须经指导老师同意方可按步骤操作，不允许跳步骤执行。未经指导老师许可，擅自操作或违章操作，成绩作零分处理，造成事故者，按相关规定处分并赔偿相应损失。

④ 加工零件前，必须严格检查机床原点、刀具数据是否正常并进行无切削轨迹仿真运行。

(3) 工作过程中的安全注意事项

① 加工零件时，必须关上防护门，不准把头、手伸入防护门内，加工过程中不允许打开防护门。

② 加工过程中，操作者不得擅自离开机床，应保持思想高度集中，观察机床的运行状态。若发生不正常现象或事故时，应立即终止程序运行，切断电源并及时报告指导老师，不得进行其他操作。

③ 严禁用力拍打控制面板、触摸显示屏。严禁敲击工作台、分度头、夹具和导轨。

④ 严禁私自打开数控系统控制柜进行观看和触摸。

⑤ 操作人员不得随意更改机床内部参数。实习学生不得调用、修改其他非自己所编的程序。

⑥ 机床控制微机上，除进行程序操作和传输及程序拷贝外，不允许作其他操作。

⑦ 数控铣床属于大型精密设备，除工作台上安放工装和工件外，机床上严禁堆放任何工、夹、刃、量具、工件和其他杂物。

⑧ 禁止用手接触刀尖和铁屑，铁屑必须要用铁钩子或毛刷来清理。

⑨ 禁止用手或其他任何方式接触正在旋转的主轴、工件或其他运动部位。

⑩ 禁止加工过程中测量工件、手动变速，更不能用棉丝擦拭工件，也不能清扫机床。

⑪ 禁止进行尝试性操作。

⑫ 使用手轮或快速移动方式移动各轴位置时，一定要看清机床 X、Y、Z 轴各方向"+、-"号标牌后再移动。移动时先慢转手轮观察机床移动方向无误后方可加快移动速度。

⑬ 在程序运行中须暂停测量工件尺寸时，要待机床完全停止、主轴停转后方可进行测量，以免发生人身事故。

⑭ 机床若数天不使用，则每隔一天应对 NC 及 CRT 部分通电 2~3h。

⑮ 关机时，要等主轴停转 3min 后方可关机。

(4) 工作完成后的注意事项

① 清除切屑、擦拭机床，使用机床与环境保持清洁状态。各部件应调整到正常位置。

② 检查润滑油、冷却液的状态，及时添加或更换。

③ 依次关掉机床操作面板上的电源和总电源。

④ 打扫现场卫生，填写设备使用记录。

7.3 加工中心

加工中心是在数控铣床的基础上发展起来的。它和数控铣床有很多相似之处，但主要区别在于增加刀库和自动换刀装置，是一种备有刀库并能自动更换刀具对工件进行多工序加工的数控机床。通过在刀库上安装不同用途的刀具，加工中心可在一次装夹中实现零件的铣、钻、镗、铰、攻螺纹等多工序加工。随着工业的发展，加工中心将逐渐取代数控铣床，成为一种主要的加工机床。

7.3.1 加工中心加工对象

加工中心适于加工形状复杂、工序多、精度要求较高、需用多种类型的普通机床和众多的刀具、夹具且经多次装夹和调整才能完成加工的零件。下面介绍一下适合加工中心加工零件的种类。

(1) 箱体类零件

箱体类零件一般是指具有孔系和平面，内部有一定型腔，在长、宽、高方向有一定比例的零件。如汽车的发动机缸体、变速箱体，机床的床头箱、主轴箱、齿轮泵壳体等。图7-33所示为一种发动机缸体零件，图7-34所示为一种变速器箱体零件。箱体类零件一般都需要进行多工位孔系及平面加工，精度要求较高，特别是形状精度和位置精度要求严格，通常要经过铣、钻、扩、镗、铰、锪、攻丝等工序（或工步）加工，需要刀具较多。此类零件在普通机床上加工难度大，工装套数多，费用高，加工周期长，需多次装夹、找正，手工测量次数多，换刀次数多，精度难以保证。而在加工中心上加工，一次装夹可完成普通机床60%～95%的工序内容，零件各项精度一致性好，质量稳定，同时节省费用，生产周期短。

图7-33　缸体类零件　　　　图7-34　箱体类零件

(2) 带复杂曲面的零件

零件上的复杂曲面用加工中心加工时，与数控铣削加工基本是一样的，所不同的是加工中心刀具可以自动更换，工艺范围更宽。

(3) 异形件

异形件是外形不规则的零件，大都需要点、线、面多工位混合加工，还有各种样板、靠模等均属此类。由于外形不规则，在普通机床上只能采取工序分散的原则加工，需要工装多，周期长。异形件的刚性一般较差，夹压变形难以控制，加工精度也难以保证，甚至某些零件有的加工部位用普通机床无法加工。用加工中心加工时，利用加工中心多工位点、线、面混合加工的特点，通过采取合理的工艺措施，一次或二次装夹，即能完成多道工序或全部的工序内容。加工异形件时，形状越复杂，精度要求越高，使用加工中心越能显示优越性。

(4) 盘、套、轴、板、壳体类零件

带有键槽、径向孔或端面有分布的孔系及曲面的轴、盘或套类零件，如带法兰的轴套，带键槽或方头的轴类零件，具有较多孔加工的板类零件和各种壳体类零件等，适合在加工中心上加工。

加工部位集中在单一端面上的盘、套、轴、板、壳体类零件宜选择立式加工中心，加工部位不在同一方向表面上的零件可选卧式加工中心。

7.3.2　加工中心的型号及分类

(1) 加工中心的型号

目前我国机床型号的编制方法是按 GB/T 15375—2008《金属切削机床型号编制方法》编制的。加工中心型号的编制方法一般根据通用或专用机床型号的编制方法套用。

加工中心型号示例（图7-35）：

机床的类别用汉语拼音字母表示，"T"表示镗床类，"X"表示铣床类等；特性代号在类别代号之后用汉语拼音字母予以表示，加工中心特性代号一般为 H（自动换刀）；组、系代号用阿拉伯数字组成，位于类别代号或特性代号之后，第一位数字表示组别，第二位数字表示系列；机床主要参数用折算值表示，主要参数表示工作台宽度时，折算系数为"1/10"；机床重大改型的顺序号，在原机床型号后用 A、B、C、D 等英文字母表示。

有的机床厂家加工中心型号不按此标准编制，型号后面编制的数字的含义也不尽相同，如南通科技投资集团股份有限公司生产的 VMCL600 型立式加工中心，600 表示 X 轴的行程为 600mm。

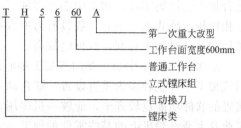

图 7-35　加工中心型号示例

(2) 加工中心的类型

加工中心的分类有多种情况，具体分类如下：

① 按照机床主轴布局形式分类。

a. 立式加工中心。指主轴轴心线为垂直状态设置的加工中心，如图 7-36 所示。其结构形式多为固定立柱，工作台为长方形，无分度回转功能，适合加工盘、套、板类零件。它一般具有三个直线运动坐标轴，并可在工作台上安装一个沿水平轴旋转的回转台，用以加工螺旋线类零件等。立式加工中心装卡方便，便于操作，易于观察加工情况，调试程序容易，应用广泛。但受立柱高度及换刀装置的限制，不能加工太高的零件，在加工型腔或下凹的型面时，切屑不易排出，严重时会损坏刀具，破坏已加工表面，影响加工的顺利进行。

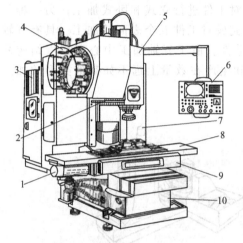

图 7-36　JCS-018A 型立式加工中心

1—X 轴的直流伺服电动机；2—换刀机械手；3—数控柜；4—盘式刀库；5—主轴箱；6—操作面板；7—驱动电源柜；8—工作台；9—滑座；10—床身

b. 卧式加工中心。指主轴轴线为水平状态设置的加工中心，如图 7-37 所示。通常都带有自动分度的回转工作台。卧式加工中心一般具有 3～5 个运动坐标，常见的是三个直线运动坐标（沿 X、Y、Z 轴方向）加一个回转运动坐标（回转工作台），工件在一次装卡后，可完成除安装面和顶面以外的其余四个表面的加工，它最

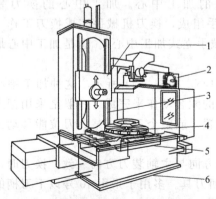

图 7-37　卧式加工中心

1—主轴头；2—刀库；3—立柱；4—立柱底座；5—工作台；6—工作台底座

图 7-38　龙门式加工中心

适合加工箱体类零件。加工中心有多种形式，如固定立柱式或固定工作台式。与立式加工中心相比较，卧式加工中心一般具有刀库容量大，整体结构复杂，体积和占地面积大，加工时排屑容易，对加工有利，但价格较高。

c. 龙门式加工中心。龙门式加工中心的形状与数控龙门铣床相似，如图7-38所示。龙门式加工中心主轴多为垂直设置，除自动换刀装置以外，还带有可更换的主轴头附件，数控装置的软件功能也较齐全，能够一机多用，尤其适用于加工大型或形状复杂的工件，如航天工业及大型汽轮机上的某些零件的加工。

d. 五轴加工中心。五轴加工中心具有立式加工中心和卧式加工中心的功能，如图7-39所示。对五轴加工中心，工件一次安装后能完成除安装面以外的其余五个面的加工，降低了工件二次安装引起的形位误差，并大大提高了加工精度和生产效率。常见的五轴加工中心有两种形式：一种是主轴可以旋转90°，对工件进行立式和卧式加工；另一种是主轴不改变方向，而由工作台带着工件旋转90°，完成对工件五个表面的加工。具有五轴联动功能的加工中心，可以加工非常复杂形状的零件。由于五轴加工中心存在着结构复杂、造价高、占地面积大等缺点，所以它的使用和生产在数量上远不如其他类型的加工中心。

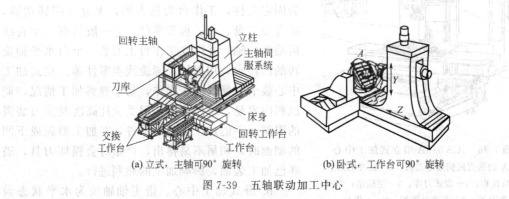

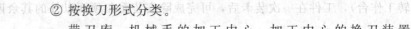

图7-39　五轴联动加工中心

e. 虚轴加工中心。如图7-40所示。虚轴加工中心改变了以往传统机床的结构，通过连杆的运动，实现主轴多自由度的运动，完成对工件复杂曲面的加工。

② 按换刀形式分类。

a. 带刀库、机械手的加工中心。加工中心的换刀装置（ATC）是由刀库和机械手组成，换刀机械手完成换刀工作（如图7-36所示带刀库和机械手立式加工中心）。这是加工中心最普遍采用的形式。

b. 无机械手的加工中心，如图7-41所示，这种加工中心的换刀是通过刀库和主轴箱的配合动作来完成。一般是采用把刀库放在主轴可以运动到的位置，或整个刀库或某一刀位能移动到主轴箱可以达到的位置。

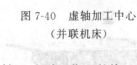

图7-40　虚轴加工中心
　　　（并联机床）

刀库中刀的存放位置方向与主轴装刀方向一致。换刀时，主轴运动到刀位上的换刀位置，由主轴直接取走或放回刀具。多用于采用40号以下刀柄的小型加工中心。

c. 转塔刀库式加工中心。如图7-42所示。一般在小型立式加工中心上采用转塔刀库形式，主要以孔加工为主。

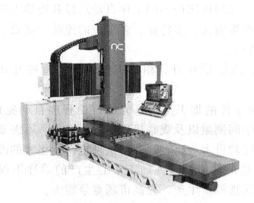 图 7-41 无机械手换刀加工中心
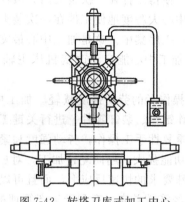 图 7-42 转塔刀库式加工中心

7.3.3 加工中心的特点与工艺范围

① 结构特点。

a. 机床的刚度高、抗振性好。为了满足加工中心高自动化、高速度、高精度、高可靠性的要求，加工中心的静刚度、动刚度和机械结构系统的阻尼比都高于普通机床。

b. 机床的传动系统结构简单，传递精度高，速度快。加工中心传动装置主要有三种，即滚珠丝杠副、静压蜗杆-蜗轮条、预加载荷双齿轮-齿条。它们由伺服电动机直接驱动，省去齿轮传动机构，传递精度高，速度快。一般速度可达 15m/min，最高可达 100m/min。

c. 主轴系统结构简单，无齿轮箱变速系统（特殊的也只保留 1～2 级齿轮传动）。主轴功率大，调速范围宽，并可无级变速。

d. 加工中心的导轨都采用了耐磨损材料和新结构，能长期地保持导轨的精度，在高速切削下，保证运动部件不振动，低速进给时不爬行及运动中的高灵敏度。

e. 设置有刀库和换刀机构。具有储存加工所需刀具的刀库，它用于储存刀具并根据要求将各工序所用的刀具运送到取刀位置；具有自动装卸刀具的机械手。这是加工中心与数控铣床和数控镗床的主要区别，使加工中心的功能和自动化加工的能力更强了。加工中心的刀库容量少的有几把，多的达几百把。这些刀具通过换刀机构自动调用和更换，也可通过控制系统对刀具寿命进行管理。

f. 具有主轴准停机构、刀杆自动夹紧松开机构和刀柄切屑自动清除装置。这是加工中心机床主轴部件中三个主要组成部分，也是加工中心机床能够顺利地实现自动换刀所需具备的结构保证。此外，还具有自动排屑、自动润滑、自动报警和工作台自动交换系统等。

② 加工特点。

a. 全封闭防护，加工精度高。加工中心同其他数控机床一样有加工精度高的特点，而且加工中心由于加工工序集中，避免了长工艺流程，减少了人为干扰，故加工精度更高，加工质量更加稳定。

b. 能自动进行刀具交换，加工生产率高。零件加工所需要的时间包括机动时间与辅助时间两部分。加工中心带有刀库和自动换刀装置，在一台机床上能集中完成多种工序，因而可减少工件装夹、测量和机床的调整时间，减少工件半成品的周转、搬运和存放时间，使机床的切削利用率（切削时间和开动时间之比）高于普通机床 3～4 倍，达 80% 以上。

c. 工序集中，加工连续进行。加工中心备有刀库并能自动更换刀具，对工件进行多工

位加工，使得工件在一次装夹后，数控系统能控制机床按不同工序自动选择和更换刀具。现代加工中心大程度地使工件在一次装夹后实现多表面、多特征、多工位的连续、高效、高精度加工，工序集中。这是加工中心最突出的特点。

d. 加工中心能自动改变机床主轴转速、进给量和刀具相对工件的运动轨迹及其他辅助能。

e. 操作者的劳动强度减轻。加工中心对零件的加工是按事先编好的程序自动完成的，除了操作键盘、装卸零件、进行关键工序的中间测量以及观察机床的运行之外，不需要进行繁重的重复性手工操作，劳动强度和紧张程度均可大为减轻，劳动条件也得到很大的改善。

f. 功能强大，趋向复合加工，对加工对象的适应性强。加工中心生产的柔性不仅体现在对特殊要求的快速反应上，而且可以快速实现批量生产，提高市场竞争能力。

g. 经济效益高，有利于生产管理的现代化。使用加工中心加工零件时，分摊在每个零件上的设备费用是较昂贵的，但在单件、小批生产的情况下，可以节省许多其他方面的费用，因此能获得良好的经济效益。并且用加工中心加工零件，能够准确地计算零件的加工工时，并有效地简化了检验和工夹具、半成品的管理工作。这些特点有利于使生产管理现代化。

由于加工中心具有上述机能，因而可以大大减少工件装夹、测量和机床的调整时间，减少工件的周转、搬运和存放时间，使机床的切削时间利用率高于普通机床3~4倍，大大提高了生产率，尤其是在加工形状比较复杂、精度要求较高、品种更换频繁的工件时，更具有良好的经济性。

7.3.4 数控机床安全操作规程

（1）开机前应当遵守的操作规程

① 穿戴好劳保用品，不要戴手套操作机床。

② 详细阅读机床的使用说明书，在未熟悉机床操作前，切勿随意动机床，以免发生安全事故。

③ 操作前必须熟知每个按钮的作用以及操作注意事项。

④ 注意机床各个部位警示牌上所警示的内容。

⑤ 按照机床说明书要求加装润滑油、液压油、切削液，接通外接气源。

⑥ 机床周围的工具要摆放整齐，要便于拿放。

⑦ 加工前必须关上机床的防护门。

（2）在加工操作中应当遵守的操作规程

① 文明生产，精力集中，杜绝酗酒和疲劳操作；禁止打闹、闲谈、睡觉和任意离开岗位。

② 机床在通电状态时，操作者千万不要打开和接触机床上示有闪电符号的、装有强电装置的部位，以防被电伤。

③ 注意检查工件和刀具是否装夹正确、可靠；在刀具装夹完毕后，应当采用手动方式进行试切。

④ 机床运转过程中，不要清除切屑，要避免用手接触机床运动部件。

⑤ 清除切屑时，要使用一定的工具，应当注意不要被切屑划破手脚。

⑥ 要测量工件时，必须在机床停止状态下进行。

⑦ 在打雷时，不要开机床。因为雷击时的瞬时高电压和大电流易冲击机床，造成烧坏模块或丢失改变数据，造成不必要的损失。

(3) 工作结束后应当遵守的操作规程
① 如实填写好交接班记录，发现问题要及时反映。
② 要打扫干净工作场地，擦拭干净机床，应注意保持机床及控制设备的清洁。
③ 切断系统电源，关好门窗后才能离开。

7.4 特种加工机床

7.4.1 认识特种加工机床

特种加工是指那些不属于传统加工工艺范畴的加工方法，它不同于使用刀具、磨具等直接利用机械能切除多余材料的传统加工方法。特种加工是近几十年发展起来的新工艺，是对传统加工工艺方法的重要补充与发展，目前仍在继续研究开发和改进。直接利用电能、热能、声能、光能、化学能和电化学能，有时也结合机械能对工件进行的加工。特种加工中以采用电能为主的电火花加工和电解加工应用较广，泛称电加工。本书将以电加工机床为主介绍其相关知识。

(1) 电火花加工的基本原理

1943年，前苏联学者拉扎连科夫妇研究发明电火花加工，之后随着脉冲电源和控制系统的改进，而迅速发展起来。

① 电加工中的极性效应：在电火花加工中存在极性效应，即在加工时阳极和阴极表面分别受到电子和离子的轰击而受到瞬时高温热源的作用，它们都受到电腐蚀，但即使两电极材料相同，两个电极的蚀除量也不相同，这种现象称为极性效应。

极性定义：电火花加工分为"正极性加工"和"负极性加工"。

正极性加工：工件接正极；短（窄）脉冲用正极性加工。如图7-43所示。

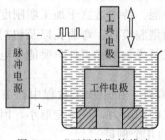
图7-43 "正极性"接线法

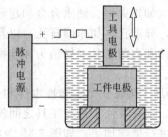
图7-44 "负极性"接线法

负极性加工：工件接负极（也称为反极性）；长（宽）脉冲用负极性加工。如图7-44所示。

极性效应产生的原因：放电时，正极（阳极）表面受到电子轰击，负极（阴极）表面受到正离子轰击。由于电子质量小，正离子质量大，所以两级表面获得的能量不同。熔化、气化抛出材料的量（即电腐蚀的程度）也不同。由于电子质量小，加速度大，容易获得较高的运动速度，即电子在很短的时间就可到达正极表面。而正离子质量大，加速度小，短时间不易获得较高速度，即正离子需要较长的时间才能到达负极表面。所以当放电时间较短时（窄脉冲），如小于30μs，电子传递给阳极的能量大于正离子传递给阴极的能量，使阳极蚀除量大于阴极蚀除量，此时工件应接正极，工具电极应接负极，称为正极性加工。反之，当放电时间足够长时（宽脉冲），如大于300μs，正离子被加速到较高的速度，加上它的质量大，轰击阴极时的动能也大，使阴极蚀除量大于阳极蚀除量，此时工件应接负极，工具应接正极，称为负极性加工。这是因为，大脉宽条件下的实际加工中，正极表面附了一层碳膜，对正极的保护作用加强，从而使正极的蚀除量小于负极，值得说明的是负极性加工适合粗加工，因为正极表面附着的碳膜会影响加工精度。但在小脉宽加工条件下，正极表面无法形成碳保护膜，正极的蚀除量就要大于负极了，正极性加工适合精加工。

应该说明的是：极性效应是一个十分复杂的问题，不仅脉宽（电规准）、脉时对极性效应有影响，脉冲峰值电流、放电电压、工作液以及电极和工件材料对极性效应都会有影响。从加工角度来讲，希望加工效率越高、电极损耗越小越好。也就是极性效应越显著越好。合理的利用极性效应就要根据电极和工件的材料，选择最佳的加工参数，正确的选择加工极性就能提高工件蚀除速度，工具损耗尽可能小。

② 电火花加工，又称放电加工、电蚀加工、电脉冲加工。其加工过程与传统的机械加工完全不同。电火花成形加工时，工件与加工所用的工具为极性不同的电极对，加工时电极对之间充满工作液，主要起恢复电极间的绝缘状态及带走放电时产生的热量的作用，以维持电火花加工的持续放电。为便于理解和对比，将电火花加工时所用工具称为工具电极（简称电极），而工件则仍称为工件。在正常电火花加工过程中，电极与工件并不接触，而是保持一定的距离（称为间隙），在工件与电极间施加一定的电压，当电极向工件进给至某一距离时，两极间的工作液介质被击穿，局部产生火花放电，放电产生的瞬时高温将电极对的表面材料熔化甚至汽化，逐步蚀除工件，通过控制连续不断的脉冲式火花放电，就可将工件材料按人们预想的要求予以蚀除，达到加工的目的，故称为电火花加工。日、美、英等国家称为放电加工。

（2）电火花加工的特点

① 能加工高硬度导电的材料。这对于普通切削的方法是难于加工或无法加工的。在电火花加工过程主要是靠电、热能进行加工，几乎与力学性能（硬度、强度等）无关，从而使工件的加工不受工具硬度、强度的限制，同时也实现了用软质的材料（如石墨、铜等）加工硬质的材料（如淬火钢、硬质合金和超硬材料等）可能。特别适宜于加工弱刚度、薄壁工件的复杂外形，异形孔（如非圆盲孔）以及形状复杂的型腔模具、弯曲孔以及切割、开槽、去除折断在工件孔内的工具（如钻头和丝锥）等。也就是说被加工工件只要能导电就能利用电能进行加工。

② 便于加工细长、薄、脆性零件和形状复杂的零件。由于加工过程中，工具与工件没有直接接触，这样就使工件与工具之间没有机械加工的切削力，机械变形小，因此可以加工复杂形状和进行微细加工。如图 7-45 为电火花加工的几个例证。

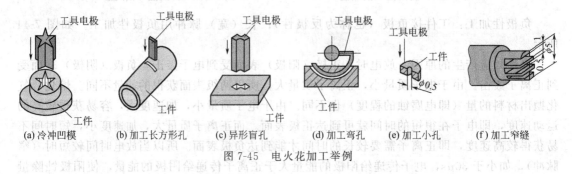

图 7-45 电火花加工举例

③ 工件变形小，加工精度高。目前，电火花加工的精度可达 0.01～0.05mm，在精密光整加工时可小于 0.005mm。

④ 易于实现加工过程的自动化。电火花加工主要利用电能进行加工，而电能、电参数较机械量易于实现自动化控制。目前我国电火花加工机床大多都是数字控制。

总之，只要被加工材料能够导电，无论被加工材料是软还是硬都能进行电加工。

（3）电火花加工存在的不足

① 只能对导电材料进行加工。通过电火花加工原理的分析，可以看出电火花加工所用的工具和工件必须是导体，所以塑料、陶瓷等绝缘的非导体材料不能用电火花进行加工。

② 加工精度受到电极损耗的限制。由于加工过程中，工具电极同样会受到电、热的作用而被蚀除，特别是在尖角和底面部分蚀除量较大，又造成了电极损耗不均匀的现象，所以电火花加工的精度受到限制。

③ 加工速度慢。由于火花放电时产生的热量只局限在电极表面，而且又很快被介质冷却，所以加工速度要比机械加工慢。

④ 最小圆角半径受到放电间隙的限制。虽然电火花加工具有一定的局限性，但与传统的切削加工相比仍有巨大的优势，因此其应用领域日益扩大，目前已广泛应用于机械（特别是模具制造）、航空航天、电子、电器、仪器仪表等行业，用来解决难加工材料及复杂形状零件的加工问题。

综上所述可以看出，在现代制造业中，电火花加工工艺是切削加工工艺的补充工艺手段之一，具体选用时，要根据设备特点与工艺习惯，选择适合的工艺方法，充分发挥各种工艺的特长，以获得最佳的经济、技术效益。

7.4.2 数控电火花线切割机床

（1）数控电火花线切割机床的加工原理与特点

① 数控电火花线切割机床的加工原理。数控电火花线切割机床的加工原理是利用连续移动的细金属丝（钼丝、铜丝等）作为工具电极，并在金属丝与工件间通以脉冲电流，利用脉冲放电的电腐蚀作用对工件进行切割加工的。故称为电火花线切割，简称线切割。工件的形状是由数控系统的工作台相对于电极丝的运动轨迹决定的，因此不需要制造专用的电极，就可以加工形状复杂的模具零件。

如图 7-46 所示为线切割机床的加工原理。图中，电极丝 4 穿过工件 5 上预先钻好的小孔，经导轮 3 由储丝筒 2 带动作往复交替移动。工件通过绝缘板 7 安装在工作台上，由数控装置按加工程序发出指令，控制两台步进电动机 11，以驱动工作台在水平面上沿 X、Y 两个坐标方向移动而合成任意平面曲线轨迹，由高频脉冲发射器 8 对电极与工件施加脉冲电压，喷嘴 6 将工作液以一定的压力喷向加工区，当脉冲电压击穿电极丝和工件之间的缝隙时，两者之间随即产生火花放电而切割工件。

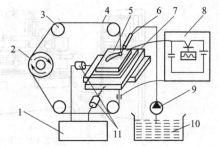

图 7-46 线切割机床的加工原理
1—数控装置；2—储丝筒；3—导轮；4—电极丝；5—工件；6—喷嘴；7—绝缘板；8—高频脉冲发生器；9—液压泵；10—油箱；11—步进电动机

② 数控电火花线切割机床的特点。

a. 数控线切割加工是轮廓切割加工，不需设计和制造成形工具电极，大大降低了加工费用，缩短了生产周期。

b. 利用电蚀原理加工，工具电极和工件不直接接触，无机械加工中的宏观切削力，适宜于加工低刚度零件及细小零件。

c. 不受工件硬度的约束，可以加工硬度很高或很脆，用一般切削加工方法难加工或无法加工的材料。只要是导电或半导电的材料都能进行加工。

d. 切缝可窄达仅 0.005mm，只对工件材料沿轮廓进行"套料"加工，材料利用率高、能有效节约贵重材料。

e. 移动的长电极丝连续不断地通过切割区，单位长度电极丝的损耗量较小，加工精度高。

f. 一般采用水基工作液，可避免发生火灾，安全可靠，可实规昼夜无人值守连续加工。

g. 通常用于加工零件上的直壁曲面，通过 X-Y-U-V 四轴联动控制，也可进行锥度切割和加工上下截面异形体、形状扭曲的曲面体和球形体等零件。

h. 不能加工盲孔及纵向阶梯表面。

(2) 数控电火花线切割机床的分类与组成

① 数控电火花线切割机床的分类。数控电火花线切割机床根据电极丝运动速度的不同分成快速走丝电火花线切割机床（WEDM-HS）和慢速走丝电火花线切割机床（WEDM-LS）。

a. 快速走丝数控电火花线切割机床。如图7-47所示，床身1是安装工作台2和走丝系统的基础，工作台2的定位精度和灵敏度是影响加工曲线轮廓精度的重要因素。走丝系统的储丝筒4由单独电动机、联轴节和专门的换向器驱动，作正反向交替运转，走丝速度一般为 6~10m/s 并保持一定的张力。这类机床的线电极运行速度快，而且是双向往返循环地运行，即成千上万次地反复通过加工间隙，一直使用到断线为止。电极丝主要是钼丝（0.1~0.2mm），工作液通常采用乳化液。快速走丝电火花线切割加工机床结构比较简单。但是由于它的走丝速度快、机床的振动较大，电极丝的振动也大，导丝轮损耗也大，给提高加工精度带来较大的困难。另外电极丝在反复运行中的放电损耗也是不能忽视的，因而要得到高精度的加工和维持加工精度也是相当困难的。快速走丝数控电火花线切割机床适用于精度要求不高的工件加工或作为粗加工机床使用。

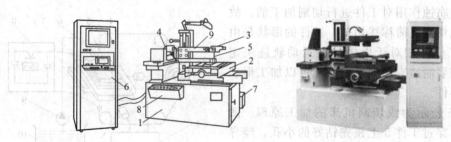

图 7-47 快速走丝数控电火花线切割机床
1—床身；2—工作台；3—锥度装置；4—储丝筒；5—电极丝；6—数控箱；
7—工作液循环系统；8—操作按钮；9—线架

b. 慢速走丝数控电火花线切割机床。如图7-48所示为慢速走丝线切割机床的基本组成。其运动速度一般为 3m/min 左右，最高为 15m/min。可使用纯铜、黄铜、钨、钼和各种合金以及金属涂覆线作为线电极，其直径为 0.03~0.35mm。这种机床电极只是单方向通过加工间隙，不能重复使用，可避免线电极损耗给加工精度带来的影响。工作液主要用去离子水和煤油。慢速走丝电火花线切割机床，由于解决了能自动卸除加工废料、自动搬运工件、自动穿电极丝和自适应控制技术的应用，因而已能实现无人操作加工。慢速走丝数控电火化线切割机床加工精度较高，适用于加工精度较高的工件。精加工，一般采用较小的电流、高频及较小的放电时间。表7-1所示为快、慢走丝线切割机床加工性能的主要区别。

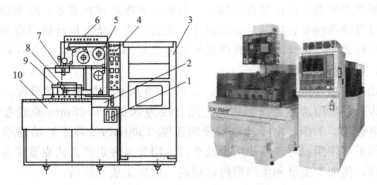

图 7-48 慢速走丝数控电火花线切割机床
1—工作液量计；2—画图工作台；3—数控装置；4—电参数设定面板；5—走丝系统；
6—放电电容箱；7—上丝架；8—下丝架；9—工作台；10—床身

表 7-1 快、慢走丝线切割机床加工性能的主要区别

比较项目	快走丝线切割机床	慢走丝线切割机床
走丝速度/(m/s)	8~12	1~15
电极丝工作状态	往复供丝，反复使用	单向运行，一次性使用
电极丝材料	钼、钨钼合金	黄铜、钢、以铜为主体的合金或涂覆材料
电极丝直径/mm	0.03~0.25，常用值 0.12~0.20	0.003~0.30，常用值 0.20
表面粗糙度 Ra/μm	3.2~1.6	1.6~1
加工精度/mm	±0.02~0.005	±0.005~0.002
电极丝损耗/mm	均匀分布于参与工作的电极丝全长加工。$(3\sim10)\times10^4 mm^2$ 时，损耗 0.01	不计
重复定位精度/mm	±0.01	±0.002
脉冲电源	开路电压 80~100V 工作电流 1~5A	开路电压 300V 左右，工作电流 1~32A
单面放电间隙/mm	0.01~0.03	0.01~0.12
工作液	线切割乳化液或水基工作液	去离子水，个别场合用没油
工作液电阻率/kΩ·cm	0.5~50	10~100
切割速度/(mm²/min)	20~160	20~240

② 数控电火花线切割机床的组成。

如图 7-47 与图 7-48 所示，数控电火花线切割机床一般由床身、走丝机构、锥度切割装置、坐标工作台、工作液循环系统、脉冲电源、数控装置等部分组成。

a. 走丝机构。走丝机构主要由走丝电动机、丝架和导轮等组成，分为快速走丝机构和慢速走丝机构。它的作用是使电极丝以一定速度连续不断地通过放电区。

(a) 快速走丝线切割机床的走丝机构。如图 7-49 所示为目前应用较广的快走丝电火花线切割机走丝机构，这种切割机采用较耐电蚀的钼丝作线电极，为了使有限长度的电极丝可以

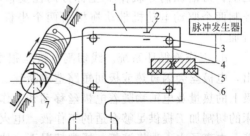

图 7-49 快速走丝线切割机床的走丝机构
1—丝架；2—导电器；3—导轮；4—线电极；
5—工件；6—工作台；7—储丝筒

连续工作,电极丝作周期性的往复直线移动。其移动速度达每秒数米,故称快走丝。走丝机构由电动机通过弹性联轴节直接带动储丝筒往复旋转,为了使电极丝排列整齐,整个卷绕机构还沿轴向往复移动。当储丝筒转动到供丝端的电极丝即将送完时,立即反向转动,使供丝端成为收丝端,电极丝也反向移动。

(b) 慢速走丝线切割机床的走丝机构。如图7-50所示为慢速走丝机构,最近几年新发展的线切割机床大多采用这种走丝机构。它用直径为0.05~0.25mm的成卷黄铜丝或镀锌黄铜丝等作为电极丝。工作时电极丝以较慢的速度(300mm/s以下)始终单向运行,经过放电腐蚀后不再重复使用。可连续使用十几小时。因此这种走丝方式克服了往复高速走丝所引起的种种弊病,使加工质量和生产率得以提高。但加工成本较高。

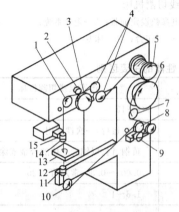
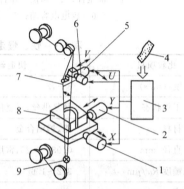

图7-50 慢速走丝机构示意图　　　　　图7-51 锥度切割原理

1,4,10—滑轮；2,9—压紧轮；3—制动轮；5—供丝卷筒；6—卷丝筒；7—导向轮；8—卷丝滚筒；13—工件；11,15—导电器；12,14—导向器

1—X轴伺服电动机；2—Y轴伺服电动机；3—数控柜；4—穿孔纸带；5—Y轴伺服电动机；6—X轴伺服电动机；7—上导向轮；8—工件；9—下导向轮

b. 锥度切割装置。如果需要切割有落料角的冲模和某些台锥度(斜度)的内外表面,可通过控制走丝机构中电极移上、下导向装置在纵横两个方向上的移动,使电极丝倾斜,则可切割出各个方向的锥度。最大锥角可达5°,甚至达30°。如图7-51所示是锥度切割示意图。

c. 坐标工作台。坐标工作台由电动机(直流或交流电动机和步进电动机)、进给丝杠(一般使用滚珠丝杠)、导轨等组成。

坐标工作台用以装夹工件,如图7-52所示。下拖板通常与床身固定连接；中拖板置于下拖板之上,可沿横向导轨作X坐标方向往复移动；上拖板(工作台)则置于中拖板之上,可沿纵向导轨作Y坐标方向往复移动。线切割加工时通过控制系统发出进给信号,控制两个驱动电动机带动拖板沿两个坐标方向各自移动,合成各种平面图形曲线轨迹进行加工。

d. 工作液循环系统。线切割电极丝很细,放电时发生热量和电蚀物如果不迅速及时排出,电极丝会因过热或极间短路造成断丝。因此放电部位电极丝必须用流动的工作液,将电极上的热量及电蚀物随着电极丝移动和工作液的流动而被带出放电部位。工作循环系统为机床的切割加工提供足够合适的工作液。电火花线切割机床的工作液种类很多,有煤油、乳化液、去离子水、洗涤液等。通常情况下,快走丝线切割机常用乳化液作为工作液。慢走丝线切割放电加工一般均用去离子水作工作液,因为水冷却速度快、流动容易、不易燃烧。图7-53为慢走丝线切割机床工作液循环系统简图及其各部分组成。

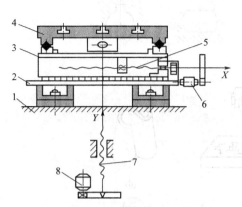 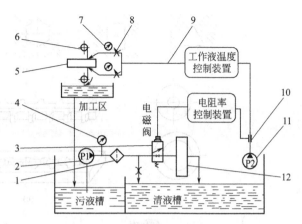

图 7-52　坐标工作台
1—床身；2—下拖板；3—中拖板；
4—上拖板；5,7—丝杠；
6,8—驱动电动机

图 7-53　慢走丝线切割机床工作液循环系统
1—过滤器；2,11—泵；3—电磁阀；4,7—压力表；
5—工件；6—电极丝；8—节流阀；9—供液管；10—电阻
率检测电极；12—离子交换树脂净化器

在电火花线切割加工中，工作液是脉冲放电的介质，对加工工艺指标的影响很大。它对切割速度、表面粗糙度、加工精度都有一定的影响。它主要具有如下几方面的性能：

有一定的绝缘性能；

具有较好的洗涤性能；

有较好的冷却性能；

对环境无污染，对人体无害。在加工中不应产生有害气体，不应对操作人员的皮肤、呼吸道产生刺激等反应，不应锈蚀工件、夹具和机床。

此外，工作液还应配制方便、使用寿命长、乳化充分、冲制后不能油水分离，储存时间较长，也不应有沉淀或变质现象。

e. 脉冲电源。

脉冲电源是产生脉冲电流的能源装置。电火花线切割脉冲电源是影响电火化线切割加工工艺指标最关键的设备之一。为了满足切割加工条件和工艺指标，对脉冲电源的要求是：脉冲峰值电流要适当；脉冲宽度要窄；脉冲频率要尽量高；有利于减少电极丝损耗；参数调节方便，适应性强。

f. 数控装置。数控电火花线切割机床的数控装置主要指数控系统和进给速度控制系统两部分，前者控制工作台的进给运动轨迹，后者以伺服进给方式控制工作台的移动速度（进给速度）。机床的控制系统存放于控制柜中，对整个切割加工过程和切割轨迹作数字程序控制。

（3）数控电火花线切割机床的应用

数控线切割加工已在生产中获得广泛应用，目前国内外的线切割机床已占电加工机床的60%以上。如图 7-54 所示为数控线切割加工出的部分图样。主要用于切割各种冲模和具有直纹面的零件，以及进行下料、截割和窄缝加工。

① 加工模具。适用于加工各种形状的冲模、注塑模、挤压模、粉末冶金模、弯曲模等模具。

② 加工电火花成形机床的加工用的电极。一般穿孔加工用、带锥度型腔加工用及微细复杂形状的电极，以及铜钨、银钨合金之类的电极材料，用线切割加工特别经济。同时也适用于加工微细、复杂形状的电极。

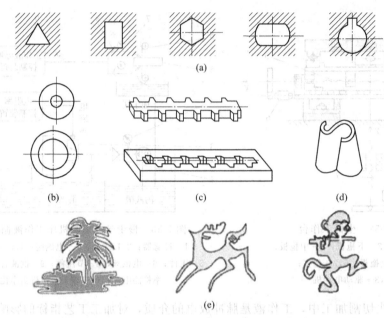

图 7-54 数控线切割机床加工出的部分图样

③ 加工新产品试制件及难加工零件。在试制新产品时,用线切割在板料上直接割出零件,由于不需要另行制造模具,可大大缩短制造周期,降低成本。同时修改设计、变更加工程序比较方便,加工薄件时可多片叠在一起加工。在零件制造方面,可用于加工品种多、数量少的零件,特殊难加工材料的零件,材料试验样件、各种型孔、特殊齿轮凸轮、样板、成形刀具等复杂形状零件及高硬材料的零件,可进行微细结构、异形槽的加工等。

(4) 电极丝的准备、安装与调整

① 电极丝的准备。电极丝是线切割加工过程中必不可少的重要工具,合理选择电极丝的材料、直径及其均匀性是能否保证加工稳定进行的重要环节。

a. 电极丝材料的选择。电极丝材料应具有良好的导电性、较大的抗拉强度和良好的耐电腐蚀性能,且电极丝的质量应该均匀,直线性好,无弯折和打结现象,便于穿丝。表 7-2 是常用电极丝材料的特点,仅供选择参考。

表 7-2 常用电极丝材料的特点

材料	电极丝直径/mm	特 点
纯铜	0.1~0.25	适用于线切割速度要求不高或精加工时用。丝不易卷曲,抗拉强度低,容易断丝
黄铜	0.1~0.30	适用于高速加工,加工面的蚀屑附着少。表面粗糙度和加工面的平直度也较好
专用黄铜	0.05~0.35	适用于高速、高精度和理想的表面粗糙度加工以及自动穿丝,但价格高
钼	0.06~0.25	由于它的抗拉强度高,一般用于快速走丝,在进行微细、窄缝加工时,也可用于慢速走丝
钨	0.01~0.03	由于抗拉强度高,可用于各种窄缝的微细加工,但价格昂贵

一般情况下,快走丝线切割机床上用的电极丝主要是钼丝和钨钼合金丝,尤以钼丝的抗拉强度较高,韧性好,不易断丝,因而应用广泛;钨钼合金丝的加工效果比钼丝好,但抗拉强度较差,价格较贵,仅在特殊情况下使用。

b. 电极丝材料的选择。电极丝材料不同,其直径范围也不同,一般钼丝直径为 $\phi 0.06 \sim$

0.25mm，钨钼合金丝直径为 ϕ0.03～0.35mm。电极丝直径小，有利于加工出窄缝和内尖角的工件，但线径太细，能够加工的工件厚度也将受限。因此，电极丝直径的大小应根据工件加工的切缝宽窄、工件厚度及拐角尺寸大小等来选择，快走丝线切割加工中一般使用直径为 ϕ0.012～0.20mm 电极丝材料。

② 电极丝的安装。电极丝的安装一般分为以下几步。

a. 绕丝。如图 7-55 所示，通过操纵储丝筒操作面板来进行控制。具体步骤如下：

（a）将购买的丝盘上的电极丝绕在储丝筒上。

（b）使储丝筒移动到其行程的一端，把电极丝通过导丝轮引向储丝筒端部的螺钉处并压紧。

（c）打开张丝电机启停开关，旋动张丝电压调节旋钮，调整电压表读数至电极丝张紧且张力合适。

（d）旋转储丝筒，使电极丝以一定的张力逐渐均匀地盘绕在储丝筒上。

（e）待储丝筒移至其行程的另一端时，关掉张丝电机启停开关，从丝盘处剪断电极丝并固定好丝头。

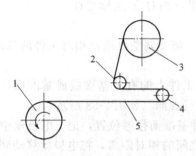

图 7-55 绕丝路线示意图
1—储丝筒；2—张紧轮；3—丝盘；
4—过渡轮；5—电极丝

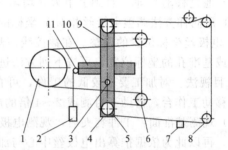

图 7-56 穿丝路线示意图
1—储丝筒；2—重锤；3—定位销；4—电极丝；5—张紧轮；6—过渡轮；7—导电块；8—导向轮；
9—摆杆；10—滑枕；11—定滑轮

b. 穿丝。穿丝过程如图 7-56 所示。具体步骤如下：

（a）将固定在摆杆上的重锤从定滑轮上取下，推动摆杆沿滑枕水平右移，插入定位销时固定摆杆的位置，装在摆杆两端的上、下紧轮位置随之固定。

（b）牵引电极丝剪断端依次穿过各个过轮、张紧轮、主导轮、导电块等处，用用储丝的螺钉压紧并剪掉多余丝头。

（c）取下定位销，挂回重缍，受其重力作用，摆杆带动上、下张紧轮左移，电极丝便以一定的张力自动张紧。

（d）使储丝筒移向中间位置，利用左、右行程撞块调整好其移动行程，至两端仍各余有数圈电极丝为止。

（e）使用储丝筒操作面板上的运丝开关，机动操作储丝筒自动地进行正反向运动，并往返运动二次，使张力均匀。

c. Z 轴行程的调整。

（a）松开 Z 轴锁紧把手。

（b）根据工件厚度摇动 Z 轴升降手轮，使工件大致处于上、下主导轮中部。

（c）锁紧把手。

d. 电极丝垂直校正。在具有 U、V 轴的线切割机床上，电极丝运行一段时间、重新穿丝后或加工新工件之前,需要重新调整电极丝对坐标工作台表面的垂直度。校正时使用一个各平面相互平行或垂直的长方体,称为校正器,如图 7-57 所示。具体步骤如下:

(a) 擦净工作台面和校正器各表面,选择校正器上的两个垂直于底面的相邻侧面作为基准面,选定位置将两侧面沿 X、Y 坐标轴方向平行放好。

(b) 选择机床的微弱放电功能,使电极丝与校正器间被加上脉冲电压,运行电极丝。

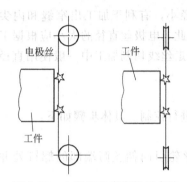

图 7-57　电极丝垂直度校正方法

(c) 移动 X 轴使电极丝接近校正器的一个侧面,至有轻微放电火花。

(d) 目测:电极丝和校正器侧面可接触长度上放电火花的均匀程度,如出现上端或下端中只有一端有火花,说明该端离校正器侧面距离近,而另一端离校正器侧面远,电极丝不平行于该侧面需要校正。

(e) 通过移动 U 轴,直到上下火花均匀一致,电极丝相对 X 坐标垂直。

(f) 用同样方法调整电极丝相对 Y 坐标的垂直度。

③ 电极丝坐标位置的调整。在数控线切割机床前,需要调整电极丝相对工件的基准面、基准线或基准孔的坐标位置,可按下列方法进行。

a. 目视法:对加工要求较低的工件,可直接利用工件上的有关基准线或基准面,沿某一轴向移动工作台,借助于目测或 2～4 倍的放大镜进行观测(如图 7-58 所示)。

(a) 观测基准面:工件装夹后,观测电极丝与工件基准面接触位置,记下电极丝中心的坐标值,再以此为依据推算出电极丝中心与加工起点之间的相对距离,将电极丝移动到加工起点上,如图 7-58(a) 所示。

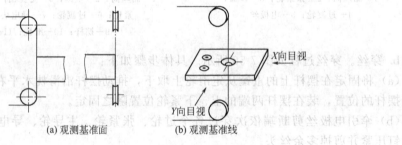

图 7-58　目视法调整电极丝位置

(b) 观测基准线。如图 7-58(b) 所示,摇动纵、横向手柄,观测电极丝中心与穿丝孔处划出的十字基准线在纵、横两个方向上重合时的情况。

b. 火花法。利用电极丝与工件在一定间隙下发生火花放电来确定电极丝的坐标位置,如图 7-59 所示。调整时移动工作台,使电极丝逐渐逼近工件的基准面,待出现微弱火花的瞬间,记下电极丝中心的坐标值,再计入电极丝半径值和放电间隙来推算电极丝中心与加工起点之间的相对距离,最后将电极丝移到加工起点。此法简便、易行,但因电极丝靠近基准面开始产生脉冲放电的距离往往并非正常切割时的放电间隙,且电极丝运转时易抖动,从而会出

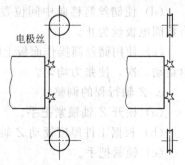

图 7-59　火花法调整电极丝位置

现误差;况且火花放电也会使工件的基准面受到损伤。

c. 接触感知法。利用电极丝与工件基准面由绝缘到短路的瞬间,两者间电阻值突然变化的特点来确定电极丝接触到了工件,并在接触点自动停下来,显示该点的坐标,即为电极丝中心的坐标值。如图7-60所示,首先启动 X(或 Y)方向接触感知,使电极丝朝工件基准面运动并感知到基准面,记下该点坐标,据此算出加工起点的 X(或 Y)坐标;再用同样的方法得到加工起点的 Y(或 X)坐标,最后将电极丝移动到加工起点。

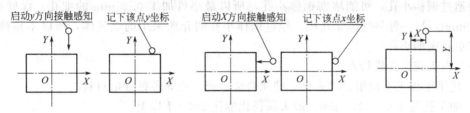

图 7-60 接触感知法调整电极丝位置

d. 自动找中心法。基于接触感知,还可实现自动找中心功能,即让工件孔中的电极丝自动找正后停止在孔中心处实现定位。

具体方法为:横向移动工作台,使电极丝与一侧孔壁相接触短路,记下坐标值 x_1,反向移动工作台至孔壁另一侧,记下相应坐标值 x_2;同理也可得到 y_1 和 y_2。则基准孔中心的坐标值为:

$$[(|x_1|+|x_2|)/2, (|y_1|+|y_2|)/2]$$

将电极丝中心移至该位置即可定位,如图7-61所示。

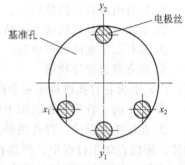

图 7-61 自动找中心法

※7.4.3 电火花打孔机简介

(1) 电火花打孔机的组成及应用

① 电火花打孔机基本组成、结构如图7-62所示。

② 电火花打孔机的应用。电火花打孔机也叫电火花穿孔机、打孔机、小孔机、细孔放电机,被广泛使用在精密模具加工中,一般被当作电火花线切割机床的配套设备,用于电火花线切割加工的穿丝孔、化纤喷丝头、喷丝板的喷丝孔、滤板、筛板的群孔、发动机叶片、缸体的散热孔、液压、气动阀体的油路、气路孔等。也可以用来蚀除折断在工件中的铁头、丝锥,而不损坏原孔或螺纹。用于加工超硬钢材、硬质合金、铜、铝及任何可导电性物质的细孔。最小可加工 0.015mm 的小孔,也可加工带有锥度的小孔。加工孔的最大深径比可达200∶1 以上。

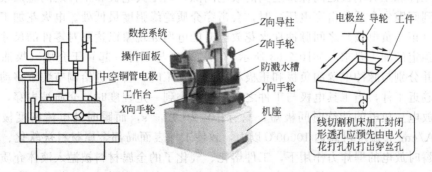

图 7-62 电火花打孔机组成、结构图

(2) 电火花打孔机的工作原理

其工作原理是利用连续上下垂直运动动的细金属铜管（称为电极丝）作电极，对工件进行脉冲火花放电蚀除金属成形。与电火花线切割机床、成形机不同的是，电脉冲的电极是空心铜棒，介质从铜棒孔中间的细孔穿过，起冷却和排屑作用。电极与金属间放电产生高温腐蚀金属达到穿孔的目的。

穿孔机根据应用的介质不同大致分为两种：一种是液体（蒸馏水）穿孔机，由于液体加工时要通过铜棒小孔，可能堵塞铜棒小孔，所以最小可加工 0.15mm 的细孔，深度也只能加工 20mm；另一种是气体穿孔机，经过铜棒小孔的介质采用的是气体，所以不易被堵塞，可加工更精密的小孔。

(3) 电火花穿孔机特点

① 适用于加工不锈钢、淬火钢、硬质合金、铜、铝等各种导电材料。
② 加工孔径 $\phi 0.3 \sim 3.0$mm，最大深径比能达 200∶1 以上。
③ 加工速度每分钟最大可达 20～60mm。
④ 直接从斜面、曲面穿入，直接使用自来水为工作液。
⑤ 工作台 X、Y、Z 轴配有数显装置。
⑥ 具有电极自动修整功能。
⑦ 主轴升降具有快速上下功能。
⑧ 具有加工电压可调功能。
⑨ 具有靠边定位功能。

(4) 电火花打孔机机床安全操作规则

① 加工前，首先检查机床上的电线有没有破皮导致漏电的情况，机床有没有接好地线。
② 在加工过程中，打孔机是高速旋转放电加工的，而且是有水一起加工，因水是导电物体，所以在加工过程中，严禁直接用手去触摸加工的工件。因主轴、工件与工作台都会带电，故严禁直接或间接触摸机床的主轴、工件、机台。
③ 如果在加工过程中没有水冲出来而还在加工时，严禁直接用手去抓铜管，因为加工时，如果没有水，铜管是会发热以至烫伤手。
④ 在加工完后，要先把放电开关与机床总开关切断，再去拿机床上所加工好的工件。
⑤ 做好日常维护、保养和卫生管理工作。

7.4.4 电火花成形机

(1) 电火花成形机的加工原理与特点

① 电火花成形机的加工原理。电火花加工是在液体介质中进行的，机床的自动进给调节装置使工件和工具电极之间保持适当的放电间隙，当工具电极和工件之间施加很强的脉冲电压（达到间隙中介质的击穿电压）时，会击穿介质绝缘强度最低处。电火花加工是基于工具和工件（正、负电极）之间脉冲性火花放电时的电腐蚀现象以达到对零件的尺寸、形状及表面质量预定的加工要求。如图 7-63 所示，工具电极与工件一起置于介质（煤油或去离子水）中，并分别与脉冲电源的负极和正极相连接。加工时，自动进给调节装置移动工具电极使其逐渐趋近工件，当工具电极与工件之间的间隙小到一定程度时，介质被击穿，在间隙中发生脉冲放电。放电的持续时间极短，只有 $10^{-8} \sim 10^{-6}$s，而瞬时的电流密度极大，可达 $10^5 \sim 10^7$A/cm^2，温度可高达 10000℃ 以上，致使工件表面局部金属材料被软化、熔化甚至气化。在瞬时放电的爆炸力作用下，工件熔化、气化了的金属材料被抛入液体介质冷凝成微小的颗粒，并从放电间隙中排除出去。每次放电即在工件表面形成一个微小的凹坑（称为电

蚀），连续不断的脉冲放电，使工件表面不断地被蚀除，因而逐渐完成加工要求。一次放电后，介质的绝缘强度恢复等待下一次放电。如此反复使工件表面不断被蚀除，并在工件上复制出工具电极的形状，从而达到成形加工的目的。脉冲放电过程中，由间隙自动调节器驱动工具电极自动进给，保持其与工件的间隙，以维持持续的放电。

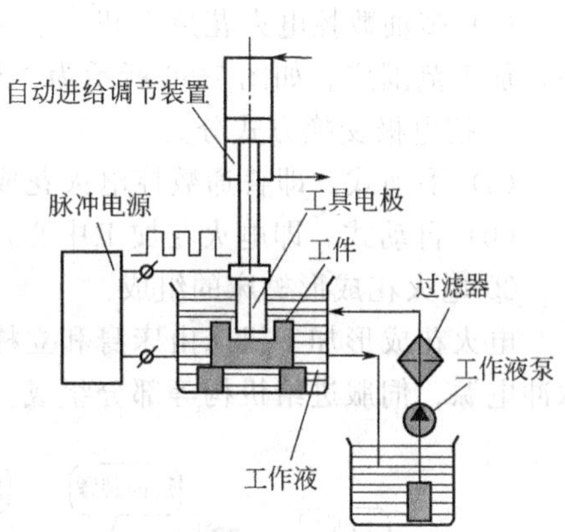

② 电火花成形机的特点。

a. 由于放电通道中电流密度很大，局部区域内产生的高温足以熔化甚至气化任何导电材料，因此能加工各种具有导电性能的硬、脆、软、韧材料。

图 7-63　电火花成形机加工原理

b. 加工时工具与电极不接触，两者之间无切削力，适于加工小孔、薄壁、窄腔槽及各种复杂的型孔、型腔和曲线孔等。

c. 加工时，脉冲宽度可以调节，在同一台机床上能连续进行粗、中、精加工。

d. 直接利用电能加工，便于实现加工过程的自动控制和加工自动化。其不足之处是加工效率低、工具电极也有损耗、影响尺寸加工的精度等。

(2) 电火花成形机床的分类与组成

① 电火花成形机床的分类。

a. 按机床结构分类。

（a）固定立柱式数控电火花成形机床。固定立柱式数控电火花成形机床结构简单，一般用于中小型零件加工。

（b）滑枕式数控电火花成形机床。滑枕式数控电火花成形机床结构紧凑，刚性好，一般只用于小型零件加工。

（c）龙门式数控电火花成形机床。龙门式数控电火花成形机床结构较复杂，应用范围广，常用于大中型零件加工。

b. 按控制方式分类。

（a）普通数显电火花成形机床。普通数显电火花成形机床是在普通电火花成形机床上加以改进而来，它只能显示运动部件的位置，而不能控制运动。如图 7-64 所示为普通数显 NH7140 电火花成形机床。

图 7-64　NH7140 电火花成形机床

图 7-65　单轴数控电火花成形机床

图 7-66　NH7125CNC 三轴数控电火花成形机床

（b）单轴数控电火花成形机床。单轴数控电火花成形机床只能控制单个轴的运动，精度低，加工范围小。如图 7-65 所示。

(c) 多轴数控电火花成形机床。多轴数控电火花成形机床能同时控制多轴运动,精度高,加工范围广。如图7-66所示为NH7125CNC三轴数控电火花成形机床。

c. 按电极交换方式分类。

(a) 手动式。即普通数控电火花成形机床,结构简单,价格低,工作效率低。

(b) 自动式。即电火花加工中心,结构复杂,价格高,工作效率高。

② 电火花成形机床的组成。

电火花成形加工机床由床身和立柱、工作台、主轴头、工作液和工作液循环过滤系统、脉冲电源、伺服进给机构等部分组成。如图7-67所示。

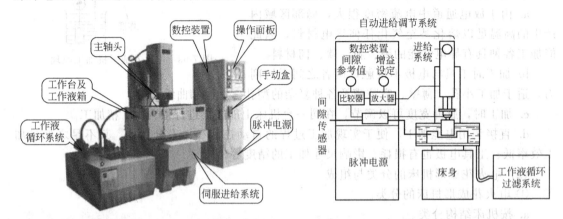

图7-67 电火花成形机床的组成图

a. 主机及附件。机床本体包括床身、立柱、主轴头、作台、电源箱、工作液箱等。附件包括用以实现工件和工具电极的装夹、固定和调整其位置的机械装置等。

主轴头是数控电火花成形机床的关键部件,它上面安装电极(即工具)、DC(或AC)伺服电动机、滚珠丝杠螺母副在立柱上作升降移动,调整工具电极和工件之间的间隙,使两之间有一定的放电间隙。当间隙过大时,不会放电,必须驱动工具电极进给靠拢,在放电过程中,工具电极与工件不断被蚀除,间隙逐渐增大,则必须驱动工具电极补偿进给,以维持所需的放电间隙;当工具电极与工件间短路时,必须使工具电极反向离开,随即再重新进给,调节到所需的放电间隙(0.01~0.2mm)。

数控电火花机床工作台的 X、Y 坐标由DC(AC)伺服电动机、经滚珠丝杠驱动。轨迹是靠数控系统控制实现的。

b. 脉冲电源。用来产生加在放电间隙上的脉冲电压,使液体介质不断被周期重复击穿而产生脉冲放电,脉冲电源是电火花加工机床的重要部分之一。它直接影响电火花成形加工的生产率、加工稳定性、电极损耗、加工精度和表面粗糙度。

c. 工作台。工作台主要用来支承和装夹工件。在实际加工中,通过转动纵横向丝杠来改变电极与工件位置。工作台上装有工作液箱,用以容纳工作液,使电极和工件浸泡在工作液里,起到冷却作用,工作台是操作者装夹找正时经常移动的部件,通过移动上下滑板,改变纵横向位置,达到要求的相对位置。

d. 数控系统。电火花加工机床的数控装置,既可以是专用的,也可以在通用的数控装置上增加电火花加工所需的专用功能,因为控制要求很高,要对位置、轨迹、脉冲参数和辅助动作进行编程或实时控制,一般都采用计算机数控(CNC)方式。

e. 工作液循环过滤系统。工作液循环过滤系统的作用是强迫一定压力的工作液流经放电间隙,将电蚀产物排出,并且对使用过的工作液进行过滤和净化。如图7-68为工作液循环系统简图。

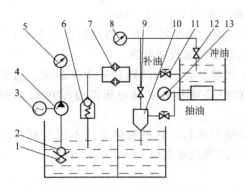

图 7-68 工作液循环过滤系统简图
1—粗过滤器；2—单向阀；3—电动机；4—涡旋泵；
5,8,13—压力表；6—安全阀；7—精过滤器；
9—冲油选择阀；10—射流抽吸管；11—快速
进油控制阀（补油）；12—压力调节器

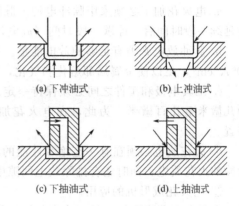

图 7-69 冲、抽油方式

电火花加工工作液必须具有一定的绝缘性能，较好的冷却渗透、灭弧、无毒、不易燃等性能。工作液循环过滤系统的工作方式有冲油式和抽油式。如图 7-69 所示，电火花成形加工用的工作液循环过滤系统包括工作液泵、容器、过滤器及管道等，使工作液强迫循环。

电火花成形加工中常用的工作液有如下几种：

（a）油类有机化合物：以煤油最常见，在大的功率加工时常用机械油或在煤油中加入一定比例的机械油。

（b）乳化液：成本低，配置简便，同时有补偿工具电极损耗的作用，且不腐蚀机身和零件。

（c）水：常用蒸馏水和去离子水。

电火花成型加工时，工作液的作用主要有以下几方面：

（a）消电离：在脉冲间隔火花放电结束后尽快恢复放电间隙的绝缘状态，以便下一个脉冲电压再次形成火花放电。

（b）排除电蚀产物：使电蚀产物较易从放电间隙中悬浮、排泄出去，避免放电间隙严重污染，导致火花放电点不分散而形成有害的电弧放电。黏度、密度、表面张力愈小的工作，此项作用愈强。

（c）冷却：降低工具电极和工件表面瞬间放电产生的局部高温，否则表面会因局部过热产生积炭、烧伤并形成电弧放电。

（d）增加蚀除量：工作液还可压缩火花放电通道，增加通道中被压缩气体、等离子体的膨胀及爆炸力，从而抛出更多熔化和气化了的金属。

另外，要保证正常的加工，工作液应满足以下基本要求：有较高的绝缘性，有较好的流动和渗透能力，能进入窄小的放电间隙；能冷却电极和工作表面，把电蚀产物冷凝，扩散到放电间隙之外。此外还应对人体和设备无害，安全和价格低廉。

f. 伺服进给。电火花放电加工是一种无切削力、不接触的加工手段，要保证加工继续就始终保持一定的放电间隙 S。这个间隙必须在一定的范围内（一般 $S=0.1\sim0.01\text{mm}$）。

（3）电火花成形机床的必备条件与应用

① 电火花成形机床的必备条件。

实践经验表明，要把火花放电转化为有用的加工技术，必须满足以下条件：

a. 电火花加工必须采用脉冲电源。脉冲电源使火花放电为瞬时的脉冲性放电，并在放电延续一段时间后，停歇一段时间（放电延续时间一般为 0.0001~1μs）。

b. 脉冲放电必须有足够的放电能量。脉冲放电的能量要足够大，电流密度应大于 10^5~$10^6\,\text{A/cm}^2$，足以使金属局部熔化和气化，否则只能使金属表面发热。

c. 工具电极和工件之间必须保持一定的放电间隙。这一间隙随加工条件而定，通常约为几微米至几百微米。为此，在电火花加工过程中必须具有工具电极的自动进给和调节装置。

d. 火花放电必须在有一定绝缘性能的液体介质中进行。这种液体介质不仅有利于产生脉冲的火花放电，同时还有排除放电间隙中的电蚀产物及对电极表面的冷却作用。

② 电火花成形机的应用。

由于电火花成形加工具有许多传统切削加工所无法比拟的优点，因此其应用领域日益扩大，目前已广泛应用于机械（特别是模具制造业）、航空、电子、电机、电器、精密微细机械、仪器仪表、汽车、轻工等行业，以解决难加工材料及复杂形状零件的加工问题。加工范围已达到小至几十微米的小型零件，大到几米的超大型模具和零件，如图 7-70 所示。电火花成形加工具体应用范围如下：

a. 高硬脆性导电材料；

b. 各种导电材料的复杂表面；

c. 微细结构和形状；

d. 高精度加工；

e. 高表面质量加工。

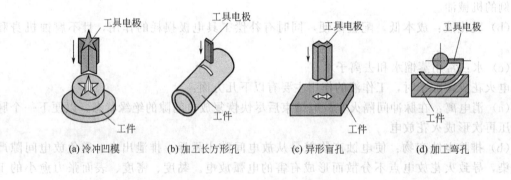

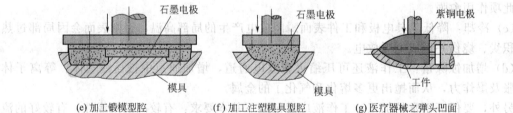

图 7-70 电火花成形机床加工零件举例

电火花加工在模具制造中的应用，主要有以下几方面：

a. 加工各种模具零件的型孔：如冲模、复合模、连续模等各种冲模的凹凸模等。

b. 加工复杂形状的型腔：如锻模、塑料模、压铸模等各种模具的型腔加工。

c. 加工小孔：对各种圆形、异形孔的加工，如线切割的穿丝孔等。

d. 电火花磨削：对淬硬钢件、硬质合金工件进行平面磨削、内外圆磨削及成形磨削等。

e. 强化金属表面：如对凸模和凹模进行电火花强化处理后，可提高耐用度。

f. 其他加工：如刻字、花纹、螺纹等。

（4）工具电极

① 对工具电极的要求。工具电极材料必须具有导电性能良好、电腐蚀困难、电极损耗小，并且具有足够的机械强度、加工稳定、效率高、材料来源丰富、价格便宜等特点。

② 工具电极的种类及性能特点。电火花成形加工中常用的电极材料有紫铜、石墨、黄铜、铸铁等，其性能及应用特点如表 7-3 所示。

表 7-3 常见电极材料的性能和特点

电极材料	性能			特点
	电加工稳定性	电极损耗	机械加工性能	
钢	较差	一般	好	应用比较广泛，模具穿孔加工时常用，电加工规范选择应主加工稳定性，适用于"钢打钢"冷冲模加工
铸铁	一般	一般	好	制造容易，材料来源丰富，适用于复па合式脉冲电源加工，对加工冷冲模最合适
紫铜	好	一般	较差	材质质地细密，适应性广，特别适用于制密花纹模的电极，但切削加工较困难
石墨	较好	较小	一般	材质抗高温，变形小，制造容易，质量轻，但材料容易脱落、掉渣，机械强度较差，易折角
黄铜	好	较大	好	制造容易，特别适宜在中小电规准情况下加工，但电极损耗太大
铜（银）钨合金	好	小	一般	价格较贵，在深长直壁、硬质合金穿孔时是理想的电极材料

7.4.5 电火花加工的常用术语

（1）工具电极

电火花加工用的工具是电火花放电时的电极之一，故称为工具电极，有时简称电极。电极的材料常常是铜。

（2）放电间隙

放电间隙是放电时工具电极和工件间的距离，它的大小一般在 0.01～0.5mm 之间，粗加工时间隙较大，精加工时则较小。

（3）脉冲宽度 t_i（μs）

脉冲宽度简称脉宽，是加到电极和工件上放电间隙两端的电压脉冲的持续时间。为了防止电弧烧伤，电火花加工只能用断断续续的脉冲电压波。一般来说，粗加工时可用较大的脉宽，精加工时只能用较小的脉宽。

（4）脉冲间隔 t_o（μs）

脉冲间隔简称脉间或间隔，它是两个电压脉冲之间的间隔时间。间隔时间过短，放电间隙来不及消电离和恢复绝缘，容易产生电弧放电，烧伤电极和工件；脉间选得过长，将降低加工生产率。加工面积、加工深度较大时，脉间也应稍大。

（5）放电时间（电流脉宽）t_e（μs）

放电时间是工作液介质击穿后放电间隙中流过放电电流的时间，即电流脉宽，它比电压脉宽稍小，二者相差一个击穿延时 t_d。脉冲宽度（t_i）和放电时间（t_e）对电火花加工的生产率、表面粗糙度和电极损耗有很大影响，但实际起作用的是电流脉宽 t_e。

(6) 击穿延时 t_d（μs）

从间隙两端加上脉冲电压后，一般均要经过一小段延续时间 t_d，工作液介质才能被击穿放电，这一小段时间 t_d 称为击穿延时。击穿延时 t_d 与平均放电间隙的大小有关，工具欠进给时，平均放电间隙变大，平均击穿延时 t_d 就大；反之，工具过进给时，放电间隙变小，t_d 也就小。

(7) 脉冲周期 t_p（μs）

一个电压脉冲开始到下一个电压脉冲开始之间的时间称为脉冲周期。

显然　　$t_p = t_i + t_o$。（脉冲周期＝脉冲宽度＋脉冲间隔）

(8) 脉冲频率 f_p（Hz）

脉冲频率是指单位时间内电源发出的脉冲个数。它与脉冲周期 t_p 互为倒数。即：

$$f_p = 1/t_p \text{（脉冲频率＝1/脉冲周期）}$$

(9) 有效脉冲频率 f_e（Hz）

有效脉冲频率是单位时间内在放电间隙上发生有效放电的次数，又称工作脉冲频率。

(10) 脉冲利用率 λ

脉冲利用率 λ 是有效脉冲频率 f_e 与脉冲频率 f_p 之比，又称频率比，即单位时间内有效火花脉冲个数与该单位时间内的总脉冲个数之比。即：

$$\lambda = f_e/f_p \text{（脉冲利用率＝有效脉冲频率/脉冲频率）}$$

(11) 脉宽系数 τ

脉宽系数是脉冲宽度 t_i 与脉冲周期 t_p 之比。即：

$$\tau = t_i/t_p \text{（脉宽系数＝脉冲宽度/脉冲周期）}$$

(12) 占空比 ψ

占空比是脉冲宽度 t_i 与脉冲间隔 t_o 之比，$\psi = t_i/t_o$。粗加工时占空比一般较大，精加工时占空比应较小，否则放电间隙来不及消除电离恢复绝缘，容易引起电弧放电。

(13) 开路电压或峰值电压（V）

开路电压是间隙开路和间隙击穿之前 t_d（击穿延时）时间内电极间的最高电压。一般晶体管方波脉冲电源的峰值电压＝60～80V，高低压复合脉冲电源的高压峰值电压为175～300V。峰值电压高时，放电间隙大，生产率高，但成形复制精度较差。

(14) 火花维持电压

火花维持电压是每次火花击穿后，在放电间隙上火花放电时的维持电压，一般在 25V 左右，但它实际是一个高频振荡的电压。

(15) 加工电压或间隙平均电压 U（V）

加工电压或间隙平均电压是指加工时电压表上指示的放电间隙两端的平均电压，它是多个开路电压、火花放电维持电压、短路和脉冲间隔等电压的平均值。

(16) 加工电流 I（A）

加工电流是加工时电流表上指示的流过放电间隙的平均电流。精加工时小，粗加工时大，间隙偏开路时小，间隙合理或偏短路时则大。

(17) 短路电流 I_s（A）

短路电流是放电间隙短路时电流表上指示的平均电流。它比正常加工时的平均电流要大 20%～40%。

(18) 峰值电流（A）

峰值电流是间隙火花放电时脉冲电流的最大值（瞬时），在日本、英国、美国常用 I_p 表示。虽然峰值电流不易测量,但它是影响加工速度、表面质量等的重要参数。在设计制造脉冲电源时,每一功率放大管的峰值电流是预先计算好的,选择峰值电流实际是选择几个功率管进行加工。

(19) 短路峰值电流(A)

短路峰值电流是间隙短路时脉冲电流的最大值,它比峰值电流要大20%~40%,与短路电流I_s相差一个脉宽系数的倍数。

7.4.6 数控电火花、线切割机床安全操作规程

① 必须熟悉数控电火花机床的操作技术,开机后应按设备润滑要求,对机床有关部位注油润滑,润滑油必须符合机床说明书的要求。

② 操作者必须熟悉设备的加工工艺,恰当地选取加工参数,按规定操作顺序操作。

③ 正式加工工件之前,应确认工件位置是否已安装正确。

④ 严禁用手或手持导电工具同时接触加工电源的两端(电极与工件),防止触电。

⑤ 在加工中,如发生断丝,应及时停机,清除断丝,更换新丝。

⑥ 电火花加工过程中,应打开自动灭火开关,防止意外引起火灾事故。

⑦ 电火花加工大电流放电时,加工液应高于工件50cm。

⑧ 电火花加工放电中,严禁合上Z轴锁定钮。

⑨ 停机时,应先停高频脉冲电源,之后停工作液。工作结束后,关掉总电源,擦拭工作台及夹具并润滑机床。

思考与练习题

1. 简述数控铣床的分类。
2. 数控铣床的组成如何?
3. 数控铣削的主要加工对象有哪些?其特点是什么?
4. 简述加工中心的分类。
5. 加工中心的组成如何?
6. 简述加工中心的特点有哪些?
7. 何谓特种加工技术?
8. 何谓电加工中的极性效应?
9. 简述脉冲宽度与正极性加工和负极性加工的关系?
10. 电火花加工的特点有哪些?
11. 简述电火花加工的基本原理与特点。
12. 简述数控电火花线切割机床的工作原理与特点。
13. 简述电火花成形机床的组成、分类与特点有哪些?
14. 简述电火花成形机床工作液的作用。
15. 简述数控电火花、线切割机床安全操作规程?
16. 试举例说明电火花打孔机的应用有哪些?

第8章 数控机床的应用

8.1 数控机床的安装与调试

数控机床的安装、调试是指机床由制造厂经运输商运送到用户，安装到车间工作场地后，经过检查、调试直到机床能正常运转，投入使用等一系列的工作过程。数控机床属于高精度、自动化设备，安装、调试时必须严格按照机床制造商提供的使用说明书及有关的标准进行。机床安装、调试效果的好坏，直接影响到机床的正常使用和使用寿命。

8.1.1 数控机床的安装

（1）对安装环境的要求

数控机床安装环境一般是指地基、环境、温度、湿度、电网、地线、防止振动和电磁干扰措施等。

① 地基基础要牢固、稳定。精密数控机床和重型数控机床需要稳定的机床基础，否则数控机床的精度调整无法进行，也无法保证。

② 精密数控机床工作环境有恒温和湿度要求。环境温度和湿度要适合数控机床的工作要求，机床的安装位置应保持空气流通干燥。

③ 机床要避免阳光直接照射，要远离振动源和电磁干扰源。

（2）机床的安装步骤

① 数控机床的初始就位。数控机床在运输到达企业用户以前，用户应根据机床厂提供的基础图做好机床基础，在安装地脚螺栓的部位做好预留孔。机床的安装一般由生产企业负责，购买方应组织好设备管理人员、车间负责人和机床操作者等相关人员按要求做好与供货方技术人员的配合工作。机床拆箱后首先找到随机的文件资料，找出机床安装箱单，按照装箱单清点包装箱内的零部件、电缆、资料和专用工具等是否齐全，然后再按机床说明书中的介绍，把组成机床的各大部件分别在地基上就位。

② 数控机床的组装与连接。数控机床各部件组装前，首先做好各部件外表清洁工作，并除去各部件安装连接表面、导轨和各运动面上的防锈涂料，然后再把机床各部件组装连接成整机。

各部件组装完毕后，再进行电缆、油管和气管的连接。机床说明书中有电气接线图、气压管路图，可以根据该图把有关电缆和管道接头按标记对应接好。

③ 数控系统的连接。

a. 外部电缆的连接。数控系统外部电缆的连接是指数控装置与 MDI/CRT 单元、强电柜、机床操作面板、进给伺服电动机和主轴电动机动力线、反馈信号线的连接等，这些连接必须符合随机提供的连接手册的规定。最后还要进行数控机床的地线连接。

b. 数控系统电源线的连接。数控系统电源线的连接是指数控柜电源变压器输入电缆的连接和伺服变压器绕组抽头的连接。设定确定的内容一般包括以下三方面：

（a）控制部分印制线路板上设定的确认。主要包括主板、ROM 板连接单元、附加轴控制板及旋转变压器或感应同步器控制板上的设定。

（b）速度控制单元印制线路板上设定的确认。在直流速度控制单元和交流速度控制单元上都有许多设定点，用于选择检测元件种类、回路增益以及各种报警等。

（c）主轴控制单元印制线路板上设定的确认。在直流或交流主轴控制单元上，均有一些用于选择主轴电动机电流极限和主轴转速等的设定点。

8.1.2 数控机床的调试

数控机床的调试一般也是由供货商提供服务，购买方应派遣相关人员做好配合工作。

（1）数控系统的调试

① 输入电源电压、频率及相序的确认。确认电源输出端是否对地短路。接通数控柜电源，检查各输出电流。检查各熔断器。

② 确定数控系统各种参数的设定。为保证数控装置与机床相连接时，能使机床具有最佳工作性能，数控系统应根据随机附带的参数表逐项予以确定。

③ 确认数控系统与机床间的接口。数控系统一般都具有自诊断的功能。在显示屏 CRT 画面上可以显示数控系统与机床接口。

完成上述步骤，可以认为数控系统已经调试完毕，具备了机床联机通电试车的条件。此时，可切断数控系统的电源，连接电机的动力线，恢复报警设定，准备通电试车。

（2）通电试车

试车的目的是看机床的安装是否稳固，各传动、操纵、控制、润滑、液压等系统的工作状态是否正常及可靠。

首先是按照机床说明书的要求，给机床润滑油箱、润滑点灌注规定的油液或油脂，清洗液压油箱及过滤器，灌足规定标号的液压油，接通外界输入气源。通电时，应对各部件分别供电，都正确无误后再对整个机床供电。

（3）机床精度和功能调试

① 使用精密水平仪、标准方尺、平尺和平行光管等检测工具，在已经固化地基上用地脚螺栓和垫铁精调机床床身水平。在这个基础上，移动机床身上各运动部件，在各坐标轴全行程内观察机床水平的变化情况，并调整相应的机床几何精度，使之达到允许误差范围。

② 应用预编程序让机床自动运动到刀具交换位置，再以手动方式调整好换刀机械手相对主轴的位置。

③ 对带有数控旋转工作台或分度工作台的机床，应将工作台移动到交换位置，再调整托盘站与交换台面的相对位置，达到工作台自动交换时动作平稳、可靠、正确。正确无误后紧固各有关螺钉。

④ 检查数控系统中参数设定值是否符合随机资料中规定的数据，然后检查各主要操作功能、安全措施、常用指令执行情况等。

⑤ 检查机床辅助功能及附件的正常工作，例如照明灯、冷却防护罩和各种护板是否完整；切削液箱注满冷却液后，喷管能否正常喷出切削液，在用冷却防护罩条件下是否切削液外漏，排屑装置能否正常工作，主轴箱的恒温油箱是否起作用等。

(4) 机床运行试验

为了全面地检查机床功能及工作的可靠性，数控机床在安装、调试后，应在一定负载或空载下进行较长一段时间的自动运行试验。一般分为空运行试验和负载运行试验。空运行试验包括主运动和进给运动系统的空运行试验。其试验应按照国家颁布的有关标准进行，一般采用每天运行8h，连续运行2～3天；或连续运行24h，连续运行1～2天。

8.2 数控机床的检测与验收

数控机床的检测验收是一项重要工作，一般需要使用各种高精度仪器，对机床的机、电、液及等各部分的综合性能和单项性能进行检测，包括机床的静、动刚度和热变形等一系列试验，最后做出对该机床的综合评价。

8.2.1 机床外观的检查

机床外观的检查，是指机床出厂经运输部门运送到用户后，在进行实地安装前进行的一种直观性检查。它包括两个方面：一是参照通用机床有关标准，对机床各种防护罩、机床油漆质量、照明、切屑处理装置、电线和气油管走线固定防护等进行检查；二是对数控装置、操作控制面板的外观进行检查。检查时应侧重伺服电动机的检查、数控装置外表的检查、数控柜内部件紧固的检查三个方面。通过检查可以及早发现问题，分清责任，避免发生不必要的纠纷。

8.2.2 机床几何精度的检查

数控机床的几何精度综合反映机床的关键机械零部件及其组装后的几何形状误差。目前常用的检测工具有精密水平仪、直角尺、精密方箱、平尺、平行光管、千分表、测微仪、高精度主轴心棒及刚性好的千分表杆等。使用的检测工具精度等级必须比所测的几何精度要高一个等级。

机床几何精度检测应在机床稍有预热的条件下进行，所以机床通电后各移动坐标应往复运动几次，主轴也应按中速回转几分钟以后才能进行检测。普通立式加工中心几何精度检测内容如下：

① 工作台面的平面度。
② 各坐标方向移动的相互垂直度。
③ X、Y 坐标方向移动时工作台面的平行度。
④ X 坐标方向移动时工作台面、T形槽侧面的平行度。
⑤ 主轴的轴向窜动。
⑥ 主轴孔的径向圆跳动。
⑦ 主轴箱沿 Z 坐标方向移动时主轴轴心线的平行度。
⑧ 主轴回转轴心线对工作台面的垂直度。
⑨ 主轴箱在 Z 坐标方向移动时的直线度等。

普通卧式加工中心几何精度检测内容与立式加工中心几何精度检测内容大致相似，可参照执行。不过，卧式加工中心还多几项与平面转台有关的几何精度。

8.2.3 机床定位精度的检查

数控机床的定位精度是表明所测量的机床各运动部件在数控装置控制下，运动所能达到的精度。因此，根据实测的定位精度数值，可以判断出机床自动加工过程中能达到的最好的工件加工精度。

机床定位精度主要检测内容如下：

① 直线运动定位精度（包括 X、Y、Z、U、V、W 轴）。
② 直线运动重复定位精度。
③ 直线运动轴机械原点的返回精度。
④ 直线运动矢、动量的测定。
⑤ 回转运动定位精度（转台 A、B、C 轴）。
⑥ 回转运动重复定位精度。
⑦ 回转轴原点的返回精度。
⑧ 回转运动矢、动量的测定。

测量直线运动的检测工具有测微仪、成组块规、标准长度刻度尺、光学读数显微镜及双频激光干涉仪等。回转运动检测工具：360°齿精确分度的标准转台或角度多面体、高精度圆光栅及平行光管等。

8.2.4 机床加工精度的检查

机床加工精度检查实质上是对机床的几何精度和定位精度在切削加工条件下的一项综合检查。机床切削加工精度检查可以单项加工，也可以加工一个标准的综合性试切削。对于普通立式加工中心，主要单项加工有：

① 镗孔精度。
② 端面铣刀铣削平面的精度（X-Y 平面）。
③ 镗孔的孔距精度和孔径分散度。
④ 直线铣削精度。
⑤ 斜线铣削精度。
⑥ 圆弧铣削精度。

对于普通卧式加工中心，则还应该测试：

① 箱体掉头镗孔的同轴度。
② 水平转台回转 90°铣四方加工精度。

被切削加工试件的材料除特殊要求外，一般都采用 HT200，使用硬质合金刀具按标准的切削用量进行切削。

8.2.5 机床机械性能及数控系统性能检查

(1) 主轴系统性能的检查

用手动方式选择高、中、低三个主轴转速，连续进行 5 次正、反转的启动和停止动作，试验主轴动作的灵活性和可靠性。用数据输入方式，主轴从最低一级转速开始运动，逐级提到允许的最高转速，实测各级转数，同时观察机床的振动。主轴在长时间高速运转后一般为 2h 允许温升 15℃。主轴准停装置连续操作 5 次，试验动作的可靠性和灵活性。

(2) 进给系统性能的检查

分别对各坐标进行手动操作，试验正、反向的低、中、高速进给和快速移动的启动、停止、点动等动作的平衡性和可靠性。

(3) 自动换刀系统的检查

检查自动换刀的可靠性和灵活性，包括手动操作及自动运行时刀库装满各种刀柄条件下的运行平稳性，机械手抓取最大允许质量刀柄的可靠性，刀库内刀号选择的准确性等。同时测定自动交换刀具的时间。

（4）机床噪声的检查

机床空运转时总噪声不得超过标准规定的 80dB。

（5）电气装置的绝缘检查

在机床运转试验前、后要分别进行一次绝缘检查，检查接地线的质量，确认绝缘的可靠性。

（6）数字控制装置的检查

检查数控柜的各种指示灯，检查输入、输出装置、操作面板、电柜冷却风扇和密封性等动作及功能是否正常可靠。

（7）安全装置的检查

检查对操作者的安全性和机床保护功能的可靠性。如各种安全防护罩、机床各运动坐标行程保护自动停止功能，各种电流电压过载保护和主轴电动机过热过负荷时紧急停止功能等。

（8）润滑装置的检查

检查集中定时定量润滑装置的可靠性，检查润滑油路有无渗漏，到各润滑点的油量分配等功能和可靠性。

（9）气、液装置的检查

检查压缩空气和液压油路的密封、调压功能及液压油箱的正常工作情况。

（10）附属装置的检查

检查机床各附属装置机能的工作可靠性，如切削液装置能否正常工作，排屑装置、冷却装置、防护罩的工作质量等。

（11）数控系统使用功能的检查

按照机床数控系统说明书，用手动或自动编程的检查方法，逐项检查系统主要的使用功能。如定位、直线插补、圆弧插补、暂停、坐标选择、平面选择、刀具位置补偿、刀具半径补偿、刀具长度补偿、固定循环、行程停止、选择停止、程序结束、冷却液的启动和停止、单段、跳段、进给保持、紧急停止等机能的准确性及可靠性。

（12）连续无载荷运转

让机床长时间连续运行（一般为 8～16h），是检查整台机床自动实现各种功能可靠性的有效办法。

数控机床连续无载荷运转，不仅是对整台机床自动实现各种功能可靠性的有效试验，更重要的是通过这种无载荷各种运转，实现对数控机床各运动部件的有机磨合，这种有机磨合也是提高机床耐用度及机床使用寿命的有效途径。随着连续无载荷运转的顺利完成，意味着本次检查验收工作的结束。

总之，在机床安装、调试、检查验收使用后，合理地采用最新的数控标准，依靠先进的数控测量仪，及时发现机床问题，可避免机床精度的过度损失及破坏性地使用机床，从而得到更为理想的生产效益。

8.3 数控机床的选用

选用数控机床时应考虑的主要因素有以下几个方面。

(1) 典型零件的确定与机床的选择

由于数控机床的类型、规格繁多，不同类型的数控机床都有其不同的使用范围和要求，只有在一定条件下加工一定的工件，才能达到最佳的效果。因此，在选购数控机床时首先要明确被加工对象，即确定典型零件。

(2) 数控机床规格的选择

数控机床规格的选择，应结合确定的典型零件尺寸，选用相应的规格以满足加工典型零件的需要。数控机床的主要规格包括工作台面的尺寸、坐标轴数及行程范围、主轴电动机功率和切削扭矩等。选用工作台面尺寸一般应大于工件的最大轮廓尺寸，保证工件在其上面能顺利找正、安装及完成加工任务。各坐标轴行程应满足加工时进刀、退刀的要求。

(3) 数控机床精度的选择

选择数控机床的精度等级应根据典型零件关键部位加工精度的要求来决定。影响机械加工精度的因素很多，如机床的制造精度、插补精度、伺服系统的随动精度以及切削温度、切削力、各种磨损等。而用户在选用机床时，主要应考虑综合加工精度是否能满足加工要求，应以适用为度。

世界上数控系统的种类、规格非常很多。机床制造商往往提供同一种机床可配置多种数控系统，数控系统选择应有超前意识，留有适度的冗余。目前世界上，比较著名的数控系统有日本的 FANUC 系统、德国的 SIEMENS 系统、法国的 NUM 系统、意大利的 FIDLA 系统、西班牙的 FAGOR 系统、美国的 A-B 系统等。各大机床制造厂商也有自己的一些系统，如 MAZAK/OKUMA 等。国内也有航天集团、机电集团、南京大方集团、华中科技大学、辽宁蓝天、北京凯奇等数控系统供应商，每家公司也都有一系列各种规格的产品。为了使数控系统与机床相匹配，在选择数控系统时可遵循以下几条原则：

① 根据数控机床类型选择相应的数控系统。
② 根据数控机床的设计指标选择数控系统。
③ 根据数控机床的性能选择数控系统功能。
④ 订购数控系统时要考虑周全，应有超前意识，留有适度的冗余。

(4) 刀柄和刀具的选择

在主机和自动换刀装置（ATC）确定后，要选择所需的刀柄和刀具（刃具）。数控机床所用刀柄系列基本都已标准化，尤其是加工中心所用刀柄，如美国的 CAT，日本的 BT 和我国的 JT 等。刀具选择取决于加工工艺要求，刀具确定后还必须配置相应刀柄。

(5) 机床功能选择及附件的选择

在选购数控机床时，除了认真考虑它应具备的基本功能及基本件外，还应选一些选件、选择功能及附件。选择的基本原则是全面配置、长远综合考虑。对一些价格增加不多，但对使用带来很多方便的，应尽可能配置齐全。附件也应配置成套，保证机床多功能的发挥和适用面广泛。

(6) 技术服务

数控机床作为一种高科技产品，包含了多学科的专业内容，对这样复杂的技术设备，要应用好、维修好单靠应用单位自身努力是远远不够的，而且也很难做到，必须依靠和利用社会上的专业队伍。因此，在选购设备时还应综合考虑选购其围绕设备的售前、售后技术服务，操作人员培训等等。其宗旨就是要使设备尽快尽量地发挥作用。

总之，凡重视技术队伍建设、重视职工素质提高的企业，数控机床就能得到合理使用，就能使之发挥最大的经济效益。所以在选择机床时,建议用户花一部分资金选购针对自己短缺的技术服务,使设备尽快发挥作用。

8.4 数控机床的使用与维护保养

数控机床是机电一体化的技术密集设备,要使机床长期可靠地运行,很大程度上取决于对其的使用与日常维护保养。正确地使用可避免突发故障,延长无故障时间。精心维护保养可使其处于良好的技术状态,延缓劣化。因此,数控机床不仅要严格地执行操作规程,而且必须重视数控机床的维护保养工作,提高数控机床操作人员的素质。

8.4.1 数控机床的使用要求

(1) 机床电源要求

如果将数控机床安装在一般的加工车间,不仅环境温度变化大,而且各种机器设备多,容易导致电网波动大。因此安装数控机床的场所,需要对电源电压有严格控制。电源电压波动必须在允许范围内,并保持相对稳定,否则会直接影响数控系统的正常工作。

(2) 温、湿度条件要求

数控机床的环境温度应低于30℃,相对湿度应不超过80%。一般来说,数控电气柜内设有排风扇等降温系统,以保持电子元件特别是中央处理器的工作温度恒定或温度变化小。过高的温度和湿度容易导致各种电子元器件寿命降低,故障增多,还会使灰尘增多,在集成电路板产生黏结,导致短路。

(3) 机床位置的环境要求

机床的位置应远离振源,避免阳光直接照射和热辐射的影响,避免潮湿和气流的影响。如机床附近有振源,则机床四周应设置防振装置,否则将直接影响机床的加工精度和稳定性,还容易使电子元器件接触不良、发生故障,影响数控机床的可靠性。

(4) 对操作人员的要求

如何充分地发挥数控机床的生产效率,这在很大程度上取决于操作者的技术水平,一个合格的数控机床操作者应具备以下基本条件:

具有良好的职业道德及较高的思想素质,并应头脑清醒、思维敏捷,掌握机械加工必要的工艺技术知识和一定的实践加工经验。

在操作使用数控机床之前,必须详细认真地阅读有关操作使用说明书,充分了解所用数控机床的特性,熟练掌握各项操作及编程方法,不断提高操作技能。

严格执行数控机床的安全操作规程,熟知机床日常维护的项目内容,并做好其保养工作,从而保证机床具有良好的运行状态。

8.4.2 数控机床的操作维护

(1) 技术培训

为了正确合理地使用数控机床,操作工在独立使用设备前,必须经过对数控机床使用必要的基本知识和技术理论及操作技能的培训,并且在熟练技师指导下,实际上机训练,达到一定的熟练程度。同时要参加国家职业资格的考核鉴定,经过鉴定合格并取得资格证后,方能独立操作所使用的数控机床。严禁无证上岗操作。

(2) 实行定人、定机持证操作

数控机床必须由经考核合格持职业资格证书的操作工操作,严格实行定人、定机和岗位责任制，以确保正确使用数控机床及日常维护工作。多人操作的数控机床应实行机长负责制，由机长对使用和维护工作负责。公用数控机床应由企业管理者指定专人负责维护保养。数控机床定人、定机由使用部门提出，报设备管理部门审批，签发操作证；关键设备定人、定机名单，设备部门审核报企业管理者批准后签发。定人、定机名单批准后，不得随意变动。对技术熟练、能掌握多种数控机床操作技术的工人，经考试合格可签发操作多种数控机床的操作证。

（3）建立使用数控机床的岗位责任制

数控机床操作工必须严格按"数控机床操作维护规程"、"四项要求"、"五项纪律"的规定正确使用与精心维护设备。

实行日常点检，认真记录。做到班前正确润滑设备，班中注意运转情况，班后清扫擦拭设备，保持清洁，涂油防锈。

在做到"三好"要求下，练好"四会"基本功，搞好日常维护和定期维护。

认真执行交接班制度和填写好交接班及运行记录。

（4）建立交接班制度

连续生产和多班制生产的设备必须实行交接班制度。交班人除完成设备日常维护作业外，必须把设备运行情况和发现的问题，详细记录在"交接班簿"上，并主动向接班人介绍清楚，双方当面检查，在交接班簿上签字。接班人如发现异常或情况不明，记录不清时，可拒绝接班。如交接不清，设备在接班后发生问题，由接班人负责。

（5）操作工使用数控机床的基本功和操作纪律

① 数控机床操作工"四会"基本功。

a. 会使用。操作工应先学习数控机床操作规程，熟悉设备结构性能、传动装置，懂得加工工艺和工装工具在数控机床上的正确使用。

b. 会维护。能正确执行数控机床维护和润滑规定，按时清扫，保持设备清洁完好。

c. 会检查。了解设备易损零件部位，知道完好检查项目、标准和方法，并能按规定进行日常检查。

d. 会排除故障。熟悉设备特点，能鉴别设备正常与异常现象，懂得其零、部件拆装注意事项，会做一般故障调整或协同维修人员进行排除。

② 维护使用数控机床的"四项要求"。

a. 整齐。工具、工件、附件摆放整齐，设备零、部件及安全防护装置齐全，线路管道完整。

b. 清洁。设备内外清洁，无"黄袍"，各滑动面、丝杠、齿条、齿轮无油污，无损伤；各部位不漏油、漏水、漏气。

c. 润滑。按时加油、换油，油质符合要求；油枪、油壶、油杯、油嘴齐全，油毡、油线清洁，油窗明亮，油路畅通。

d. 安全。实行定人、定机制度，遵守操作维护规程，合理使用，注意观察运行情况，不出安全事故。

③ 数控机床操作工的"五项纪律"。

a. 凭操作证使用设备，遵守安全操作维护规程。

b. 经常保持机床整洁，按规定加油，保证合理润滑。

c. 遵守交接班制度。

d. 管好工具、附件，不得遗失。

e. 发现异常立即通知有关人员检查处理。

8.4.3 数控机床运行使用中的注意事项

(1) 使用中的注意事项

① 要重视工作环境，数控机床必须安放在无阳光直射、有防振装置的地方，附近不应有焊机、高频设备等工作的干扰，避免环境温度对设备精度的影响，必要时应采取适当措施加以调整，要经常保持机床的清洁。

② 操作人员不仅要有资格证，在入岗操作前还要由技术人员按所用机床进行专题操作培训，使操作工熟悉说明书及机床结构、性能、特点，弄清和掌握操作上的仪表、开关、旋钮及各按钮的功能和指示的作用，严禁盲目操作和出现误操作。

③ 数控机床用的电源电压应保持稳定，其波动范围应在 $10\%\sim15\%$ 以内，否则应增设交流稳压器。因电源不良会造成系统不能正常工作，甚至引起系统内电子部件的损坏。

④ 数控机床所需压缩空气的压力应符合标准，并保持清洁。管路严禁使用未镀锌铁管，防止铁锈堵塞过滤器。要定期检查和维护气、液分离器，严禁水分进入气路。最好在机床气压系统外增置气、液分离过滤装置，增加保护环节。

⑤ 润滑装置要清洁，油路要畅通，各部位润滑应良好，所加油液必须符合规定的质量标准，并经过滤。过滤器应定期清洗或更换，滤芯必须经检验合格才能使用，尤其对有气垫导轨和光栅尺通气清洁的精密数控机床更为重要。

⑥ 电气系统的控制柜和强电柜的门应尽量少开。因机加工车间空气中含有油雾、飘浮灰尘和粉尘，如落在数控装置内堆积在印制线路板或控制元件上，容易引起元件间绝缘电阻下降，导致元器件及印制板的损坏。

⑦ 经常清理数控装置的散热通风系统，使数控系统能可靠地工作。数控装置的工作温度一般应在 $55\sim60℃$，每天应检查数控柜上各个排风扇的工作是否正常，风道过滤器有无被灰尘堵塞。

⑧ 数控系统的 RAM（储存器）后备电池的电压由数控系统自行诊断，低于工作电压将自动报警提示。此电池用于断电后维持数控系统储存器的参数和程序等数据，机床在使用中如果出现电池报警时要求维修人员及时更换电池，以防储存器内数据丢失。

⑨ 正确选用优质刀具不仅能充分发挥机床加工效能，也能避免不应发生的故障，刀具的锥柄、直径尺寸及定位槽等都应达到技术要求，否则换刀动作将无法顺利进行。

⑩ 在加工工件前须先对各坐标进行检测，复查程序。在加工程序模拟试验正常后，再加工。

⑪ 操作工在设备回到"机床参考点"、"工件零点"操作前，必须确定各坐标轴的运动方向无障碍物，以防碰撞。

⑫ 数控机床的光栅尺属精密测量装置，不得碰撞和随意拆动。

⑬ 数控机床的各类参数和基本设定程序的安全储存直接影响机床正常工作和性能发挥，操作工不得随意修改，如操作不当造成故障，应及时向维修人员说明情况以便寻找故障线索，进行修理。

⑭ 数控机床机械结构简化，密封可靠，自诊功能日益完善，在日常维护中除清洁外规定的润滑部位外，不得拆卸其他部位进行清洗。

⑮ 数控机床较长时间不用时要注意防潮，停机两月以上时，必须给数控系统供电，以保证有关参数不致丢失。

(2) 数控机床安全生产要求

① 严禁取掉或挪动数控机床上的维护标记及警告标记。

② 不得随意拆卸回转工作台，严禁随意变换刀具在刀库中刀具的位置。

③ 加工前应仔细核对工件坐标系原点以及加工轨迹是否与夹具、工件、机床干涉，新程序经校核后方能执行。

④ 刀库门、防护挡板和防护罩应齐全，且灵活、可靠。机床运行时严禁开电气柜门，环境温度较高时不得采取破坏电气柜门连锁开关的方式强行散热。

⑤ 切屑排除机构应运转正常，严禁用手和压缩空气清理切屑。

⑥ 床身上不能摆放杂物，设备周围应保持整洁。

⑦ 安装数控加工中心刀具时，应使主轴锥孔保持干净。关机后主轴应处于无刀状态。

⑧ 维修、维护数控机床时，严禁开动机床。发生故障后，必须查明并排除机床故障，然后再重新启动机床。

⑨ 加工过程中应注意机床显示状态，对异常情况应及时处理，尤其应注意报警、急停超程等安全操作。

⑩ 清理机床前，先将各坐标轴停在中间位置，按要求依序关闭电源，再清扫机床。

⑪ 重新加工前，应手动操作机床返回机床原点。

8.4.4 数控机床的维护保养

各类数控机床因其系统、功能和结构的不同，各具不同的特性。其维护保养的内容和规则也各有其特色，要做好数控机床的维护保养工作，要求数控机床的操作人员必须经过专门培训，具体应根据各类数控机床种类、型号及实际使用情况，并参照数控机床说明书的要求，制订和建立必要的定期、定级保养制度。下面列举一些常见、通用的日常维护保养的主要内容。

① 保持良好的润滑。

② 定期检查液压、气压系统。

③ 定期检查电动机系统。

④ 适时对各坐标轴进行超限位试验。

⑤ 定期检查电气部件。

⑥ 机床长期不用时的维护。

⑦ 更换存储器电池。

⑧ 印制线路板的维护。

⑨ 监视数控装置用的电网电压。

⑩ 定期进行机床水平和机械精度检查。

⑪ 经常打扫卫生。

如果机床周围环境太脏、粉尘太多，均可以影响机床的正常运行；电路板太脏，可能产生短路现象；油水过滤网、安全过滤网等太脏，会发生压力不够、散热不好，造成故障。所以必须定期进行卫生清扫。

第 9 章 数控铣削编程基础

9.1 概述

9.1.1 数控编程的基本概念

数控加工，是指在数控机床上进行零件加工的一种工艺方法。

在数控机床上加工零件时，首先要根据零件图样，按规定的代码及程序格式将零件加工的全部工艺过程、工艺参数、位移数据和方向以及操作步骤等以数字信息的形式记录在控制介质上（如穿孔带、磁带、U 盘、移动硬盘等），然后输入给数控装置，从而指挥数控机床加工。

数控编程：将从零件图样到制成控制介质的全部过程称为数控加工的程序编制，简称数控编程。

编程就是将加工零件的加工顺序、刀具运动轨迹的尺寸数据、工艺参数（主运动和进给运动速度、切削深度）以及辅助操作（换刀、主轴正反转、冷却液开关、刀具夹紧、松开等）加工信息，用规定的文字、数字、符号组成的代码，按一定格式编写成加工程序。

使用数控机床加工零件时，程序编制是一项重要的工作。迅速、正确而经济地完成程序编制工作。对于有效地利用数控机床是重要环节之一。

9.1.2 数控编程的内容和步骤

数控编程的一般内容主要包括：分析零件图样、确定加工工艺过程、数值计算、编写零件加工程序、制作控制介质、程序校验和试切削等。数控编程的步骤一般如图 9-1 所示。

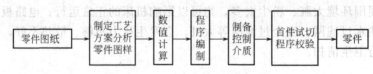

图 9-1 数控编程的步骤

(1) 确定工艺方案

在确定加工工艺过程时，编程人员要根据零件图样进行工艺分析，然后选择加工方案，确定加工顺序、加工路线、装卡方式、刀具、工装以及切削用量等工艺参数。这些工作与普通机床加工零件时工艺规程的编制基本上是相似的，但也有自身的一些特点。要考虑所用数控机床的指令功能，要充分发挥数控机床的效能。

(2) 数值计算

按已确定的加工路线和允许的零件加工误差，计算出所需的输入数控装置的数据，称为数值计算。

数值计算的主要内容是在规定的坐标系内计算零件轮廓和刀具运动的轨迹的坐标值。数值计算的复杂程度取决于零件的复杂程度和数控装置功能的强弱，差别很大。对于形状比较简单的零件（如直线和圆弧组成的零件）的轮廓加工，需要计算出几何元素的起点、终点、圆弧和圆心、两几何元素的交点或切点的坐标值，有的还要计算刀具中心的运动轨迹坐标值。对于形状比较复杂的零件（如非圆曲线、曲面组成的零件）的轮廓加工，需要用直线段或圆弧段逼近，根据要求的精度计算出其节点坐标值。这种情况一般要用计算机来完成数值计算的工作。

(3) 编写零件加工程序单

加工路线、工艺参数及刀具运动轨迹的坐标值确定以后，编程人员可以根据数控系统规定的功能指令代码及程序段格式，逐段编写加工程序单。此外，还应填写有关的工艺文件，如数控加工工序卡片、数控刀具卡片、数控刀具明细表等。

(4) 制备控制介质

制备控制介质就是把编制好的程序单上的内容记录在控制介质上作为数控装置的输入信息。控制介质的类型因数控装置而异。也可直接通过数控装置上的键盘将程序输入存储器。

(5) 程序校验和试切削

程序单和制备好的控制介质必须经过校验和试切削才能用于正式加工。一般采用空走刀校验、空运转画图校验以检查机床运动轨迹与动作的正确性。在具有图形显示功能和动态模拟功能的数控机床上，用图形模拟刀具与工件切削的方法进行检验更为方便。但这些方法只能检验出运动是否正确，不能检查被加工零件的加工精度。因此，还要进行零件的试切削。当发现有加工误差时，应分析误差产生的原因，采取措施加以纠正。

从以上内容来看，作为一名编程人员，不但要熟悉数控机床的结构、数控系统的功能及有关标准，而且还必须是一名好的工艺人员，要熟悉零件的加工工艺、装卡方法、刀具、切削用量的选择等方面的知识。

9.1.3 数控编程的方法

数控编程的方法有两种：手工编程和自动编程。

(1) 手工编程

用人工完成程序编制的全部工作（包括用通用计算机辅助进行数值计算）称为手工编程。

对于几何形状较为简单的零件，数值计算较简单，程序段不多，采用手工编程较容易完成，而且经济、及时。手工编程时，整个程序的编制过程是由人工完成的。这要求编程人员不仅要熟悉数控代码及编程规则，而且还必须具备机械加工工艺知识和数值计算能力。对于点位加工或几何形状不太复杂（直线＋圆弧）的零件，数控编程计算较简单，程序段不多，手工编程即可实现。

数控手工编程的主要内容包括分析零件图样、确定加工过程、数学处理、编写程序清单、程序检查、输入程序和工件试切。手工编程的步骤如图 9-2 所示。

(2) 自动编程

自动编程是用计算机把人们输入的零件图纸信息改写成数控机床能执行的数控加工程序，就是说数控编程的大部分工作由计算机来实现。

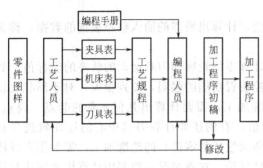

图 9-2 手工编程的步骤框图

自动编程也称计算机辅助编程，即程序编制工作的大部分或全部由计算机来完成。如完成坐标值计算、编写零件加工程序单、自动地输出打印加工程序单和制备控制介质等。自动编程方法减轻了编程人员的劳动强度，缩短了编程时间，提高了编程质量，同时解决了手工编程无法解决的许多复杂零件的编程难题。工件表面形状越复杂，工艺过程越繁琐，自动编程的优势越明显。

自动编程的方法种类很多，发展也很迅速。根据编程信息的输入和计算机对信息的处理方式的不同，可以分为以自动编程语言为基础的自动编程方法（简称语言式自动编程）和以计算机绘图为基础的自动编程方法（简称图形交互式自动编程）。

9.2 编程的基础知识

9.2.1 零件加工程序的结构

（1）程序的构成

一个完整的零件加工程序由程序号（名）和若干个程序段组成，每个程序段由若干个指令字组成，每个指令字又由字母、数字、符号组成。例如：

O0600
N0010 G92 X0 Y0；
N0020 G90 G00 X50 Y60；
N0030 G01 X10 Y50 F150 S300 T12 M03；
……
N0100 G00 X－50 Y－60 M02；

上面是一个较完整的零件加工程序。它由一个程序号和 10 个程序段组成。最前面的"O0600"是整个程序的程序号，也叫程序名。每一个独立的程序都应有程序号。它可作为识别、调用该程序的标志。程序号的格式为：

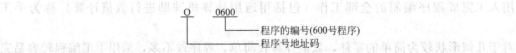

不同的数控系统，程序号地址码所用的字符可不相同。如 FANUC 系统用 O，AB8400 系统用 P，而 SinumeriK8M 系统则用％作为程序号的地址码。编程时一定要根据说明书的规定使用，否则系统是不会接受的。

每个程序段以程序段号"N××××"开头，用"；"表示结束（还有的系统用 LF、CR、EOB 等符号），每个程序段中有若干个指令字，每个指令字表示一种功能。一个程序段表示一个完整的加工工步或动作。

一个程序的最大长度取决于数控系统中零件程序存储区的容量。现代数控系统的存储区容量已足够大，一般情况下已足够使用。一个程序段的字符数也有一定的限制。如某些数控系统规定一个程序段的字符数≤90个，一旦大于限定的字符数时，应把它分成两个或多个程序段。

(2) 程序段格式

程序段格式是指一个程序段中字的排列顺序和表达方式。不同的数控系统往往有不同的程序段格式。程序段格式不符合要求，数控系统就不能接受。

数控系统曾用过的程序段格式有三种：固定顺序程序段格式，带分隔符的固定顺序（也称表格顺序）程序段格式和字地址程序段格式。前两种在数控系统发展的早期阶段曾经使用过，但由于程序不直观，容易出错，故现在已几乎不用，目前数控系统广泛采用的是字地址程序段格式。下面仅介绍这一种格式。

字地址程序段格式也叫地址符可变程序段格式。前面的例子就是采用这种格式。这种格式的程序段的长短，字数和字长（位数）都是可变的。字的排列顺序没有严格要求。不需要的字以及与上一程序段相同的续效字可以不写。这种格式的优点是程序简短，直观，可读性强，易于检验，修改。因此，现代数控机床广泛采用这种格式。

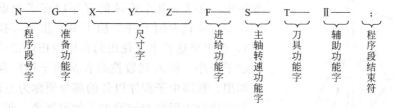

国际标准 ISO 6983—I—1982 和我国的 GB 8870—1988 标准都推荐使用这种字地址程序段格式，并作了具体规定。

例如：字地址程序段的一般格式为：

N20　G01 X25 Y-36 Z64 F100 S100 T02 M03；

程序段可以认为是由若干个程序字（指令字）组成。而程序字又由地址码和数字及代数符号组成。程序字的组成如下：

Z 25 ——数字与符号
——地址码

程序段的一般格式中，各程序字可根据需要选用。不用的可省略，在程序段中表示地址码的英文字母可分为尺寸地址码和非尺寸地址码两类。

常用地址码及其含义见表 9-1。

表 9-1　常用地址码及其含义

功　能	地　址	意　义
程序号	:(ISO),O(EIA)	程序序号
程序段号	N	顺序号
准备功能	G	动作模式（直线、圆弧等）
尺寸字(坐标字)	X、Y、Z	坐标移动指令
	A、B、C、U、V、W	附加轴移动指令
	R	圆弧半径
	I、J、K	圆弧中心坐标
切削用量	F	进给量或进给速率（进给功能）
	S	主轴转速（主轴旋转功能）

续表

功　　能	地　　址	意　　义
刀具功能	T	刀具号、刀具补偿号
辅助功能	M	辅助装置的接通和断开
补偿值	H 或 D	补偿序号
暂停	P,X	暂停时间
子程序号指定	P	子程序序号
子程序重复次数	L	重复次数
参数	P,Q,R	固定循环

(3) 主程序和子程序

数控加工程序可分为主程序和子程序。在一个加工程序中，如果有几个连续的程序段在多处重复出现（例如，在一块较大的工件上加工多个相同形状和尺寸的部位），就可将这些重复使用的程序段按规定的格式独立编写成子程序，输入到数控装置量的子程序存储区中，以备调用。程序中子程序以外的部分便称为主程序。

在执行主程序的过程中，如果需要，可调用子程序，并可以多次重复调用。有些数控系统，子程序执行过程中还可以调用其他的子程序，即子程序嵌套。这样可以简化程序设计，缩短程序的长度。带子程序的程序执行过程如图 9-3 所示。

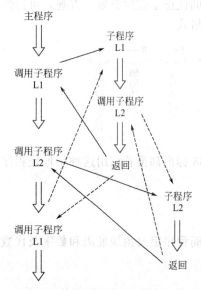

图 9-3　带子程序的程序执行过程

9.2.2　数控机床的坐标系

(1) 坐标轴及运动方向的规定

数控机床的坐标轴和运动方向，有统一的规定，并共同遵守。这样将给数控系统和机床的设计、程序编制和使用维修带来极大的便利。因此，ISO 组织和我国有关部门都制定了相应的标准，并且两者是等效的。

① 直线进给和圆周进给运动坐标系。机床的一个直线进给运动或一个圆周进给运动定义一个坐标轴。标准规定采用右手直角笛卡儿坐标系，即直线进给运动用直角坐标系 X、Y、Z 表示，常称为基本坐标系。X、Y、Z 坐标的相互关系用右手定则规定。围绕 X、Y、Z 轴旋转的圆周进给坐标商分别用 A、B、C 坐标表示，其正向根据右手螺旋定则确定。如图 9-4 所示。

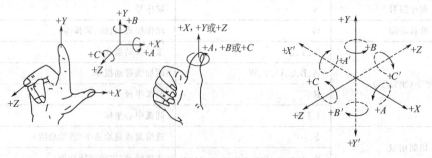

图 9-4　坐标轴及运动方向的规定

数控机床的进给运动是相对运动,有的是刀具相对于工件的运动(如车床),有的是工件相对于刀具的运动(如铣床)。所以标准统一规定:上述坐标系是假定工件不动,刀具相对于工件作进给运动的坐标系。如果是刀具不动,工件运动的坐标则用加"'"的字母表示。显然,工件运动坐标的正方向与刀具运动坐标的正方向相反。

按标准统一规定,以增大工件与刀具之间距离的方向(即增大工件尺寸的方向)为坐标轴的正方向。(即刀具远离工件的方向为坐标轴的正方向)

② 机床坐标轴的确定方法。图 9-5～图 9-8 分别给出了几种典型机床的标准坐标系简图。图中字母表示运动的坐标,箭头表示正方向。这些坐标轴和运动方向是根据以下规定确定的。

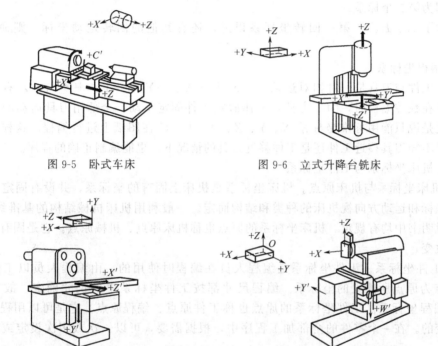

图 9-5 卧式车床　　　　图 9-6 立式升降台铣床

图 9-7 卧式升降台铣床　　图 9-8 牛头刨床

a. Z 坐标。规定平行于机床主轴(传递切削运动)的刀具运动坐标为 Z 坐标,取刀具远离工件的方向为正方向。

对于刀具旋转的机床,如铣床、钻床、镗床等,平行于旋转刀具轴线的坐标为 Z 坐标,而对于工件旋转的机床,如车床、外圆磨床等,则平行于工件轴线的坐标为 Z 坐标。

对于没有主轴的机床,则规定垂直于工件装夹表面的坐标为 Z 坐标(如刨床)。

如果机床上有几根主轴,则选垂直于工件装夹表面的一根主轴作为主要主轴。Z 坐标即为平行于主要主轴轴线的坐标。

如果主轴能摆动,在摆动范围内只与主坐标系中的一个坐标平行时,则这个坐标就是 Z 坐标。如摆动范围内能与主坐标系中的多个坐标相平行时,则取垂直于工件装夹面的坐标作为 Z 坐标。

b. X 坐标。规定 X 坐标轴为水平方向,且垂直于 Z 轴并平行于工件的装夹面。

对于工件旋转的机床(如车床、外圆磨床等),X 坐标的方向是在工件的径向上,且平行于横向滑座。同样,取刀具远离工件的方向为 X 坐标的正方向。对于刀具旋转的机床(如铣床、镗床等),则规定:当 Z 轴为水平时,从刀具主轴后端向工件方向看,向右方向

为 X 轴的正方向;当 Z 轴为垂直时,对于单立柱机床,面对刀具主轴向立柱方向看,向右方向为 X 轴的正方向。

c. Y 坐标。Y 坐标垂直于 X、Z 坐标。在确定了 X、Z 坐标的正方向后,可按右手定则确定 Y 坐标的正方向。

d. A、B、C 坐标。A、B、C 坐标分别为绕 X、Y、Z 坐标的回转进给运动坐标,在确定了 X、Y、Z 坐标的正方向后,可按右手螺旋定则来确定 A、B、C 坐标的正方向。

e. 附加运动坐标。X、Y、Z 为机床的主坐标系或称第一坐标系。如除了第一坐标系以外还有平行于主坐标系的其他坐标系则称为附加坐标系。附加的第二坐标系命名为 U、V、W。第三坐标系命名为 P、Q、R。所谓第一坐标系是指与主轴最接近的直线运动坐标系,稍远的即为第二坐标系。

若除了 A、B、C 第一回转坐标系以外,还有其他的回转运动坐标,则命名为 D、E 等。

③ 编程坐标系。

由于工件与刀具是一对相对运动。$+X'$ 与 $+X$、$+Y'$ 与 $+Y$、$+Z'$ 与 $+Z$ 有确定的关系。所以在数控编程时,为了方便,一律假定工件固定不动,全部用刀具运动的坐标系编程。也就是说只能用标准坐标系 X、Y、Z、A、B、C 在图纸上进行编程。这样,即使在编程人员不知刀具移近工件还是工件移近刀具的情况下,也能编制正确的程序。

(2) 机床坐标系与工件坐标系

① 机床坐标系与机床原点。机床坐标系是机床上固有的坐标系,并设有固定的坐标原点,其坐标和运动方向视机床的种类和结构而定。一般利用机床机械结构的基准线来确定。在机床说明书中均有规定。机床坐标系的原点也称机床原点、机械原点。它是固有的点,不能随意改变。

② 工件坐标系。工件坐标系是编程人员在编程时使用的,由编程人员以工件图纸上的某一点为原点所建立的坐标系。编程尺寸都按工件坐标系中的尺寸确定。故工件坐标系也称编程坐标系。工件坐标系的原点也称工件原点、编程原点。它是可以用程序指令设置和改变的。在一个零件的全部加工程序中,根据需要,可以一次或多次设定或改变工件原点。

③ 机床坐标系与工件坐标系的关系。机床坐标系与工件坐标系的关系如图9-9所示。一般说来,工件坐标系的坐标轴与机床坐标系相应的坐标轴相平行,方向也相同,但原点不同。在加工中,工件随夹具在机床上安装后,要测量工件原点与机床原点之间的坐标距离,这个距离称为工件原点偏置。这个偏置值需预存到数控系统中。在加工时,工件原点偏置值便能自动加到工件坐标系上,使数控系统可按机床坐标系确定工时的坐标值。

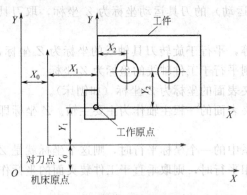

图9-9 机床坐标系与工件坐标系的关系

(3) 绝对坐标系和增量(相对)坐标系

① 绝对坐标系。在坐标系中,所有的坐标点均以固定的坐标原点为起点确定坐标值,这种坐标系称为绝对坐标系。如图9-10(a)所示,A、B 两点的坐标值均以固定的坐标原点计算,其坐标值为 $X_A=10$,$Y_A=20$,$X_B=30$,$Y_B=50$。

② 增量（相对）坐标系。在坐标系中，运动轨迹（直线或圆弧）的终点坐标值是以起点开始计算的，这种坐标系称为增量（相对）坐标系。增量坐标系的坐标原点是移动的，坐标值与运动方向有关。

增量坐标常用 U、V、W 代码表示。U、V、W 分别与 X、Y、Z 轴平行且同向。如图9-10(b) 所示。假定运动轨迹是由 A 到 B，则 A、B 点的相对坐标值分别为 $U_A=0$、$U_B=20$、$V_B=30$。U-V 坐标系即为增量坐标系。

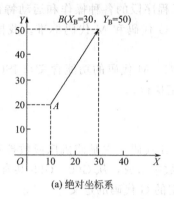 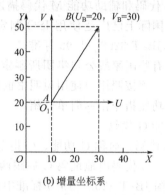

(a) 绝对坐标系　　　　　　　　(b) 增量坐标系

图 9-10　绝对坐标系和增量坐标系

在编程中，绝对坐标系和增量坐标系均可采用。可从加工精度要求和编程方便程度等角度来考虑合理选用坐标系的类型。例如：如图 9-11(a) 所示，由一个固定基准给定零件的加工尺寸时，显然采用绝对坐标是方便的。而当加工尺寸是以图 9-11(b) 的形式给出各孔之间的间距时，采用增量坐标则是方便的。

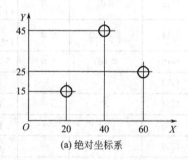 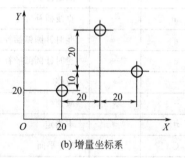

(a) 绝对坐标系　　　　　　　　(b) 增量坐标系

图 9-11　坐标方式的选择

(4) 最小设定单位与编程尺寸的表示法

机床的最小设定单位，即数控系统能实现的最小位移量，是机床的一个重要技术指标，又称最小指令增量或脉冲当量。一般为 0.0001～0.01mm，视具体数控机床而定。

在编程时，所有的编程尺寸都应转换成与最小设定单位相对应的数量。编程尺寸有两种表示法，不同的数控机床可有不同规定。一种是以最小设定单位（脉冲当量）为最小单位来表示；另一种是以毫米为单位，以有效位小数来表示。例如某坐标点的尺寸为 $X=125.30$mm，$Z=405.247$mm，最小设定单位为 0.01mm，则

第一种方法表示为：　　　X12530　　Z40525
第二种方法表示为：　　　X125.30　　Z405.25

目前这两种表示方法都有应用，不同的数控机床有不同的规定。编程时，数据用哪种方法表示一定要遵守具体机床的规定。

9.2.3 功能代码简介

零件加工程序主要是由一个个程序段构成的,程序段又是由程序字构成的。程序字可分为尺寸字和功能字。各种功能字是程序段的主要组成部分,功能字又称为功能指令或功能代码。常用的功能代码有准备功能 G 代码和辅助功能 M 代码,另外,还有进给功能 F 代码,主轴转速功能 S 代码,刀具功能 T 代码等。

准备功能 G 代码和辅助功能 M 代码描述了程序段的各种操作和运动特征,是程序段的主要组成部分。国际上已广泛使用 ISO 制定的 G 代码和 M 代码标准。我国也已制定了与 ISO 标准等效的 JB/T 3208—1999 标准。

应当指出,有些国家或公司集团所制定的 G、M 代码的功能含义与 ISO 标准不完全相同。实际编程时,须按照用户使用说明书的规定执行。

下面对有关功能指令作一简单介绍。

(1) 准备功能 G 代码

准备功能 G 代码,简称 G 功能、G 指令或 G 代码。它是使机床或数控系统建立起某种加工方式的指令。G 代码由地址码 G 后跟两位数字组成,从 G00~G99 共有 100 种。

表 9-2 为我国 JB/T 3208—1999 标准中规定的 G 代码的定义。

表 9-2 G 代码的定义

G 代码	功能保持到被取消或被同样字母表示的程序指令代替	功能仅在所出现的程序段内有作用	功能	G 代码	功能保持到被取消或被同样字母表示的程序指令代替	功能仅在所出现的程序段内有作用	功能
G00	a	—	点定位	G43	#(d)	#	刀具长度补偿(正)
G01	a	—	直线插补	G44	#(d)	#	刀具长度补偿(负)
G02	a	—	顺时针圆弧插补	G49	#(d)	#	刀具偏置 0/+
G03	a	—	逆时针圆弧插补	G53	f	—	直线偏移注销
G04	—	*	暂停	G54	f	—	直线偏移 X
G09	—	*	减速	G55	f	—	直线偏移 Y
G10~G16	#	#	不指定	G56	f	—	直线偏移 Z
G17	c	—	XY 平面	G57	f	—	直线偏移 XY
G18	c	—	ZX 平面	G58	f	—	直线偏移 XZ
G19	c	—	YZ 平面	G59	f	—	直线偏移 YZ
G20~G32	#	#	不指定	G60	h	—	准确定位 1(精)
G33	a	—	螺纹切削等螺距	G61	h	—	准确定位 2(中)
G34	a	—	螺纹切削增螺距	G62	h	—	准确定位 3(粗)
G35	a	—	螺纹切削减螺距	G63	—	*	攻丝
G36~G39	#	#	永不指定	G64~G67	#	#	不指定
G40	d	—	刀具半径补偿取消	G68	#(d)	#	刀具偏置-内角
G41	d	—	刀具半径补偿(左)	G69	#(d)	#	刀具偏置-外角
G42	d	—	刀具半径补偿(右)	G70~79	#	#	不指定
				G80		—	固定循环注销

续表

G代码	功能保持到被取消或被同样字母表示的程序指令代替	功能仅在所出现的程序段内有作用	功能	G代码	功能保持到被取消或被同样字母表示的程序指令代替	功能仅在所出现的程序段内有作用	功能
G81~G89	#	—	固定循环	G94	k		每分钟进给
G90	j	—	绝对尺寸	G95	k		主轴每转-进给
G91	j	—	增量尺寸	G96	i		主轴恒线速度
G92	—	*	预置寄存	G97	i		主轴每分钟转数
G93	k		时间倒数-进给率	G98~G99	#	#	不指定

注：1. *号，如选作特殊用途，必须在程序说明中说明。
2. 如在直线切削控制中没有刀具补偿，则G42~G45可指定作其他用途。
3. 在表中左栏括号中的字母（d）表示，可以被同栏中没有括号的字母d所注销或替代，亦可被有括号的字母（d）所注销或替代。
4. G45~G52的功能可用于机床上任意两个预定的坐标。
5. 控制机上没有G53~G59、G63功能时，可以指定作其他用途。

G代码分为模态代码（又称续效代码）和非模态代码（又称非续效代码）两类。模态代码表示该代码在一个程序段中被使用（如G01）后就一直有效，直到出现其他任一G代码（如G02）时才失效。同一模态代码在同一个程序段中不能同时出现，否则只有最后的代码有效。G代码通常位于程序段中尺寸字之前。

下面举例说明模态代码的用法。

N001　G00　G17　X__　Y__　M03　M08；
N002　G01　G42　X__　Y__　F__；
N003　　　　　　X__　Y__；
N004　G02　　　X__　Y__　I__　J__；
N005　　　　　　X__　Y__　I__　J__；
N006　G01　　　X__　Y__；
N007　G00　G40　X__　Y__　M05　M09；

上例中的N001程序段中，有两种G功能代码，都是续效代码，故可编在同一程序段中。N002程序段中出现G01，同为续效代码的G00失效。G17是不同组的，所以继续有效。N003程序段的功能和N002程序段相同。因G01和G42是续效代码，故继续有效。不需重写代码，其余可类推。

（2）辅助功能M代码

辅助功能代码，也称M功能、M指令或M代码。它由地址码M和其他两位数字组成。共有100种（M00~M99）。它是控制机床辅助动作的指令，主要用作机床加工时的工艺性指令。如主轴的开、停、正反转，切削液的开、关，运动部件的夹紧与松开等。

常用的M指令有以下几种。

① M02、M30：程序结束。
② M03、M04、M05：主轴顺时针转、主轴逆时针转、主轴停止转动。
③ M08、M09：冷却液开、关。

表9-3所示是部分辅助功能M代码。

表 9-3　部分辅助功能 M 代码

M 代码	功　　能	M 代码	功　　能
M00	程序停止	M01	计划(任选)停止
M02	程序结束	M03	主轴顺时针旋转
M04	主轴逆时针旋转	M05	主轴停止旋转
M06	换刀	M08	冷却液开
M09	冷却液关	M30	程序结束并返回
M74	错误检测功能打开	M75	错误检测功能关闭
M98	子程序调用	M99	子程序调用返回

以下对常用的 M 代码作简要说明。

M00——程序停止。在完成该程序段其他指令后，用以停止主轴转动、进给和冷却液，以便执行某一固定的手动操作。如手动变速、换刀、工件调头等。当程序运行停止时，全部现存的模态信息保持不变。固定操作完成后，重按"启动键"，便可继续执行下一段程序段。

M01——计划（任选）停止。该指令与 M00 基本相似，所不同的是，只有在操作面板上的"任意停止"按键被按下时，M01 才有效，否则这个指令不起作用。该指令常用于工件关键尺寸的停机抽样检查或其他需要临时停车的场合。当检查完成后，按启动键继续执行以后的程序。

M02——程序结束。当全部程序结束后，用此指令使主轴、进给、冷却全部停止，并使数控系统处于复位状态。该指令必须出现在程序的最后一个程序段中。

M03、M04、M05——命令主轴正转、反转和停转。所谓主轴正转是指从主轴往正 Z 方向看去，主轴顺时针方向旋转。逆时针方向旋转则为反转。主轴停止旋转是在该程序段其他指令执行完成后才能执行。一般在主轴停转的同时进行制动和关闭冷却液。

M06——换刀指令。常用于加工中心机床刀库换刀前的准备动作。

M07、M08——切削液开。分别命令 2 号切削液（雾状）及 1 号切削液（液状）开（冷却泵启动）。

M09——切削液停。

M10、M11——运动部件的夹紧及松开。

M30——程序结束。和 M02 相似，但 M30 可使程序返回到开始状态（换工件时用）。

(3) F、S、T 代码

① F 代码。F 代码为进给速度功能代码，它是续效代码，用来指定进给速度，单位一般为 mm/min，当进给速度与主轴转速有关时（如车螺纹、攻丝等），单位为 mm/r，F 代码常有两种表示方法。

a. 编码法，即在地址符 F 后跟一串数字代码，这些数字不直接表示进给速度的大小，而是机床进给速度数列的序号（编码号），具体的进给速度需查表确定。

b. 直接指定法，即 F 后面跟的数字就是进给速度的大小。例如：F100 表示进给速度是 100mm/min，这种方法较为直观，因此，现代数控机床大多采用这一方法。

② S 代码。S 代码为主轴转速功能代码。该代码为续效代码，用来指定主轴的转速，单位为 r/min。它以地址符 S 为首，后跟一串数字，这串数字的表示方法与 F 指令完全相同，也有编码法和直接指定法二种。

主轴的实际转速常用数控机床操作面板上的主轴速度倍率开关来调整。倍率开关通常在 50%～200% 之间设有许多挡位。编程时总是假定倍率开关指在 100% 的位置上。

③ T代码。T代码为刀具功能代码。在有自动换刀功能的数控机床上，该指令用以选择所需的刀具号和刀补号。它以地址符 T 为首，其后跟一串数字，数字的位数和定义由不同的机床自行确定。一般用两位或四位数字来表示。例如：

$$\underbrace{T01}_{\text{刀具号}}\ \underbrace{01}_{\text{刀补号}}\quad \text{表示1号刀选用1号刀补值}$$

9.3 常用准备功能指令的编程方法

功能指令是程序段组成的基本单位，是编制加工程序的基础。本节主要讨论常用的准备功能指令的编程方法与应用。下面所涉及的指令代码均以 ISO 标准为准。

9.3.1 与坐标系相关的指令

(1) 绝对坐标与增量坐标指令——G90、G91

在一般的机床数控系统中，为方便计算和编程，都允许绝对坐标方式和增量坐标方式及其混合方式编程。这就必须用 G90、G91 指令指定坐标方式。G90 表示程序段中的坐标尺寸为绝对坐标值。G91 则表示为增量坐标值。

例：图 9-12 示出 AB 和 BC 两个直线插补程序段的运动方向及坐标值。现假定 AB 已加工完毕，要加工 BC 段，刀具在 B 点，则该加工程序为：

绝对坐标方式：G90　C01　X30　Y40；
增量坐标方式：G91　C01　X－50　Y－30；

注意：

① 绝对坐标方式编程时终点的坐标值在绝对坐标系中确定，增量坐标方式编程时终点的坐标值在增量坐标系中确定。

② 有某些机床的增量坐标尺寸不用 G91 指定，而是在运动轨迹的起点建立平行于 X、Y、Z 的增量坐标系 U、V、W。如图 9-12 在 B 点建立 U、V 坐标系，其程序段为：

C01　U－50　V－30（增量尺寸）

它与程序段 G91　C01　X－50　Y－30 等效。

上述两种方法根据具体机床的规定而选用。

(2) 坐标系设定指令——G54~G59、G92

编制程序时，首先要设定一个坐标系，程序中的坐标值均以此坐标系为根据，此坐标系称为工件坐标系。G54~G59、G92 为加工坐标系设置指令。G54 是数控系统上设定的寄存器地址，其中存放了加工坐标系（一般是对刀点）相对于机床坐标系的偏移量。当数控程序

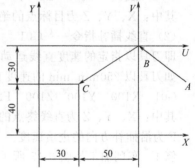

图 9-12　绝对坐标与增量坐标

中出现该指令时，数控系统即根据其中存放的偏移量确定加工坐标系。G92 是根据刀具起始点与加工坐标系的相对关系确定加工坐标系，其格式示例为 G92 X20 Y30 Z40。它表示刀具当前位置（一般为程序起点位置）处于加工坐标系的（20，30，40）处，这样就等于通过刀具当前位置确定了加工坐标系的原点位置。

工件坐标系原点可以设定在工件基准或工艺基准上，也可以设定在卡盘端面中心（如数控车床）或工件的任意一点上。而刀具刀位点的起始位置（起刀点）可以放在机床原点或换

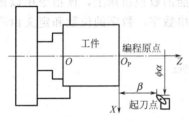

图 9-13 数控车床的工件坐标系设定

刀点上,也可以是任意一点。应该注意的 G92 指令只是设定坐标系原点的位置,执行该指令后,刀具(或机床)并不产生运动,仍在原来位置。所以在执行 G92 指令前刀具必须放在程序所要求的位置上。图 9-13 为数控车床的工件坐标系设定举例,为方便编程,通常将工件坐标系原点设定在主轴轴线与工件右端面的交点处(图 9-13 O_P)。

图中设:$\alpha = 320$,$\beta = 200$,坐标系设定程序为:

G92　X320　Z200

(3) 坐标平面选择指令——G17、G18、G19

G17、G18、G19 指令分别表示设定选择 XY、ZX、YZ 平面为当前工作平面。对于三坐标运动的铣床和加工中心,特别是可以三坐标控制,任意二坐标联动的机床及所谓 2(1/2)坐标机床,常需要用这些指令制定机床在哪一平面进行运动。由于 XY 平面最常用,故 G17 可以省略,对于两坐标控制的机床,如车床总是在 XZ 平面内运动,故无需使用平面指令。如图 9-14~图 9-16 所示。

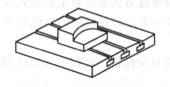
图 9-14　XY 插补平面

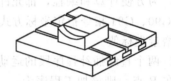
图 9-15　XZ 插补平面

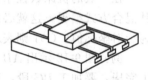
图 9-16　YZ 插补平面

9.3.2　运动控制指令

(1) 快速点定位指令——G00

即刀具快速移动到指定坐标,用于刀具在非切削状态下的快速移动,其移动速度取决于机床本身的技术参数。如刀具快速移动到点(100,100,100)的指令格式为:

G00　X100　Y100　Z100；

其中:X、Y、Z 为目标点的绝对或增量(相对)坐标。

(2) 直线插补指令——G01

即刀具以指定的速度直线运动到指定的坐标位置,是进行切削运动的两种主要方式之一。如刀具以 250mm/min 的速度直线插补运动到点(100,100,100)的指令格式为:

G01　X100　Y100　Z100　F250；

其中:X、Y、Z 为直线终点的绝对或增量(相对)坐标。

F 为沿插补方向的进给速度。

例 1　车削加工如图 9-17 所示零件(精加工,直径 $\phi40$ 的外圆不加工),设 A 为起刀

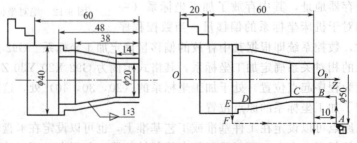

图 9-17　车削加工直线插补例

点，刀具由 A 点快进至 B 点，然后沿 B—C—D—E—F 方向切削，在快退至 A 点。

程序编制如下：

O0020
N0010 G92 X50 Z10；（设定编程原点）
N0020 G90 G00 X20 Z2 S600 T11 M03；（快进 A—B）
N0030 G01 X20 Z−14 F100；　　　　（车外圆 B—C）
N0040 G01 X20 Z−38；　　　　　　　（车圆锥 C—D）
N0050 G01 X28 Z−48；　　　　　　　（车外圆 D—E）
N0060 G01 X42 Z−48；　　　　　　　（车平面 E—F）
N0070 G00 X50 Z10 M02；　　　　　　（快退至起刀点 F—A）

例 2 铣削加工如图 9-18 所示轮廓，P 点为起刀点，刀具由 P 快速移至 A 点，然后沿 A—B—O—A 方向铣削，再快速返回 P 点。其程序如下：

① 用绝对值方式编程：

O0050
N0010 G92 X28 Y20；（设定编程原点）
N0020 G90 G00 X16 S600 T01 M03；（快速定位 P—A）
N0030 G01 X−8 Y8 F100；（直线插补 A—B）
N0040 X0 Y0；（直线插补 B—O）
N0050 X16 Y20；（直线插补 O—A）
N0060 G00 X28 M02；（快速返回 A—P）

② 用增量值方式编程：

O0050
N0010 G92 X28 Y20；
N0020 G91 G00 X−12 Y0 S600 T01 M03；
N0030 G01 X−24 Y−12 F100；
N0040 X8 Y−8；
N0050 X16 Y20；
N0060 G00 X12 Y0 M02；

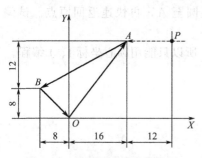

图 9-18　铣削加工直线插补例

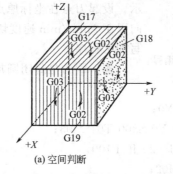

(a) 空间判断

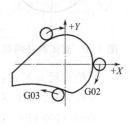

(b) 平面判断

图 9-19　圆弧顺、逆的判断

(3) **圆弧插补指令——G02、G03**

这是两个圆弧运动控制指令，它们能实现圆弧插补加工，G02 顺时针圆弧（顺圆）插补，G03 逆时针圆弧（逆圆）插补。即刀具以指定的速度以圆弧运动到指定的位置。如图

9-19 所示。G02/G03 有两种表达格式。一种为半径格式，使用参数值 R，如 G02 X100 Y100 Z100 R50 F250 表示刀具以 250mm/min 的速度沿半径 50 的顺时针圆弧运动至终点 (100，100，100)。其中 R 值的正负影响切削圆弧的角度，R 值为正时，刀位起点到刀位终点的角度小于或等于 180°；R 值为负值时，刀位起点到刀位终点的角度大于或等于 180°。另一种为向量格式，使用参数 I、J、K 给出圆心坐标，并以相对于起始点的坐标增量表示。例如 G02 X100 Y100 Z100 I50 J50 K50 F250 表示刀具以 250mm/min 的速度沿一顺时针圆弧运动至点 (100，100，100)，该圆弧的圆心相对于起点的坐标增量为 (50，50，50)。

圆弧顺、逆的判断方法为：在圆弧插补中，沿垂直于要加工的圆弧所在平面的坐标轴由正方向向负方向看，刀具相对于工件的转动方向是顺时针方向为 G02，逆时针方向为 G03。

圆弧加工程序段一般应包括圆弧所在的平面、圆弧的顺逆、圆弧的终点坐标以及圆心坐标（或半径 R）等信息。其程序段格式为：

$$\begin{bmatrix} G17 \\ G18 \\ G19 \end{bmatrix} \begin{bmatrix} G02 \\ G03 \end{bmatrix} \begin{bmatrix} X-Y- \\ X-Z- \\ Y-Z- \end{bmatrix} \begin{bmatrix} I-J- \\ I-K- \\ J-K- \\ 或 R- \end{bmatrix} F;$$

当机床只有一个坐标平面时，程序段中的平面设定指令可省略（如车床）。当机床具有三个控制坐标时（如铣床），则 G17 指令可省略。

程序段中的终点 X、Y、Z 可以是绝对尺寸，也可以用增量尺寸。这取决于程序段中已指定的 G90 或 G91。还可以用增量坐标字 U、V、W 指定（如车床）。

程序段中的圆心坐标 I、J、K 一般用从圆弧起点指向圆心的矢量在坐标系中的分矢量（投影）来决定。且对大部分数控来说，总是增量值，即不受 G90 控制。

有些数控系统允许用半径参数 R 来代替圆心坐标参数 I、J、K 编程。因为在同一半径的情况下，从圆弧的起点到终点有两个圆弧的可能性。因此在用半径编程时 R 带有"±"号。具体取法是：若圆弧对应的圆心角 θ≤180°，则 R 取正值。若圆弧对应的圆心角 180°<θ<360°，则 R 取负值。另外，用半径编程时，不能描述整圆。

目前绝大多数数控机床编程时均可将跨象限的圆弧编为一个程序段，即圆弧插补计算时能自动过象限。只有少数旧式的数控机床是要按象限划分程序段的。

例 3 铣削如图 9-20 所示的圆孔。编程坐标系如图中所示，设起刀点在坐标原点 O，加工时刀具快进至 A，沿箭头方向以 100mm/min 速度切削整圆至 A，再快速返回原点。试编写加工程序。

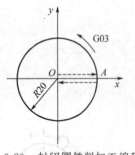

图 9-20 封闭圆铣削加工编程

解：因为是封闭圆加工，所以只能用圆心坐标 I、J 编程。

用绝对尺寸编程：
N050 G92 G00 X0 Y0;
N060 G90 G00 X20 Y0 S300 T01 M03;
N070 G03 X20 Y0 I−20 J0 F100;
N080 G00 X0 Y0 M02;

用增量尺寸编程：
N050 G91 G00 X20 Y0 S300 T01 M03;
N060 G03 X0 Y0 I−20 J0 F100;
N070 G00 X−20 Y0 M02;

例 4 铣削加工如图 9-21 所示的曲线轮廓，设 A 点为起刀点，从点 A 沿圆 $C1$、$C2$、$C3$ 到 D 点停止，方向如图 9-21 所示，进给速度为 100mm/min。

解：根据铣削加工圆弧方向的判断方法，图中 $C1$ 为顺时针圆弧，$C2$ 为逆时针圆弧，$C3$ 为大于 180°的顺时针圆弧。程序编制如下：

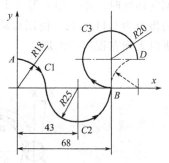

图 9-21 圆弧铣削加工编程

① 绝对值方式（圆心坐标参数法）：

N010 G92 X0 Y18；

N020 G90 G02 X18 Y0 I0 J－18 F100 S300；

N030 T01 M03；

N040 G03 X68 Y0 I25 J0；

N050 G02 X88 Y20 I0 J20 M02；

② 增量值方式（圆心坐标参数法）：

N010 G92 X0 Y18；

N020 G91 G02 X18 Y－18 I0 J－18 F100 S300；

N030 T01 M03；

N040 G03 X50 Y0 I25 J0；

N050 G02 X20 Y20 I0 J20 M02；

③ 绝对值方式（半径 R 法）

N010 G92 X0 Y18；

N020 G90 G02 X18 Y0 R18 F100 S300 T01 M03；

N030 G03 X68 Y0 R25；

N040 G02 X88 Y20 I0 R－20 M02；

④ 增量值方式（半径 R 法）

N010 G92 X0 Y18；

N020 G91 G02 X18 Y－18 R18 F100 S300 T01 M03；

N030 G03 X50 Y0 R25；

N040 G02 X20 Y20 R－20 M02；

若加工虚线所示的 BD 弧（＜180°），则将上述 $C3$ 圆程序的－R 换成 R，或将圆心坐标值改变即可。

9.3.3 刀具补偿指令

(1) 刀具半径自动补偿指令——G41、G42、G40

现代数控机床一般都具有刀具半径自动补偿功能，以适应圆头刀具（如铣刀半径）加工时的需要，简化程序的编制。

① 刀具半径自动补偿的概念。数控机床在进行轮廓加工时，由于刀具有一定的半径（如铣刀半径），因此在加工时，刀具中心的运动轨迹必须偏离零件实际轮廓一个刀具半径值，否则加工出的零件尺寸与实际需要的尺寸将相差一个刀具半径值。此外，在零件加工时，有时还需要考虑加工余量和刀具磨损等因素的影响。因此，刀具轨迹并不是零件的实际轮廓，在内轮廓加工时，刀具中心向零件内偏离一个刀具半径值；在外轮廓加工时，刀具中心向零件外偏离一个刀具半径值。若还要留加工余量，则偏离的值还要加上此预留量，如图 9-22 所示。考虑刀具磨损因素，则偏离的值还要减去磨损量。在手工编程使用平底刀或圆

侧向切削时，必须加上刀具半径补偿值，此值可以在机床上设定。程序中调用刀具半径补偿的指令为 G41/G42。使用自动编程软件进行编程时，其刀位计算时已经自动加进了补偿值，所以无须在程序中添加。

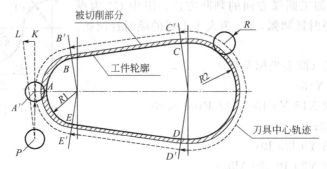

图 9-22 刀具半径补偿原理

② 刀具半径自动补偿指令。G41、G42、G40 分别为刀具半径左补偿、右补偿和取消半径补偿。所谓左补偿，是指沿着刀具前进的方向，刀轨向左侧偏置一个刀半径的距离。

刀具半径补偿功能是通过刀具半径自动补偿指令来实现的。刀具半径自动补偿指令又称为偏置指令。G41 表示刀具左偏，指顺着刀具前进的方向观察，刀具偏在工件轮廓的左边。G42 表示刀具右偏，指顺着刀具前进的方向观察，刀具偏在工件轮廓的右边。G40 取消半径补偿，即取消刀补。G40 指令总是和 G41 或 G42 配合使用。G41、G42 指令均为续效指令。

G41、G42 指令的编程格式为：

$$\begin{bmatrix}G00\\G01\end{bmatrix}\begin{bmatrix}G41\\G42\end{bmatrix}X\_Y\_Z\_D\_;$$

$$\begin{bmatrix}G00\\G01\end{bmatrix}[G40]X\_Y\_Z\_;$$

使用 G41、G42 指令时，用 D 功能字指定刀具半径补偿值寄存器的地址号。刀具半径补偿值在加工前用 MDI 方式输入相应的寄存器，加工时由 D 指令调用。

刀具半径补偿只能与 G00、G01 指令配合使用，即可用 G00 或 G01 建立刀具半径补偿值，取消刀具半径补偿值也要用 G00 或 G01，其他指令既不可建立也不可取消刀具半径补偿值。

例 7 铣削加工如图 9-23 所示轮廓，设刀具起点在 P 点，刀具轨迹如图中虚线所示。应用刀具半径自动补偿功能，可直接按图 9-23 中轮廓尺寸数据进行编程，CNC 装置便能自动计算刀心轨迹并按刀心轨迹运动，使编程十分方便。程序片段如下：（按绝对值编程）

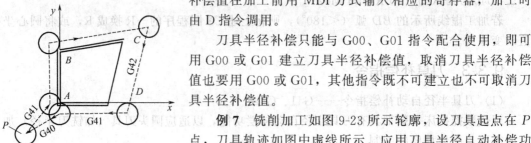

图 9-23 刀具半径补偿示例

```
N0050  G90 G01 G41 XA YA D01 F400;
N0060           XB YB;
N0070           XC YC;
N0080           G42 XD YD;
```

N0090　　　　　G41 XA YA；
N0100　　　　　G40 XP YP M02

其中 D01 为指定存放输入刀具半径 R 值的存储器的指令字。

刀具半径补偿注意事项：

a. 机床通电后，为取消半径补偿状态。

b. G41、G42、G40 不能和 G02、G03 一起使用，只能与 G00 或 G01 一起使用，且刀具必须在指定平面内有一定距离的移动。

c. 在程序中用 G42 指令建立右刀补，铣削时对于工件产生逆铣效果，故常用于粗铣，在程序中用 G41 指令建立刀具半径左补偿，铣削时对于工件产生顺铣效果，故常用于精铣。

d. 一般情况下，刀具半径补偿量应为正值，如果补偿量为负值，则 G41 和 G42 正好相互替代。

e. 在补偿建立阶段，铣刀的直线移动量要大于刀具半径补偿量，在补偿状态下，铣削内侧圆弧的半径要大于刀具半径补偿量，否则补偿时会发生干涉，系统在执行相应程序段时将会产生报警，停止运行。

f. 半径补偿为模态代码，在补偿状态时，若加入 G28、G29、G30 指令，当这些指令被执行时，补偿状态将被暂时取消，但是控制系统仍记忆着此补偿状态，因此在执行下一程序段时，有自动恢复补偿状态。

（2）刀具长度补偿指令——G43、G44

刀具长度补偿如图 9-24 所示。根据加工情况，有时不仅需要对刀具半径进行补偿，还要对刀具长度进行补偿。如铣刀用过一段时间以后，由于磨损，长度也会变短，这时就需要进行长度补偿。铣刀的长度补偿与控制点有关。一般用一把标准刀具的刀头作为控制点，则该刀具称为零长度刀具。如果加工时更换刀具，则需要进行长度补偿。长度补偿的值等于所换刀具与零长度刀具的长度差。另外，当把刀具长度的测量基准面作为控制点，则刀具长度补偿始终存在。无论用哪一把刀具都要进行刀具的绝对长度补偿。程序中调用长度补偿的指令为 G43 H__。G43 是刀具长度正补偿，H__ 是选用刀具在数控机床中的编号，可使用 G49 取消刀具长度补偿。刀具的长度补偿值也可以在设置机床工作坐标系时进行补偿。在加工中心机床上刀具长度

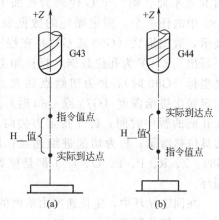

图 9-24　刀具长度补偿

补偿的使用，一般是将刀具长度数据输入到机床的刀具数据表中，当机床调用刀具时，自动进行长度的补偿。

刀具长度补偿指令 G43、G44 的注销也用取消刀补指令 G40。

刀具长度补偿指令一般用于轴向（Z 方向）的补偿，它可以使刀具在 Z 方向上的实际位移大于或小于程序给定值，即：

实际位移＝程序给定值±补偿值

上式中二值相加（程序给定值＋补偿值）称偏置，用 G43 指令表示，二值相减（程序给定值－补偿值）称为负偏置，用 G44 指令表示。给定的程序坐标值和输入的补偿值本身都可正可负，由需要而定。

刀具长度补偿指令的编程格式为：

$$\begin{bmatrix} G43 \\ G44 \end{bmatrix} Z\underline{\quad} H\underline{\quad};$$

其中，Z 值是程序中给定的坐标值。H 值是刀具长度补偿值寄存器的地址号，该寄存器中存放着补偿值。

执行 G43 时，Z 实际值＝Z 指令值＋(H ＿)

执行 G44 时，Z 实际值＝Z 指令值－(H ＿)

其中，(H ＿) 表示补偿值寄存器中的补偿值。

9.3.4 固定循环

数控加工中，一般一个动作就要编制一条加工程序，但在许多情况下，常需重复一组固定的动作。例如，钻孔时，往往需要快速接近工件、慢速钻孔、钻完快速退回三个固定的动作。对于典型的、固定的几个动作，可用一条固定循环指令去执行，这样程序段数就会大为减少。这种固定循环程序就可使程序编制简短、方便，又能提高编程质量。孔加工固定循环指令有 G73、G74、G76、G80～G89。固定循环的程序格式包括数据表达形式、返回点平面、孔加工方式、孔位置数据、孔加工数据和循环次数。其中数据表达形式可以用绝对坐标 G90 和增量坐 G91 表示。

固定循环的程序格式：

G98（或 G99）G73（或 G74 或 G76 或 G80～G89）X Y Z R Q P I J K F L

式中第一个 G 代码（G98 或 G99）指定返回点平面，G98 为返回初始平面，G99 为返回 R 点平面。第二个 G 代码为孔加工方式，即固定循环代码 G73、G74、G76 和 G81～G89 中的任一个。固定循环的数据表达形式可以用绝对坐标（G90）和相对坐标（G91）表示，数据形式（G90 或 G91）在程序开始时就已指定，因此，在固定循环程序格式中可不写出。X、Y 为孔位数据，指被加工孔的位置；Z 为 R 点到孔底的距离（G91 时）或孔底坐标（G90 时）；R 为初始点到 R 点的距离（G91 时）或 R 点的坐标值（G90 时）；Q 指定每次进给深度（G73 或 G83 时）或指定刀具位移增量（G76 或 G87 时）；P 指定刀具在孔底的暂停时间；I、J 指定刀尖向反方向的移动量；K 指定每次退刀（G76 或 G87 时）刀具位移增量；F 为切削进给速度；L 指定固定循环的次数。G73、G74、G76 和 G81～G89、Z、R、P、F、Q、I、J 都是模态指令。G80、G01～G03 等代码可以取消循环固定循环。

在固定循环中，定位速度由前面的指令速度决定。

(1) 钻孔循环

① 高速深孔加工循环 G73

值为每次的进给深度，退刀用快速，其值 K 为每次的退刀量。

② 钻孔循环（钻中心孔）G81

G81 指令的循环，包括 X、Y 坐标定位、快进、工进和快速返回等动作。

注：如果 Z 的移动位置为零，该指令不执行。

③ 带停顿的钻孔循环 G82

除了要在孔底暂停外，该指令其他动作与 G81 相同。暂停时间由地址 P 给出。此指令主要用于加工盲孔，以提高孔深精度。

④ 深孔加工循环 G83

深孔加工指令 G83 的循环，每次进刀量用地址 Q 给出，其值 q 为增量值。

(2) 镗孔循环 G86

G86 指令与 G81 相同，但在孔底时主轴停止，然后快速退回。

(3) 取消固定循环

取消固定循环 G80。该指令能取消固定循环，同时 R 点和 Z 点也被取消。

注：

① 在固定循环中，定位速度由前面的指令决定。

② 固定循环指令前应使用 M03 或 M04 指令使主轴回转。

③ 各固定循环指令中的参数均为非模态值，因此每句指令的各项参数应写全。在固定循环程序段中，X、Y、Z、R 数据应至少指令一个才能进行孔加工。

④ 控制主轴回转的固定循环（G74、G84、G86）中，如果连续加工一些孔间距较小，或者初始平面到 R 点平面的距离比较短的孔时，会出现在进入孔的切削动作前主轴还没有达到正常转速的情况，遇到这种情况时，应在各孔的加工动作之间插入 G04 指令，以获得时间。

⑤ 用 G00~G03 指令之一注销固定循环时，若 G00~G03 指令之一和固定循环出现在同一程序段，且程序格式为

G00（G02，G03）G X Y Z R Q P I J F L 时，按 G00（或 G02，G03）进行 X、Y 移动。

⑥ 在固定循环程序段中，如果指定了辅助功能 M，则在最初定位时送出 M 信号，等待 M 信号完成，才能进行加工循环。

⑦ 固定循环中定位方式取决于上次是 G00 还是 G01，因此如果希望快速定位则在上一程序段或本程序段加 G00。

9.3.5 典型的数控系统介绍

FANUC（法那克）日本、SIEMENS（西门子）德国、FAGOR（法格）西班牙、HEIDENHAI（海德汉）德国、MITSUBISHI（日本）等公司的数控系统及相关产品，在数控机床行业占据主导地位；我国数控产品以华中数控、广州数控为代表，也已将高性能数控系统产业化。

注意：由于数控系统的配置不同，功能和指令上存在一定差异，在学习中要注意了解数控系统之间的同异内容，以便在今后工作中，能够举一反三，灵活应用。

① FANUC 数控系统：常见的是 FANUC 0 和 FANUC 0i 型。普及型有 CNC0-D、FANUC-TD（车床）、FANUC0-MD（铣床及小型加工中心）。含"T"用于车床，含"M"用于铣床。

② SIEMENS 数控系统：常用 SIEMENS802S/C、SIEMENS810 和 SIEMENS840 型。802S 适用于步进电动机驱动，802C 适用于伺服电动机驱动。

③ FAGOR 数控系统。

④ 华中数控系统："世纪星"系列，HNC-21T，车削系统；HNC-21/22M，铣削系统。

⑤ 广州数控系统：GSK928；GSK980。

9.3.6 插补的基本概念

(1) 插补的基本概念

众所周知，零件的轮廓形状是由各种线形（如直线、圆弧、螺旋线、抛物线、自由曲线等）构成的。其中最主要的是直线和圆弧。用户在零件加工程序中，一般仅提供描述该线形所必需的相关参数，如对直线，提供其起点和终点；对圆弧，提供起点终点、

顺圆或逆圆以及圆心相对于起点的位置。因此，为了实现轨迹控制必须在运动过程中实时计算出满足线形和进给速度要求的若干中间点（在起点和终点之间），即数据点的密化，这就是数控技术中插补的概念。因此，所谓插补就是根据给定的进给速度和给定的轮廓线形的要求，在轮廓的已知点之间，确定一些中间点的方法。这种方法称为插补方法或插补原理。

插补定义：插补就是根据给定进给速度给定轮廓线形的要求，在轮廓已知点之间，确定一些中间点的方法，称为插补方法或插补原理。所谓插补就是数据密化的过程（算法）。

每种线形的插补方法，可以用不同的计算方法来实现，那么，具体实现插补原理的计算方法称为插补算法。插补算法的优劣直接影响 CNC 系统的性能指标。

(2) 常用的插补方法

常用的插补方法按插补曲线形状的不同，可分为直线插补法、圆弧插补法、抛物线插补法和高次曲线插补法等。图 9-25 所示为直线插补，图 9-26 所示为圆弧插补。

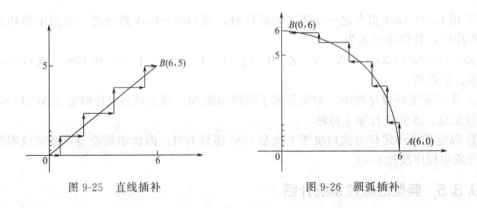

图 9-25　直线插补　　　　　　图 9-26　圆弧插补

9.4　数控编程的工艺处理

数控编程工作中的工艺处理是一个十分重要的环节。它关系到所编零件加工程序的正确性和合理性。由于数控加工过程是在加工程序的控制下自动进行的，所以对加工程序的正确性与合理性要求极高，不能有丝毫差错，否则加工不出合格的零件。正因为如此，在编写程序前，编程人员必须对加工工艺过程、工艺路线、刀具切削用量等进行正确、合理的确定和选择。

数控加工与普通加工的工艺处理虽然基本相同，但又有其特点。一般说来，数控加工的工序内容要比普通加工内容复杂。从编程来看，加工程序的编制要比普通机床编制工艺规程复杂。因为有许多在普通机床加工中可由操作者灵活掌握随时调整的事情，在数控加工中都变成了必须事先选定和安排好的事情。这样，才能保证加工的正确性。

9.4.1　数控加工工艺编制

数控机床是一种高效率的设备，要充分发挥其功用就必须熟练掌握其性能、特点及使用方法，同时在编程前必须正确地确定加工方案，进行工艺设计，再考虑编程。

数控加工工艺主要包括下列内容：

① 选择并决定零件在数控机床上加工的内容；

② 零件图样的数控加工工艺分析；

③ 数控加工路线的设计；
④ 数控加工工序的设计；
⑤ 数控加工专用技术文件的编写。

9.4.2 确定数控机床上加工的内容

对于某些零件来说，并非全部加工工艺过程都适应在数控机床上完成，而往往只是其中的一部分适应于数控加工。因此，有必要对零件图样进行仔细分析，选择那些最适合、最需要进行数控加工的内容和工序。

9.4.3 数控加工零件的工艺性分析

在选择并决定数控加工零件及其加工内容后，应对零件的数控加工工艺性进行全面、认真、仔细的分析，主要内容包括产品的零件图样分析与结构工艺性分析两部分。

(1) 零件图样分析

首先应熟悉零件在产品中的作用、位置、装配关系和工作条件，搞清楚各项技术要求对零件装配质量和使用性能的影响，找出主要的和关键的技术要求，然后对零件图样进行分析。

① 尺寸标注应符合数控加工的特点，数控编程中，所有点、线、面的尺寸和位置均以编程原点为基准。因此，零件图中最好直接给出坐标尺寸，或尽量在同一坐标引注尺寸，如图9-27(a) 所示。这种标注方法既便于编程，又有利于设计基准、工艺基准、测量基准和编程原点的统一。尽量不采用图 9-27(b) 所示的标注方法，否则给工序安排和数控加工带来诸多不便。事实上，由于数控加工精度、重复定位精度很高，改局部的分散标注法为集中引注或坐标式尺寸标注是完全可以的，不会因此而产生较大的积累误差。

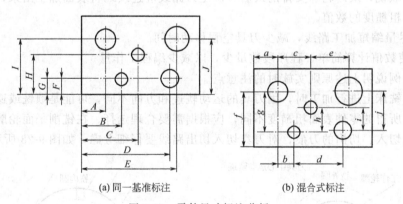

图 9-27 零件尺寸标注分析

(a) 同一基准标注　　(b) 混合式标注

② 几何要素应完整性、准确。构成零件轮廓的几何元素（点、线、面）的条件（如相切、相交、垂直和平行等），是数控编程的重要依据。手工编程时，要依据这些条件计算每一个节点的坐标；自动编程时，则要根据这些条件才能对构成零件的所有几何元素进行定义，无论哪一条件不明确，编程都无法进行。因此，在分析零件图样时，务必要分析几何元素的给定条件是否充分，发现问题及时与设计人员协商解决。

③ 定位基准可靠。在数控加工中，加工工序往往较集中，可对零件进行多面加工，以同一基准定位十分必要，否则很难保证多次安装后，各表面的轮廓位置及尺寸协调。所以，如果零件本身有合适的孔，最好用它来作为定位基准，即使零件上没有合适的孔，也要想办

法专门设置工艺孔作为定位基准。

④ 零件技术要求分析。零件的技术要求主要是指尺寸精度、形状精度、位置精度、表面粗糙度及热处理等。这些要求在保证零件使用性能的前提下，应经济合理。过高的精度和表面粗糙度要求会使工艺过程复杂、加工困难、成本提高。

⑤ 零件材料分析。在满足零件功能的前提下，应选用廉价、切削性能好的材料。而且，材料选择应立足于国内，尽量避免选择贵重材料或紧缺材料。

(2) 零件的结构工艺性分析

零件的结构工艺性是指所设计的零件在满足使用要求的前提下制造的可行性和经济性。良好的结构工艺性，可以使零件加工容易，节省工时和材料。而较差的零件结构工艺性，会使加工困难，浪费工时和材料，有时甚至无法加工。因此，零件各加工部位的结构工艺性应符合数控加工的特点。

① 零件的内腔和外形最好采用统一的几何类型和尺寸，这样可以减少刀具规格和换刀次数，使编程方便，提高生产效率。

② 内槽圆角的大小决定着刀具直径的大小，所以内槽四角半径不应太小。

③ 零件铣底平面时，槽底圆角半径 r 不要过大。当 r 大到一定程度时，甚至必须用球头铣刀加工，使加工平面的能力就越差，效率越低。

④ 应尽量采用基准重合与基准统一的原则定位。

9.4.4 合理确定零件的加工路线

零件的加工路线是指数控机床加工过程中刀具刀位点相对于被加工零件的运动轨迹和运动方向。编程时确定加工路线的原则主要有以下几方面。

① 应能保证零件的加工精度和表面粗糙度的要求。可以采用多次走刀的方法，而且精铣时宜采用顺铣，最终轮廓安排的最后一次走刀路线应连续地将表面加工出来，以减小零件被加工表面粗糙度的数值。

② 应尽量缩短加工路线，减少刀具空程移动时间。

③ 应使数值计算简单，程序段数量少，以减少编程工作量。

下面举例说明上述原则实施时的注意点。

在数控铣床上进行加工时，因刀具的运动轨迹和方向不同，可能是顺铣或逆铣，其不同的加工路线所得的零件表面粗糙度不同，应根据需要合理选择。在铣削平面轮廓零件时，为了减少刀具切入、切出的刀痕，对刀具切入切出路线要仔细考虑，如图 9-28 所示。

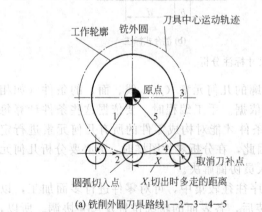

(a) 铣削外圆刀具路线 1—2—3—4—5　　(b) 铣削内圆刀具路线 1—2—3—4—5

图 9-28　圆加工

对于图9-28(a)所示的平面外轮廓铣削零件，为了避免铣刀沿法向直接切入或切出零件时在零件轮廓处直接抬刀而留下刀痕，应采用外延法。即切入时刀具应沿外轮廓曲线延长线的切向切入，切出时刀具应沿零件轮廓延长线的切线方向逐渐切离工件。

当内部几何元素相切无交点时，为防止刀具在轮廓拐角处留下凹坑[图9-29(a)]，刀具的切入、切出点应远离拐角[如图9-29(b)]。

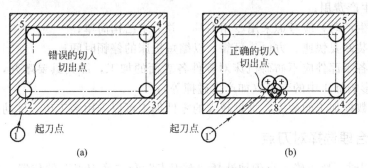

图9-29　内部几何元素相切无交点时加工

铣削曲面时，常用球头铣刀采用行切法进行加工。所谓行切法是指刀具与零件轮廓的轨迹平行，而行间的距离是按零件加工精度的要求确定的。对于边界敞开的曲面加工，可采用两种走刀路线，如图9-30所示是发动机大叶片，采用图9-30(a)所示的加工方案时，每次直线加工，刀位点计算简单，程序少，加工过程符合直纹面的形成，可保证母线的直线度。当采用图9-30(b)所示的加工方案时，符合这类零件数据给定情况，便于加工后检查，叶形的准确精度高，但程序较多。由于曲面零件的边界是敞开的，没有其他表面限制，所以边界曲面可以延伸，球头刀应在边界外开始加工。

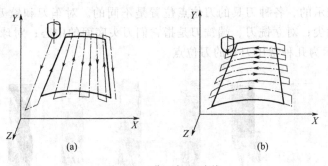

图9-30　曲面加工路线

图9-31(a)、(b)所示分别为用行切法加工和环切法加工凹槽的走刀路线；图(c)所示为先用行切法，最后环切一刀光整轮廓表面。三种方案中，图(a)方案最差，图(c)方案最好。

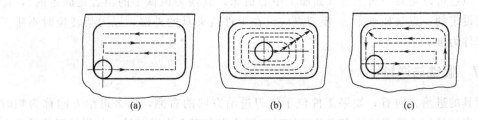

图9-31　加工凹槽的走刀路线

9.4.5 夹具的选择

数控加工的特点对夹具提出了两个基本要求：一是保证夹具的坐标方向与机床的坐标方向相对固定；二是要能协调零件与机床坐标系的尺寸。除此之外，重点考虑以下几点：

① 单件小批量生产时，优先选用组合夹具、可调夹具和其他通用夹具，以缩短生产准备时间和节省生产费用；

② 在成批生产时，应考虑采用专用夹具，并力求结构简单；

③ 零件的装卸要快速、方便、可靠，以缩短机床的停顿时间；

④ 夹具上各零部件应不妨碍机床对零件各表面的加工，即夹具要敞开，其定位、夹紧机构元件不能影响加工中的走刀（如产生碰撞等）；

⑤ 为提高数控加工的效率，批量较大的零件加工可以采用多工位、气动或液压夹具。

9.4.6 合理选择对刀点

在数控编程时，要正确、合理地选择"对刀点"和"换刀点"的位置。"对刀点"就是在数控机床上加工零件时，刀具相对于工件运动的起点。由于程序也是从这一点开始执行，所以对刀点也叫做"程序起点"或"起刀点"。选择对刀点的原则是：

① 要便于数学处理和简化程序编制；

② 在机床上找正容易，加工中检查方便；

③ 引起的加工误差小。

对刀点可选在工件上，也可选在工件外（如夹具上或机床上）。但必须与零件的定位基准有一定的尺寸关系。为了提高加工精度，对刀点应尽量选在零件的设计基准或工艺基准上。如以孔定位的零件，选用孔的中心作为对刀点较合适。刀具在机床上的位置，是由"刀位点"的位置来表示的。各种刀具的刀位点位置是不同的。对车刀和镗刀是指它们的刀尖；对钻头是指它的钻尖；对立铣刀、端铣刀是指它们刀头底面的中心；对球头铣刀是指它的球心。如图9-32所示为几种常用刀具的刀位点。

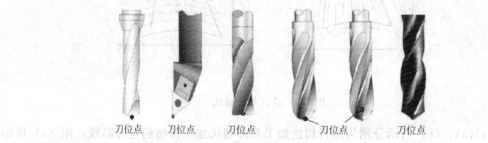

图9-32 常用刀具的刀位点

多刀加工机床在加工过程中需要换刀时，应设定换刀点。所谓换刀点是指刀架转位换刀时的位置。该点可以是某一固定点（如加工中心机床，其换刀机械手的位置是固定的），也可以是任意设定的一点（如车床）。换刀点应设在工件或夹具的外部，以刀架转位时不碰工件及其他部件为准。

9.4.7 顺铣与逆铣

沿着刀具的进给方向看，如果工件位于铣刀进给方向的右侧，那么进给方向称为顺时针。反之，当工件位于铣刀进给方向的左侧时，进给方向定义为逆时针。如果铣刀旋转方向与工件进给方向相同，称为顺铣，如图 9-33(a) 所示；铣刀旋转方向与工件进给方向相反，称为逆铣，如图 9-33(b) 所示。逆铣时，切削由薄变厚，刀齿从已加工表面切入，对铣刀的使用有利。逆铣时，当铣刀刀齿接触工件后不能马上切入金属层，而是在工件表面滑动一小段距离，在滑动过程中，由于强烈的摩擦，就会产生大量的热量，同时在待加工表面易形成硬化层，降低了刀具的耐用度，影响工件表面光洁度，给切削带来不利。顺铣时，刀齿开始和工件接触时切削厚度最大，且从表面硬质层开始切入，刀齿受很大的冲击负荷，铣刀变钝较快，但刀齿切入过程中没有滑移现象。顺铣的功率消耗要比逆铣时小，在同等切削条件下，顺铣功率消耗要低 5%～15%，同时顺铣也更加有利于排屑。一般应尽量采用顺铣法加工，以提高被加工零件表面的光洁度（降低粗糙度），保证尺寸精度。但是在切削面上有硬质层、积渣、工件表面凹凸不平较显著时，如加工锻造毛坯，应采用逆铣法。

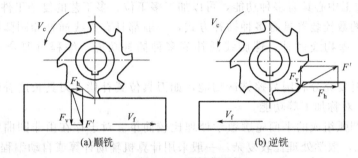

图 9-33　顺铣与逆铣

9.5　加工刀具的选择

应根据机床的加工能力、工件材料的性能、加工工序、切削用量以及其他相关因素正确选用刀具及刀柄。刀具选择总的原则是：适用、安全、经济。

适用是要求所选择的刀具能达到加工的目的，完成材料的去除，并达到预定的加工精度。如粗加工时选择有足够大并有足够的切削能力的刀具能快速去除材料；而在精加工时，为了能把结构形状全部加工出来，要使用较小的刀具，加工到每一个角落。再如，切削低硬度材料时，可以使用高速钢刀具，而切削高硬度材料时，就必须要用硬质合金刀具。

安全指的是在有效去除材料的同时，不会产生刀具的碰撞、折断等。要保证刀具及刀柄不会与工件相碰撞或者挤擦，造成刀具或工件的损坏。如加长的直径很小的刀具切削硬质的材料时，很容易折断，选用时一定要慎重。

经济指的是能以最小的成本完成加工。在同样可以完成加工的情形下，选择相对综合成本较低的方案，而不是选择最便宜的刀具。刀具的耐用度和精度与刀具价格关系极大，必须引起注意的是，在大多数情况下，选择好的刀具虽然增加了刀具成本，但由此带来的加工质量和加工效率的提高则可以使总体成本可能比使用普通刀具更低，产生更好的效益。如进行钢材切削时，选用高速钢刀具，其进给只能达到 100mm/min，而采用同样大小的硬质合金刀具，进给可以达到 500mm/min 以上，可以大幅缩短加工时间，虽然刀具价格较高，但总体成本反而更低。通常情况下，优先选择经济性良好的可转位刀具。

选择刀具时还要考虑安装调整的方便程度、刚性、耐用度和精度。在满足加工要求的前提下，刀具的悬伸长度尽可能地短，以提高刀具系统的刚性。

9.6 数控铣床加工程序编制

9.6.1 数控铣床的编程特点

① 铣削是机械加工中最常用的方法之一，包括平面铣削和轮廓铣削。使用数控铣床的目的在于：解决复杂的和难加工的工件的加工问题；把一些用普通机床可以加工（但效率不高、精度难以保证）的工件，应用数控铣床加工，就可以提高加工效率，保证加工质量。数控铣床功能各异，规格繁多，编程时要考虑如何最大限度地发挥数控铣床的特点。二坐标联动数控铣床用于加工平面零件轮廓；三坐标以上的数控铣床用于难度较大的复杂工件的立体轮廓加工；铣镗加工中心具有多种功能，可以加工多工位、多工艺的复杂工件。

② 数控铣床的数控装置具有多种插补方式，一般都具有直线插补和圆弧插补，有的还具有极坐标插补、抛物线插补、螺旋线插补等多种插补功能。编程时要合理地运用这些功能。

③ 程序编制时要充分利用数控铣床功能，如刀具位置补偿、刀具长度补偿、刀具半径补偿和固定循环、对称加工等功能。

④ 由直线、圆弧组成的平面轮廓数学处理比较简单。对于存在由非圆曲线或空间曲线或曲面的零件加工，数学处理比较复杂，一般采用计算机辅助计算或自动编程。

9.6.2 数控铣床编程中的特殊功能指令

数控铣床编程中除了要用到前面介绍的常用的功能指令外，还要用到一些比较特殊的功能指令，下面选择部分指令作一简单介绍。

(1) 工件坐标系设定指令

数控铣床除了可用 G92 指令建立工件坐标系以外，还可以用 G54～G59 指令设置工件坐标系。这样设置的每一个工件坐标系自成体系。采用 G54～G59 指令建立的坐标系不像用 G92 指令那样，需要在程序段中给出工件坐标系与机床坐标系的偏置值，而是在安装工件后测量工件坐标系原点相对于机床坐标系原点在 X、Y、Z 各轴方向的偏置量，然后用 MDI 方式将其输入到数控系统的工件坐标系偏置值存储器中。系统在执行程序时，从存储器中读取数值，并按照工件坐标系中的坐标值运动。

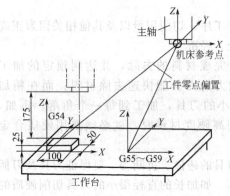

图 9-34 工件坐标系与机床坐标系的关系

图 9-34 所示为工件坐标系与机床坐标系之间的关系。使用 G54 设定工件坐标系的程序段如下：

    N1 G90 G54 G00 X100.0 Y50.0 Z200.0；

其中 G54 为设定工件坐标系，其原点与机床坐标系原点的偏置值已输入数控系统的存储器中，其后执行 G00 X100.0 Y50.0 Z200.0 时，刀具就移到 G54 所设的工件坐标系中 X100 Y50 Z200 的位置上。

(2) 镜像加工指令

在加工某些对称图形时，为避免反复编制相类似的程序，缩短加工程序，可采用镜像加工功能。图 9-35(a)、(b)、(c) 分别是关于 Y 轴、X 轴、原点对称的图形，编程轨迹为其中一半的图形，另一半可通过镜像加工指令完成。

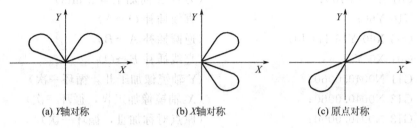

(a) Y轴对称　　　　(b) X轴对称　　　　(c) 原点对称

图 9-35　镜像加工

镜像加工指令的格式各数控系统并不一致，常见的一种指令格式为：

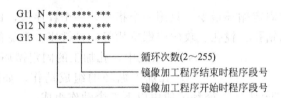

说明：

① 这组指令的作用是将本程序段所定义的两个程序段号之间的程序，分别按 Y 轴、X 轴、原点对称加工，并按循环次数循环若干次。

② 镜像加工完成后，下一加工程序段是镜像加工定义段的下一程序段。如某程序：

N0010　……
N0020　……
　　　……
N0100 G11 N0030.0060.02
N0110 M02

该程序的实际加工顺序为　N0010→N0020→……N0100（将 N0030～N0060 之间程序按 Y 轴对称加工，循环两次）→N0110。

③ 镜像加工指令不可作为整个加工程序的最后一段。若位于最后时，则再写一句 M02 程序段。

④ 循环次数若为 1 次可省略不写。

⑤ G11、G12、G13 所定义的镜像加工程序段号内，不得发生其他转移加工指令，如子程序、跳转移加工等。

例 1　如图 9-36 所示，刀心轨迹是 Y 轴、X 轴、原点对称的图形，Z 向深度分别为 2mm，试用镜像加工指令编程。

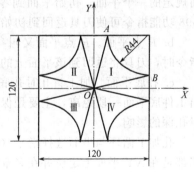

图 9-36　铣削加工编程实例

解：

① 计算 A、B 两点坐标值。

A 点：$X=16$mm；$Y=60$mm

B 点：$X=60$mm；$Y=16$mm

② 编程。

O35　（程序名）

N0010 G92 X0 Y0 Z100 S1000 M03;　　　（设编程坐标原点 O，主轴正转 1000r/min）

```
N0020 G00 Z2;                    (刀具快进)
N0030 C01 Z-2 F100;              (刀具 Z 向加工至 2 mm)
N0040 X16 Y60;                   (直线插补 O→A)
N0050 G03 X60 Y16 I44 J0;        (逆圆插补 A→B)
N0060 G01 X0 Y0;                 (直线插补 B→O)
N0070 G11 N0040.0060;            (Y 轴镜像加工 Ⅱ，循环一次)
N0080 G12 N0040.0060;            (X 轴镜像加工 Ⅳ，循环一次)
N0090 G13 N0040.0060;            (原点对称加 Ⅲ，循环一次)
N0100 G00 Z100;                  (抬刀)
N0110 M02;                       (程序结束)
```

(3) 固定循环指令

数控铣床上有许多固定循环指令，只用一个指令，一个程序段，即可完成某特定表面的加工。孔的加工（包括钻孔、镗孔、攻丝或螺旋槽等）是铣床上常见的加工任务，下面介绍 FANUC 系统中，孔加工的固定循环功能指令。

① 孔加工循环的组成动作。如图 9-37 所示。孔加工循环一般由以下 6 个动作组成：

$A→B$。刀具快进至孔位坐标（X、Y），即循环初始点 B。

$B→R$。刀具 Z 向快进至加工表面附近的 R 点平面。

$R→E$。加工动作（如钻、攻丝、镗等）。

E 点。孔底动作（如进给暂停、刀具偏移、主轴准停、主轴反转等）。

$E→R$。返回到 R 点平面。

$R→B$。返回到初始点 B。

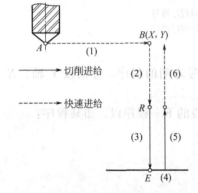

图 9-37 孔加工循环的组成动作

以下介绍几个孔加工循环相关的平面：

a. 初始平面。初始点所在的与 Z 轴垂直的平面称为初始平面。初始平面是为安全下刀而规定的一个平面。初始平面到零件表面的距离可以任意设定在一个安全的高度上。使用 G98 功能指令可使刀具返回到初始平面上的初始点。

b. R 点平面。R 点平面又叫参考平面，这个平面是刀具下刀时自快进转为工进的功能指令时，刀具将返回到该平面上的 R 点。

c. 孔底平面。加工盲孔时孔底平面就是孔底的 Z 轴高度，加工通孔时一般刀具还要伸出工件底平面一段距离，主要是保证全部孔深都加工到尺寸，钻削加工时还应考虑钻头钻尖对孔深的影响。

孔加工循环与平面选择指令（G17、G18 或 G19）无关，即不管选择了哪个平面，孔加工都是在 XY 平面上定位并在 Z 轴方向上钻孔。

② 孔加工循环指令格式。孔加工循环指令的一般格式如下：

$$\begin{bmatrix} G90 \\ G91 \end{bmatrix} \begin{bmatrix} G98 \\ G99 \end{bmatrix} G\_\_X\_Y\_Z\_R\_Q\_P\_F\_L\_;$$

说明：

a. G98 指令使刀具返回初始点 B 点，G99 指令使刀具返回 R 点平面，如图 9-38 所示。

b. G__为各种孔加工循环方式指令，见表 9-4。

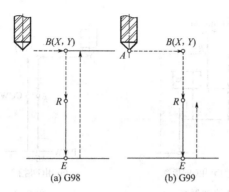

图 9-38 G98 与 G99 指令功能

表 9-4 孔加工循环指令

G 代码	孔加工动作（−Z 方向）	在孔底的动作	刀具返回方式（＋Z 方向）	用途
G73	间歇进给	—	快速	高速深孔往复排屑钻
G74	切削进给	暂停,主轴正转	切削进给	攻左旋螺纹
G76	切削进给	主轴定向停止-刀具位移	快速	精镗孔
G80	—	—	—	取消固定循环
G81	切削进给	—	快速	钻孔
G82	切削进给	暂停	快速	锪孔、镗阶梯孔
G83	间歇进给	—	快速	深孔往复排屑钻
G84	切削进给	暂停,主轴反转	切削进给	攻右旋螺纹
G85	切削进给	—	切削进给	精镗孔
G86	切削进给	主轴停止	快速	镗孔
G87	切削进给	主轴停止	快速返回	反镗孔
G88	切削进给	暂停,主轴停止	手动操作	镗孔
G89	切削进给	暂停	切削进给	精镗阶梯孔

c. X、Y 为孔位坐标，可为绝对、增量坐标方式。

d. Z 为孔底坐标，增量坐标方式时为孔底相对 R 点平面的增量值。

e. R 为 R 点平面的 Z 坐标，增量坐标方式时为 R 点平面相对 B 点的增量值。

f. Q 在 G73 或 G83 方式中，用来指定每次的加工深度，在 G76 或 G87 方式中规定孔底刀具偏移量（增量值）

g. P 用来指定刀具在孔底的暂停时间，以 ms 为单位，不使用小数点。

h. F 指定孔加工切削进给时的进给速度。单位为 mm/min，这个指令是模态的，即使取消了固定循环在其后的加工中仍然有效。

i. L 是孔加工重复的次数，L 指定的参数仅在被指令的程序段中才有效，忽略这个参数时就认为是 L1。

③ 几种加工方式的图示说明。

a. 高速深孔往复排屑钻循环（G73）。图 9-39 所示为深孔钻削，采用间断进给，有利于排屑。每次切深为 Q，退刀量为 d（系统内部设定），末次进刀量≤Q，为剩余量。

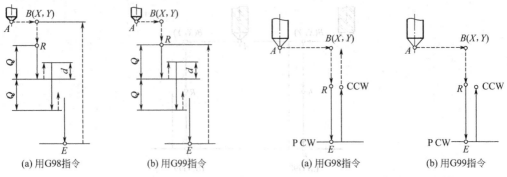

图9-39 高速深孔往复钻削循环　　图9-40 左旋攻螺纹循环

b. 左旋攻螺纹循环（G74）。如图9-40所示，主轴下移至R点启动，反转切入，至孔底E点后正转退出。

c. 精镗循环（G76）。如图9-41所示，精镗孔底后，有三个孔底动作：进给暂停（P）、主轴准停即定向停止（OSS）、刀具偏移Q距离（→），然后退刀，这样可使刀头不划伤精镗表面。

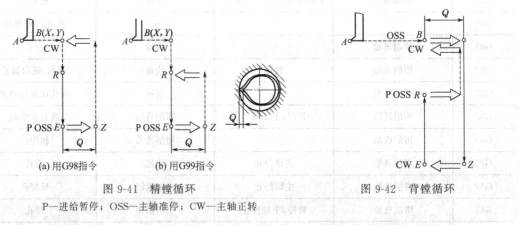

图9-41 精镗循环　　图9-42 背镗循环

P—进给暂停；OSS—主轴准停；CW—主轴正转

d. 背镗循环（G87）。如图9-42所示，刀具至$B(X、Y)$后，主轴准停，主轴沿刀尖的反方向偏移Q，然后快速定位至孔底（Z点），再沿刀尖正向偏移至E点，主轴正转，刀具向上工进至R点，在R点再主轴准停，刀具偏移Q，快退并偏移至Q点，主轴正转，继续执行下面的程序。

④ 孔加工循环的注意事项。

a. 孔加工循环指令是模态指令，一旦建立，一直有效，直到被新的加工方式代替或被撤销；孔加工数据也是模态值。

b. 撤销孔加工固定循环指令为G80，此外，G00、G01、G02、G03也起撤销作用。

c. 孔加工固定循环指令执行前，必须先用M指令使主轴转动。

d. 孔加工固定循环中，刀具长度补偿指令在刀具至R点时生效。

对孔加工数据保持和取消举例如下：

N1 G91 G00 X_ M03；　　　　　　（先主轴正转，再按增量值方式沿X轴快速定位）
N2 G81 X_ Y_ Z_ R_ F_；　　　　（规定固定循环原始数据，按G81执行钻孔动作）
N3 Y_；　　　　　　　　　　　　（钻削方式和钻削数据与N2相同，按Y移动后执行N2的钻孔动作）
N4 G82 X_ P_ L_；　　　　　　　（先移动X_再按G82执行钻孔动作，并重复执行L次）

N5 G80 X _ Y _ M05；（这时不执行钻孔动作，除 F 代码之外，全部钻削数据被清除）
N6 G85 X _ Z _ R _ P _；　（必须再一次指定 Z 和 R，本段不需要的 P 也被存储）
N7 X _ Z _；　　　（移动 X 后按本段的 Z 值执行 G85 的钻孔动作，前段 R 仍有效）
N8 G89 X _ Y _；　（执行 X、Y 移动后按 G89 方式钻孔，前段的 Z 与 N6 段中的 R、
　　　　　　　　　　P 仍有效）
N9 C01 X _ Y _；　　　（这时孔加工方式及孔加工数据（F 除外）全部被清除）

例 2 采用固定循环方式加工如图 9-43 所示各孔，试编写加工程序。

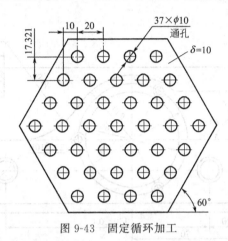

图 9-43　固定循环加工

加工程序如下：
N01 G90 G80 G92 X0. Y0. Z100.；
N02 G00 X－50. Y51.963 M03 S800；
N03 Z20. M08 F40；
N04 G91 G81 G92 X20. Z－18 R－17 L4；
N05 X10. Y－17.321；
N06 X－20. L4；
N07 X－10. Y－17.321；
N08 X20. L5；
N09 X10. Y－17.321；
N10 X－20. L60；
N11 X10. Y－17.321；
N12 X20. L5；
N13 X－10. Y－17.321；
N14 X－20. L4；
N15 X10. Y－17.321；
N16 X20. L3；
N17 G80 M09；
N18 G90 G00 Z100.；
N19 X0. Y0. M05；
N20 M30；

当要加工很多相同的孔时，应认真研究孔分布的规律，尽量简化程序。本例中各孔按等间距线形分布，可以使用重复固定循环加工指令，即用地址 L 规定重复次数。采用这种方

式编程在进入固定循环之前,刀具不能定位在第一个孔的位置,而要向前移动一个孔的位置。因为在执行固定循环时,刀具要先定位然后才执行钻孔的动作。

9.7 数控铣床编程实例

例1 图 9-44 所示的是一盖板零件。该零件的毛坯是一块 180mm×90mm×12mm 板料,要求铣削成图中粗实线所示的外形。由图 9-44 可知,各孔已加工完,各边都留有 5mm 的铣削留量。

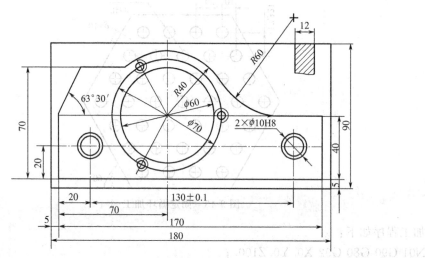

图 9-44 盖板零件图

(1) 工件坐标系的确定

编程时,工件坐标系原点定在工件左下角 A 点(如图 9-45 所示)。

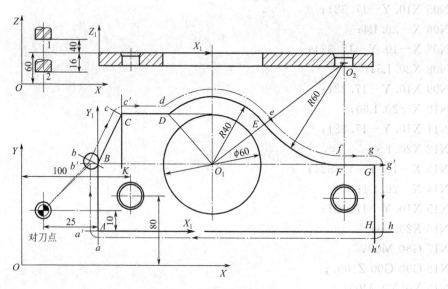

图 9-45 坐标计算精镗

(2) 毛坯的定位和装夹

铣削时,以零件的底面和 $2\times\phi10H8$ 的孔定位,从 $\phi60mm$ 孔对工件进行夹紧。

(3) 刀具选择和对刀点

选用一把 φ10mm 的立铣刀进行轮廓加工。对刀点在工件坐标系中的位置为 (-25, 10, 40)。

(4) 走刀路线

刀具的切入点为 B 点，刀具中心的走刀路线为：对刀点 1→下刀点 2→b→c→c'→……→下刀点 2→对刀点 1。

(5) 数值计算

该零件的特点是形状比较简单，数值计算比较方便。现按轮廓编程，根据图 9-45 计算各基点及圆心点坐标如下：

A(0, 0)　　B(0, 40)　　C(14.96, 70)　　D(43.54, 70)　　E(102, 64)　　F(150, 40)

G(170, 40)　　H(170, 0)　　O_1(70, 40)　　O_2(150, 100)

(6) 程序编制

按绝对坐标编程：

O0001

N01 G92 X$-$25.0 Y10.0 Z40.0;　　　　　　（工件坐标系的设定）

N02 G90 G00 Z$-$16.0 S300 M03;　　　　　（按绝对值编程）

N03 G41 G01 X0 Y40.0 F100 D01 M08;　　（建立刀具半径左补偿，调 1 号刀具半径值）

N04 X14.96 Y70.0;

N05 X43.54;

N06 G02 X102.0 Y64.0 I26.46 J$-$30.0;　　　（顺时针圆弧插补）

N07 G03 X150.0 Y40.0 I48.0 J36.0;　　　　（逆时针圆弧插补）

N08 G01 X170.0;

N09 Y0;

N10 X0;

N11 Y40.0;

N12 G00 G40 X$-$25.0 Y10.0 Z40.0 M09;　（取消刀丰 L）

N13 M02;　　　　　　　　　　　　　　　（程序停止并返回）

按增量坐标编程：

O0002

N01 G92 X$-$25.0 Y10.0 Z40.0;

N02 G00 Z$-$16.0 S300 M03;

N03 G91 G01 G41 D01 X25.0 Y30.0 F100 M08;

N04 X14.96 Y30.0;

N05 X28.58 Y0;

N06 G02 X58.46 Y$-$6.0 I26.46 J$-$30.0;

N07 G03 X48.0 Y$-$24.0 I48.0 J36.0;

N08 G01 X20.0;

N09 Y$-$40.0;

N10 X$-$170.0;

N11 Y40.0;

N12 G40 G00 X$-$25.0 Y$-$30.0 Z56.0 M09;

N13 M02;

例 2 图纸如图 9-46 所示，进行手工编程。

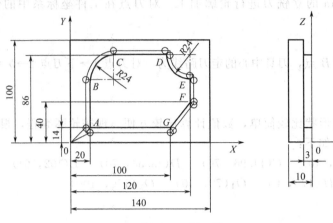

图 9-46 例 2 图

程序如下：
O0100
N0010 G54 X-70 Y-100 Z-140 S500 M03;　　（设工件零点于 O 点，主轴正转，500r/min）
N0020 G00 X0 Y0 Z2 T01;　　（刀具快进至（0，0，2））
N0030 G01 Z-3 F150;　　（刀具工进至深 3mm 处）
N0040 G41 X20 Y14;　　（建立左刀补 O→A）
N0050 Y62;　　（直线插补 A→B）
N0060 G02 X44 Y86 I24 J0;　　（圆弧插补 B→C）
N0070 G01 X96;　　（直线插补 C→D）
N0080 G03 X120 Y62 I24 J0;　　（圆弧插补 D→E）
N0090 G01 Y40;　　（直线插补 E→F）
N0100 X100 Y14;　　（直线插补 F→G）
N0110 X20;　　（直线插补 G→A）
N0120 G40 X0 Y0;　　（取消刀补 A→O）
N0130 G00 Z100;　　（刀具 Z 向快退）
N0140 G53;　　（取消工件零点偏置）
N0150 M02;　　（程序结束）

例 3 如图 9-47 所示工件，所用铣刀直径为 ϕ16mm，编程原点为工件左上表面下角。工件为槽铣削加工，槽宽为 16mm，槽深为 3mm，使用直径为 ϕ16mm 铣刀。因此，编程时只要控制铣刀中心轨迹沿槽中心轨迹移动便能完成槽的铣削加工，即以直线插补方式刀具完成 A→B→C→D→A 封闭曲线的加工，四边形 ABCD 为槽的中心轨迹。

编程坐标值：
A 点坐标：X18　Y18
B 点坐标：X72　Y18
C 点坐标：X62　Y62
D 点坐标：X18　Y62

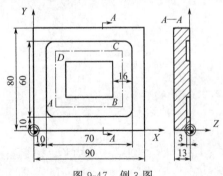

图 9-47 例 3 图

程序如下：
O0022
N01 G90 G54 G17；   （绝对坐标指令，建立 G54 坐标点，选用 G17 加工平面）
N02 S500 F100 M03；   （主轴转速 500r/min，进给量 100mm/min，主轴正转）
N03 G00 X0 Y0；   （刀具快速定位到工件坐标 X0，Y0 处）
N04 Z 10.；   （快速定位到工件上表面 10mm 处）
N05 X18. Y18.；   （快速定位到槽中心线 A 点处）
N06 G01 Z-3.；   （在 A 下刀，切槽 3mm 深，以 F 进给量速度切削）
N07 X72. Y18.；   （以 F 进给量速度切削移动到 B 点）
N08 X72. Y62.；   （以 F 进给量速度切削移动到 C 点）
N09 X18. Y62.；   （以 F 进给量速度切削移动到 D 点）
N10 X18. Y18.；   （以 F 进给量速度切削移动到 A 点）
N11 G00 Z100.；   （快速退刀到 Z100 处）
N12 M05；   （主轴停止转动）
N13 M30；   （程序结束）

例 4 如图 9-48 所示工件，所用铣刀直径为 φ10mm，编程原点为工件左表面下角。工件为 R25 的圆弧槽铣削加工，槽宽为 10mm，槽深为 4mm，使用直径为 φ10mm 铣刀。因此，编程时只要控制铣刀中心轨迹沿槽中心轨迹移动便能完成槽的铣削加工，即以圆弧插补方式刀具完成 A→B→C 圆弧加工的加工，ABC 为圆弧槽的中心轨迹。

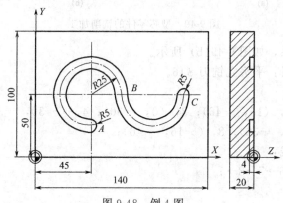

图 9-48 例 4 图

编程坐标值：
A 点坐标：X45 Y25
B 点坐标：X70 Y50
C 点坐标：X120 Y50
程序如下：
O0027
N01 G90 G54 G17；   （绝对坐标指令，建立 G54 坐标点，选用 G17 加工平面）
N02 S500 F100 M03；   （主轴转速 500r/min，进给量 100mm/min，主轴正转）
N03 G00 X45 Y25；   （刀具快速定位到工件坐标 X45，Y25 处，即 A 点上方）

N04 Z10;   （快速定位到工件上表面 10mm 点）
N05 G01 Z−4.;   （在圆弧起点 A 下刀，切槽 4mm 深，以 F 进给量
                                  速度切削）
N06 G02 X70 Y50 R−25;（I0 J25） （以 F 进给圆弧 B 点，当 I、J、K 等于零时可以不写）
N07 G03 X120 Y50 R25;（I25）   （以 F 进给圆弧 C 点，当 I、J、K 等于零时可以不写）
N08 G00 Z100;   （快速退刀到 Z100 点）
N09 M05;   （主轴停止转动）
N10 M30;   （程序结束）

例 5 如图 9-49 所示，工件毛坯 100mm×70mm×20mm，材料为硬铝，选用 ϕ16mm 立铣刀切深 5mm。（不计算和刀具半径补偿）

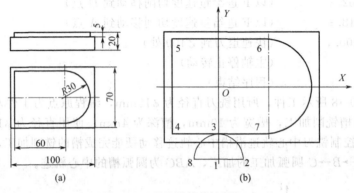

图 9-49 型芯零件的铣削加工

（1）建工作坐标系，如图 9-49（b）所示。
（2）选择加工刀具：平头立铣刀 ϕ16。
（3）节点坐标：
1，(0, −46); 2，(16, −46); 3，(0, −30); 4，(−30, −30); 5，(−30, 30); 6，(30, 30); 7，(30, −30); 8，(−16, −46);
（4）确定走刀路线：
1→2→3→4→5→6→7→8→1
（5）走刀路线：
1→2→3→4→5→6→7→3→8→1
（6）程序编制：
O0023
N001 G54 G90 G00 Z100;
N002 X0 Y0;
N003 M03 S800;
N004 X0 Y−46;   （刀具快速移动到点 1）
N005 Z5;   （刀具快速移动到工件上方 5mm）
N006 G01 Z−5 F100;   （刀具以 800r/min 的转速，进给速度 100mm/s 完成切深 5mm）
N007 G41 D01 G01 X16 Y−46;   （直线工进到点 2，R=16mm）
N008 G03 X0 Y−30 R16;   （逆圆插补到点 3）
N009 G01 X−30 Y−30;   （直线插补到点 4）
N010 X−30 Y30;   （直线插补到 5 点）

N011 X30 Y30;	（直线插补到 6 点）
N012 G02 X30 Y－30 I0 J30;	（顺时针圆弧插补到 $X=30$，$Y=-30$）
N013 G01 X0 Y－30;	（直线插补到点 6）
N014 G03 X－16 Y－46 R16;	（逆时针圆弧插补到点 8）
N015 G40 G01 X0 Y－46;	（取消刀具半径补偿，工进到点 1）
N016 G00 Z100;	（Z 正向移动）
N017 M05;	（主轴停）
N018 M30;	（程序结束）

例 6 轮廓加工。考虑刀具半径补偿（左刀补），编制如图 9-50 所示零件的铣削加工程序，加工程序启动时刀具在参考点位置（如图所示 A 点），选择 φ10 立铣刀，主轴正转 800r/min，进给速度 100mm/min。建立工件坐标系如图 9-50 所示，按箭头所指示的路径进行加工，设加工开始时刀具距离工件上表面 50mm，切削深度为 5mm。夹具为平口虎钳，试编写其精加工程序。

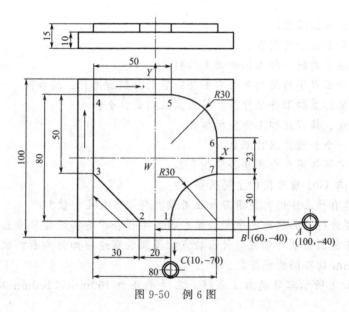

图 9-50　例 6 图

节点计算：

节点	坐标值(X,Y)	节点	坐标值(X,Y)	节点	坐标值(X,Y)	节点	坐标值(X,Y)	节点	坐标值(X,Y)
A	(100,－40)	B	(60,－40)	1	(10,－40)	2	(－10,－40)	3	(－40,－10)
4	(－40,40)	5	(10,40)	6	(40,10)	7	(40,－10)	C	(10,－70)

程序编制
%
O0001
N0010 G90 G54 G00 X100 Y－40 Z50;
N0020 G00 Z5 M08 S800 M03;
N0030 G01 Z－5 F100;
N0040 G00 X60 Y－40 G41 D01;
N0050 G01 X－10 Y－40;

N0060 X—40 Y—10；
N0070 Y40；
N0080 X10；
N0090 G02 X40 Y10 R30；
N0100 G01 X40 Y—10；
N0110 G03 X10 Y—40 R30；
N0120 G01 X10 Y—70 G40 M09；
N0130 G00 X100 Y—40 Z50；
N0140 M05；
N0150 M30；
％

思考与练习题

1. 什么是数控加工编程？
2. 简述数控加工程序的内容。
3. 简述手动编程的概念和工作步骤及其特点。
4. 数控机床加工程序的编制方法有哪些？它们分别适用什么场合？
5. 何谓机床坐标系和工件坐标系？其主要区别是什么？
6. 简述刀位点、换刀点和工件坐标原点。
7. 如何选择一个合理的编程原点。
8. 刀具补偿有何作用？有哪些补偿指令？
9. 简述 G00 与 G01 程序段的主要区别。
10. 刀长补偿有什么作用？何谓刀长正补偿？何谓刀长负补偿？
11. 为什么要进行刀具轨迹的半径补偿？刀径半径补偿的实现要分哪三大步骤？
12. 数控铣床的圆弧插补编程有什么特点？圆弧的顺逆应如何判断？试写出在 XY 平面上铣切一个 $\phi 50 mm$ 的整圆的程序段。
13. 试编制如图所示零件的加工程序，工件毛坯为 160mm×100mm×15mm，材料为 45 钢。

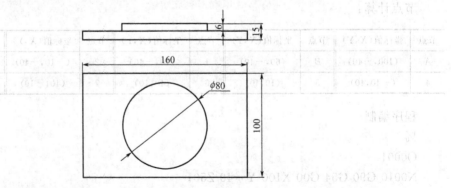

14. 某零件的外形轮廓如图所示，厚度为 15mm。已知刀具为直径 $\phi 10mm$ 的铣刀。直线进刀，圆弧退刀，安全平面距零件上表面 2mm。试求：
(1) 确定精铣外轮廓的走刀路线（左刀补）。
(2) 编制零件精加工程序。

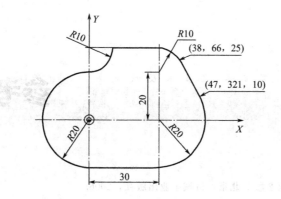

参考文献

[1] 朱晓春. 数控技术. 第2版. 北京：机械工业出版社，2006.
[2] 吴祥. 数控技术. 第2版. 北京：理工大学出版社，2009.
[3] 唐刚. 数控加工编程与操作. 北京：理工大学出版社，2008.
[4] 王彪. 数控加工技术. 北京：北京大学出版社，2006.
[5] 顾京. 数控加工程序编制. 第2版. 北京：机械工业出版社，2005.
[6] 刘万菊. 数控加工工艺及编程. 北京：机械工业出版社，2009.
[7] 崔元刚. 机床数控技术应用. 北京：理工大学出版社，2006.
[8] 李雪梅. 数控机床. 北京：电子工业出版社，2005.
[9] 李宏胜. 机床数控技术及应用. 北京：高等教育出版社，2007.
[10] 刘跃南. 机床计算机数控机应用. 第2版. 北京：机械工业出版社，1999.
[11] 王志平. 数控机床及应用. 北京：高等教育出版社，2002.
[12] 陈子银. 数控机床结构原理与应用. 北京：理工大学出版社，2006.
[13] 朱晓春. 先进制造技术. 北京：机械工业出版社，2004.
[14] 韩鸿鸾. 数控机床的结构与维修. 北京：机械工业出版社，2004.
[15] 张辽远. 现代加工技术. 北京：机械工业出版社，2004.
[16] 张俊生. 金属切削机床与数控机床. 北京：机械工业出版社，2001.
[17] 叶伯生. 计算机数控系统原理. 武汉：华中大学出版社，1999.
[18] 李诚人. 机床计算机数控. 西安：西北工业出版社，1998.
[19] 王永章. 机床的数字数控技术. 哈尔滨：哈尔滨工业大学出版社，1995.
[20] 祁毅. 运动控制系统. 北京：清华大学出版社，2005.